Geschäftsmodellinnovationen

Peter Granig • Erich Hartlieb • Doris Lingenhel
(Hrsg.)

Geschäftsmodellinnovationen

Vom Trend zum Geschäftsmodell

Springer Gabler

Herausgeber
FH-Prof. Ing. Mag. Dr. Peter Granig
Fachhochschule Kärnten
Villach, Österreich

Institut für Innovation
Klagenfurt, Österreich

Mag.(FH) Doris Lingenhel, MA
Institut für Innovation
Klagenfurt, Österreich

FH-Prof. Mag. Dr. Erich Hartlieb
Fachhochschule Kärnten
Villach, Österreich

ISBN 978-3-658-08622-0
DOI 10.1007/978-3-658-08623-7

ISBN 978-3-658-08623-7 (eBook)

Die Deutsche Nationalbibliothek verzeichnet diese Publikation in der Deutschen Nationalbibliografie; detaillierte bibliografische Daten sind im Internet über http://dnb.d-nb.de abrufbar.

Springer Gabler
© Springer Fachmedien Wiesbaden 2016

Springer Fachmedien Wiesbaden GmbH ist Teil der Fachverlagsgruppe Springer Science+Business Media.
www.springer-gabler.de

Vorwort der Herausgeber

Durch stetigen Wandel in Form von globalen oder regionalen Veränderungen und neuen Entwicklungen stehen Unternehmen stets vor der Herausforderung, diese frühzeitig zu erkennen und darauf zu reagieren, um auch in Zukunft am Markt wettbewerbsfähig und attraktiv zu bleiben. Um nicht in letzter Sekunde und womöglich ohne fundiertes Hintergrundwissen agieren zu müssen, sollten diese Vorgänge strukturiert verlaufen und nicht dem Zufall überlassen werden. Dafür stehen Unternehmen und Organisationen verschiedene Methoden der Trend- und Zukunftsforschung sowie des Innovationsmanagements zur Verfügung.

Trend- und Zukunftsforschung können Unternehmen, unabhängig von der Größe und Branche, mittels verschiedener Methoden darin unterstützen, Veränderungen am Markt – seien es KundInnenbedürfnisse, neue Produkte oder Technologien – frühzeitig zu erkennen oder eigenständig zu entwickeln. Mittels Ableitung entsprechender Innovationspotenziale aus den gewonnenen Erkenntnissen sind Unternehmen imstande, kreative und neue Wege zu gehen und ihr Geschäftsfeld für die Zukunft selbst zu gestalten.

Für jede Branche und vor allem für kleine und mittlere Unternehmen (KMU) bietet die **Geschäftsmodellinnovation** eine gute Möglichkeit, sich mittels innovativer Ideen vom Wettbewerb abzuheben und neue Wertschöpfungsmöglichkeiten zu finden.

Forschungsinitiativen in diesem Bereich sind noch in den Kinderschuhen. Forschungsergebnisse können eine fundierte Grundlage dafür schaffen, wie Unternehmen, insbesondere KMU, Marktentwicklungen und Trends frühzeitig erkennen und in einem methodisch gestützten Rahmen **innovative Geschäftsmodelle** entwickeln können.

Klagenfurt, März 2015   Peter Granig, Erich Hartlieb, Doris Lingenhel

Vorwort des Bundesministers für Wissenschaft, Forschung und Wirtschaft

Wissen schafft Zukunft, Innovation garantiert Vorsprung: Umso wichtiger ist es, dass in Österreich mehr denn je in Forschung und Entwicklung investiert wird. Im Jahr 2014 sollen die entsprechenden Ausgaben auf den neuen Rekordwert von mehr als 9,3 Milliarden Euro steigen. Bei der F&E-Quote liegt Österreich im EU-Vergleich auf dem fünften Platz. Diese gute Positionierung darf aber nicht zur tatenlosen Selbstzufriedenheit verleiten, sondern muss vielmehr ein Anreiz dafür sein, dass wir unsere Anstrengungen auf allen Ebenen verstärken müssen. Denn im weltweiten Wettbewerb punkten wir vor allem mit Innovation, Qualifikation und Kreativität.

Damit der Standort Österreich auch in Zukunft wettbewerbsfähig ist, muss insbesondere die erfolgreiche Zusammenarbeit von Wissenschaft, Forschung und Wirtschaft weiter verstärkt werden. Entscheidend ist, dass wir sowohl die langfristige Finanzierung von Universitäten und Fachhochschulen sichern, als auch die F&E-Anstrengungen von Leitbetrieben sowie der vielen Klein- und Mittelbetriebe gezielt unterstützen. Die Kooperation entlang des gesamten Innovationszyklus – von der exzellenzorientierten Grundlagenforschung über die angewandte Forschung hin zur unternehmerischen Entwicklung und Marktumsetzung – steht daher auch im Mittelpunkt der Aktivitäten des Bundesministeriums für Wissenschaft, Forschung und Wirtschaft.

Im vorliegenden Buch greifen ExpertInnen aktuelle Innovationsthemen auf und erläutern praxisnahe Umsetzungsmöglichkeiten. Hauptziel ist es, für Unternehmen gangbare Lösungsmöglichkeiten aufzuzeigen, damit diese für die Zukunft gerüstet sind sowie innovativ und erfolgreich arbeiten können. In diesem Sinne wünsche ich Ihnen eine interessante und aufschlussreiche Lektüre.

Wien, Jänner 2015

Dr. Reinhold Mitterlehner
Bundesminister für Wissenschaft, Forschung und Wirtschaft

Vorwort des Bundesministers für Verkehr, Innovation und Technologie

Damit Österreich seine wirtschaftliche Wettbewerbsfähigkeit und seinen hohen Lebensstandard weiter ausbauen kann, müssen öffentliche Hand und Unternehmen weiter und verstärkt in Erforschung und Entwicklung neuer Technologie investieren. Aus vielen Untersuchungen wissen wir, dass jene Unternehmen, die aktiv in angewandte Forschung investieren, schneller wachsen und eine dynamischere Entwicklung bei der Beschäftigung aufweisen als weniger forschungsintensive Unternehmen.

Der Technologie- und Innovationsstandort Österreich hat hier bereits viel erreicht: Gemessen am BIP haben wir die fünfthöchsten Forschungsausgaben in der EU. Unseren Unternehmen gelingen immer öfter sensationelle Exporterfolge. So bauen etwa österreichische Ingenieure das weltgrößte Solarkraftwerk in Saudi-Arabien, das „Team Austria" gewinnt den Solar-Zehnkampf um das energieeffizienteste Haus in den USA und Firmen aus Österreich liefern immer mehr Hightech-Produkte für NASA-Satelliten und große Flugzeugbauer.

Damit diese Erfolge weiter ausgebaut werden können, braucht es nicht nur eine engagierte Technologiepolitik und Förderung von Seiten der öffentlichen Hand, sondern auch massive eigene Anstrengungen der Unternehmen. Dazu ist der ständige Diskurs zwischen öffentlicher Hand, Unternehmen und Wissenschaft über Innovation und die Frage, wohin die Trends gehen, sehr wichtig. Hier spielt beispielsweise der jährliche Innovationskongress mit seinen praxisnahen Diskussionen eine sehr wertvolle Rolle.

Ich wünsche Ihnen inspirierende Ideen, fruchtbare Diskussionen und bei der Lektüre des vorliegenden Buches interessante neue Einsichten und Anregungen.

Wien, Jänner 2015

Alois Stöger
Bundesminister für Verkehr, Innovation und Technologie

Inhaltsverzeichnis

Teil 4:
Best Practice zu Geschäftsmodellinnovationen 189

Teil 1: Grundlagen zu Geschäftsmodellinnovationen

1 Geschäftsmodelle entwickeln: Von der Kunst zum Handwerk[1]

Prof. Dr. Oliver Gassmann, Prof. Dr. Karolin Frankenberger

1.1 Industrielogiken verändern sich rasch

Die Welt verändert sich deutlich schneller als es von den meisten Akteuren wahrgenommen wird: 1999 gab es die ersten Digitalkameras. *Kodak* prognostizierte damals für 2009 eine Marktaufteilung von fünf Prozent digitalen und 95 Prozent analogen Kameras. Die Realität war genau umgekehrt. Die Taktrate der Innovation ist enorm gestiegen, doch viele Unternehmen sind hier im Winterschlaf. Aus der Innovationsforschung wissen wir: Es gibt zahlreiche exzellente technologische Produktinnovatoren, die ihre Produkte noch schneller, noch leichter, noch günstiger, noch smarter machen. Aber es gibt kaum Unternehmen, die es schaffen, ihr Geschäftsmodell zu innovieren. Dabei liegen gerade hier die großen Chancen: Geschäftsmodellinnovation führt zu überproportionalem Umsatz und weit überproportionaler Rendite. Bei *Nespresso* bekommen wir die Maschine für den Selbstkostenpreis geschenkt, bezahlen aber anschließend mit Freuden 80 Euro pro Kilogramm Kaffee. Es gibt wenige europäische Geschäftsmodellinnovationen. Die meisten kommen aus den USA, wie *Apple*, *Google* oder *Ebay* zeigen.

Auf Basis von umfangreichen Untersuchungen haben wir eine Methodik entwickelt, welche es ermöglicht, Geschäftsmodelle systematisch zu innovieren. 90 Prozent aller Geschäftsmodellinnovationen wiederholen sich, 55 Grundmuster reichen aus als Handwerkskasten. Wir haben hier eine Konstruktionsmethodik für neue Geschäftsmodelle entwickelt: den St. Galler Business Model Navigator (www.bmi-lab.ch). Zahlreiche Unternehmen, von Mittelständlern wie Sennheiser oder Viscom über multinationale Unternehmen wie BASF, Bosch, Hilti, Landis & Gyr und Siemens haben bereits erfolgreich mit der Methodik gearbeitet. 2013 ist unser Buch ‚Geschäftsmodelle entwickeln‘ erschienen (Gassmann, Frankenberger und Csik). Die Frankfurter Allgemeine Zeitung (F.A.Z.) hat hierzu in ihrer Rezension geschrieben: „Dieses Buch ist nichts weniger als eine Sensation…“. Ende 2014 erscheint die englischsprachige Version „The Business Model Navigator“ in Financial Times Publishing. 2014 ist bereits die erste Entreprenèurial Clinic in Berlin gegründet worden, welche Start-ups nach der St. Galler Geschäftsmodell-Methodik mit dem Ziel eines nachhaltigen Erfolges coacht. Es ist nicht die Technologie, es ist das Geschäftsmodell, welches im Wettbewerb den Unterschied macht.

---

[1] Der Beitrag ist eine Zusammenfassung des Buches von Gassmann, Frankenberger, Csik (2013) Geschäftsmodelle entwickeln. Hanser Verlag. Siehe auch www.bmi-lab.ch sowie die englischsprachige Version ‚The Business Model Navigator‘, Financial Times Publishing.

Was ist ein Geschäftsmodell? Ein Geschäftsmodell besteht aus vier Dimensionen:

1. WER sind unsere Zielkunden? (Kunden)

2. WAS bieten wir den Kunden an? (Nutzenversprechen)

3. WIE stellen wir die Leistung her? (Wertschöpfungskette)

4. Wie wird WERT erzielt? (Ertragsmechanik).

Abbildung 1.1   St. Galler Geschäftsmodell

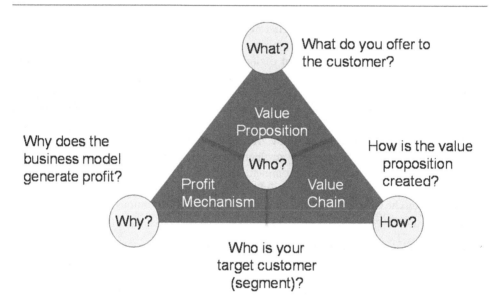

Durch die Beantwortung dieser vier Fragen und die Konkretisierung der Kundensegmente, des Nutzenversprechens, der Wertschöpfungskette und der Ertragsmechanik wird das Geschäftsmodell konkret und fassbar und ermöglicht eine Basis für seine Innovation. Als Faustregel zur Abgrenzung von der Produkt- und Prozessinnovation gilt, dass sich eine Geschäftsmodellinnovation auf mindestens zwei der vier Geschäftsmodellkomponenten (*Wer-Was-Wie-Wert?*) signifikant auswirkt.

Diese Impulse der erfolgreichen Geschäftsmodelle aus der Praxis haben wir im St. Galler Forschungsteam vor einigen Jahren aufgenommen und ein Projekt initiiert: den Traum einer Konstruktionsmethodik für neue Geschäftsmodelle. Diese soll (wie Konstruktionsregeln im Maschinenbau, die dort jeder Student in den ersten Semestern lernt) systematisch die Entwicklung von Geschäftsinnovation vorantreiben. Daraufhin haben wir die bedeutenden Geschäftsmodelle der letzten 50 Jahre, welche jeweils eine Revolution in der jeweiligen Branche ausgelöst haben, analysiert und typische Muster identifiziert (Gassmann et al.

2013). Dabei war die überraschende Erkenntnis: 90 Prozent aller Geschäftsmodelle wiederholen sich in 55 wiederkehrenden Mustern. Mit internationalen Unternehmen wie *BASF, Bayer, Bosch, Hilti, Holcim, Toshiba, MTU, PwC, Siemens, Swisscom* und *Sennheiser* haben wir die Konstruktionsmethodik für neue Geschäftsmodelle erfolgreich erprobt und weiter entwickelt. Interessant ist, dass sich diese Geschäftsmodelle über die Konsumgüterindustrie hinaus sehr gut für Branchen wie Investitionsgüter und Dienstleistungen eignen. Damit wird die nächste Revolution in der Industrie gestartet: die wirkliche Demokratisierung der Innovation. Am Ende gilt: „Nicht alles, was gewagt wird, gelingt. Aber alles, was gelingt, wurde einmal gewagt."

1.2 Die 55 Muster der Geschäftsmodelle

Im Folgenden werden nun die 55 Muster von Geschäftsmodellen in aller Kürze und mit Hinweis für KMU vorgestellt. Wir haben die englischen Fachbegriffe behalten, um anschlussfähig zu sein, gleichzeitig aber gut erklärt. Der interessierte Praktiker sei hier auf das Buch ‚Geschäftsmodelle entwickeln' von Gassmann, Frankenberger, Csik (2013) verwiesen, in dem die Muster ausführlich dargestellt, visualisiert und mit zahlreichen Beispielen unterlegt worden sind.

Add-on: Das Basisangebot wird zu einem wettbewerbsfähigen Preis angeboten, welches aber durch zahlreiche Extras erweitert werden kann, die den Endpreis nach oben treiben. Dies kann dazu führen, dass der Kunde schlussendlich mehr bereit ist auszugeben, als initial erwartet. Kunden profitieren von einem variablen Angebot, welches sie für ihre spezifischen Bedürfnisse anpassen können. KMUs sind prädestiniert für ein solches Preismodell, es werden wenige Voraussetzungen benötigt. Beispiele: Ryanair (1985), SAP (1992), Sega (1998).

Affiliation: Der Fokus liegt auf der aktiven Unterstützung Dritter, die zum erweiterten Verkauf von Produkten beitragen und direkt von erfolgreichen Transaktionen profitieren. Affiliates werden somit in der Regel anteilig auf Basis von erfolgreichen Transaktionen oder aber pro Vermittlung eines potenziellen Kunden entschädigt. Das Unternehmen selbst ermöglicht es, eine breitere Menge an potenziellen Kunden ohne zusätzliche Vertriebs- oder Marketingaufwände zu erreichen. Gerade KMUs haben häufig kein hinreichend großes Marketingbudget, daher passt die Affiliierung sehr gut. Beispiele: Amazon Store (1995), Cybererotica (1994), CDnow (1994), Pinterest (2010).

Aikido: Es handelt sich um eine japanische Kampfkunst, in der die Stärke eines Angreifers gegen ihn selbst verwendet wird. Als Geschäftsmodell bedeutet Aikido, dass ein Unternehmen etwas anbietet, das diametral gegensätzlich zum Paradigma der Konkurrenz steht. Dieses neue Angebot zieht jene Kunden an, die Ideen oder Konzepte, die sich von dem Mainstream-Angebot unterscheiden, bevorzugen. KMUs sind oft Nischenspieler, die querdenken und sich komplementär zu den großen Wettbewerbern verhalten. Aikido ist oft essenziell für KMUs. Beispiele: Six Flags (1961), The Body Shop (1976), Swatch (1983), Cirque du Soleil (1984), Nintendo (2006).

Auction: Versteigerung bedeutet, ein Produkt oder eine Dienstleistung an den Höchstbieter zu verkaufen. Der Endpreis wird ermittelt, wenn eine bestimmte Endzeit erreicht ist oder kein höheres Angebot gemacht wird. Dies ermöglicht dem Unternehmen, die höchste Zahlungsbereitschaft des Kunden abzuschöpfen. Der Kunde profitiert von der Möglichkeit, Einfluss auf den Preis eines Produkts ausüben zu können. KMUs nutzen dabei digitale Plattformen, welche bereits zur Verfügung stehen. Beispiele: eBay (1995), Winebid (1996), Priceline (1997), Google (1998), Elance (2006), Zopa (2005), MyHammer (2005).

Barter: Es handelt sich um Tauschgeschäfte, durch die eine Ware ohne Geldtransfer an den Kunden/Partner gegeben wird. Der Kunde bietet im Gegenzug etwas, das dem Unternehmen von Wert ist. Die ausgetauschten Güter müssen keine direkte Verbindung aufweisen und werden in der Regel von beiden Parteien unterschiedlich bewertet. Intelligente KMUs profitieren hier besonders; der schweizerische Sockenhersteller BlackSocks hat sein Sockenabo in das Miles&More Konzept der Lufthansa eingebracht oder hat sein Abonnement zusammen mit der Wirtschaftszeitschrift Bilanz gemeinsam angeboten. Beispiele: Procter & Gamble (1970), Pepsi (1972), Lufthansa (1993), Magnolia Hotels (2007), Pay with a Tweet (2010).

Cash Machine: Der Kunde bezahlt im Voraus und/oder die Produkte werden an den Kunden verkauft, bevor das Unternehmen dafür zahlen muss. Dies führt zu erhöhter Liquidität, die für Investitionen verwendet werden kann oder zur Finanzierung anderer Bereiche des Unternehmens. Dies ist für KMUs oft eine schwierige Strategie, da die Verhandlungsmacht gegenüber Großkunden fehlt. Es funktioniert nur dann, wenn intelligent aufgesetzt, z. B. erst bestellt, dann produziert wird. Beispiele: American Express (1891), Dell (1984), Amazon Store (1995), PayPal (1998), Blacksocks (1999), MyFab (2008), Groupon (2008).

Cross Selling: In diesem Modell werden Dienstleistungen oder Produkte aus anderen Branchen oder Produktgruppen, die vorher nicht angeboten wurden, zu dem Sortiment hinzugefügt. So kann das Unternehmen seine Schlüsselkompetenzen und Ressourcen breiter ausnutzen. Besonders Handelsunternehmen können schnell zusätzliche Produktgruppen anbieten, die nicht in der Hauptbranche vertreten sind. So können weitere Einnahmen mit relativ wenig Aufwand erzeugt werden, weil mehr potenzielle Bedürfnisse der Kunden gedeckt sind. Beispiele: Shell (1930), IKEA (1956), Tchibo (1973), Aldi (1986), SANIFAIR (2003).

Crowdfunding: Ein Produkt, ein Projekt oder ein komplettes Start-up wird von einer Gruppe von individuellen Geldgebern finanziert, die die zugrunde liegende Idee unterstützen wollen. Üblicherweise dient dabei das Internet als Kanal für die Finanzierungsplattform. Falls eine kritische Masse erreicht wird, kann die Idee durch Freigabe des Kapitals realisiert werden. Die Finanziers profitieren dabei von speziellen Vorteilen, die von der Menge des bereitgestellten Geldes abhängen. Dies ist der moderne Klassiker für hoch innovative KMUs: mit einer guten Idee und wenig Budget ein Projekt realisieren. Beispiele: Marillion (1997), Cassava Films(1998), Diaspora(2010), Brainpool (2011), Pebble Technology (2012).

Crowdsourcing: Die Lösung einer Aufgabe oder eines Problems wird über das Internet von einer anonymen Masse übernommen. Beitragsleistende erhalten eine kleine Belohnung oder die Chance, einen Preis zu gewinnen, wenn ihre Lösung gewählt wird und zur Produktion, bzw. zum Verkauf beiträgt. Diese Interaktion zwischen dem Unternehmen und dem Kunden kann die Attraktivität und die Bindung gegenüber dem Unternehmen erhöhen, was sich schlussendlich positiv auf Umsätze auswirken kann. Crowdsourcing ist bei KMUs noch wenig verbreitet, hat aber gerade dort noch ein großes Potenzial: Mit wenig Budget und großen Hebeleffekten neue Ideen generieren und bewerten. Beispiele: Threadless (2000), Procter & Gamble (2001), InnoCentive (2001), Cisco (2007), MyFab (2008).

Customer Loyality: Kunden und deren Loyalität, werden gebunden, indem das Unternehmen ihnen durch spezielle Bonusprogramme einen zusätzlichen Wert anbietet. Das Ziel ist die Kundentreue zu belohnen, indem man eine emotionale Beziehung schafft und/oder Loyalität mit speziellen Angeboten honoriert. Kunden binden sich somit freiwillig an die Firma, was zukünftige Einnahmen schützen kann. Bislang versuchen KMUs das Geschäftsmodell eher über persönliche Bindungen zu realisieren; dies könnte aber noch intelligenter über Systeme wie Bonusprogramme ergänzt werden. Beispiele: Sperry & Hutchinson (1897), American Airlines (1981), Safeway Club Card (1995), Payback(2000).

Digitalization: Dieses Muster beruht auf der Möglichkeit, bestehende Produkte oder Dienstleistungen in ein digitales Produkt zu verwandeln, das vorteilhafte Eigenschaften aufweist, die physische Produkte nicht bieten können, z. B. eine einfachere und schnellere Distribution. Idealerweise wird die Digitalisierung eines Produkts oder eines Dienstes realisiert, ohne dabei bisherige Kundenwerte zu verlieren. Für KMUs ist dies ideal, da die Digitalisierungsstrategien oft keine Größeneffekte haben. KMUs wie Dropbox werden erfolgreich. Beispiele: Spiegel Online (1994), WXYC (1994), Hotmail (1996), Jones International University (1996), CEWE Color (1997), SurveyMonkey (1998), Napster (1999), Wikipedia (2001), Facebook (2004), Dropbox (2007), Netflix (2008), Next Issue Media (2011).

Direct Selling: Direktverkauf bezeichnet das Konzept, in dem Produkte nicht durch Vermittler verkauft werden, sondern direkt vom Hersteller oder Dienstanbieter zur Verfügung gestellt werden. Auf diese Weise vermeidet das Unternehmen die Retail-Marge oder zusätzliche Aufwendungen. Diese Einsparungen können an den Kunden weitergegeben werden, z. B. in Form von reduzierten Preisen. KMUs können eine solche Strategie nur mit Partnern fahren oder müssen sich regional stark eingrenzen. Jedoch war auch Vorwerk einmal ein KMU und ist damit regional gewachsen. Beispiele: Vorwerk (1930), Tupperware (1946), Amway (1959), The Body Shop (1976), Dell (1984), Nestle Nespresso (1986), First Direct (1989), Nestlé Special.T (2010), Dollar Shave Club (2012), Nestlé BabyNes (2012).

E-Commerce: Traditionelle Produkte oder Dienstleistungen werden über Online-Kanäle angeboten. So werden die Kosten für den Betrieb einer physischen Infrastruktur beseitigt. Kunden profitieren von einer höheren Verfügbarkeit und Komfort, während das Unternehmen in der Lage ist, seinen Vertrieb mit internen Prozessen stärker zu integrieren. KMUs profitieren beim E-Commerce überproportional: Im Netz sind zunächst alle gleich. Beispiele: Dell (1984), Asos (2000), Zappos (1999), Amazon Store (1995), Flyeralarm (2002), Blacksocks (1999), Dollar Shave Club (2012), Winebid(1996), Zopa (2005).

Experience Selling: Der Wert eines Produktes oder Dienstes wird durch eine besondere Erfahrung bzw. ein Erlebnis, das mit angeboten wird, bereichert. Dies öffnet die Tür zu einer höheren Nachfrage und ermöglicht es, höhere Preise für das Angebot zu verlangen. Beispiele: Harley Davidson (1903), Starbucks (1971), IKEA (1956), Barnes&Nobles (1993), Trader Joe's (1958), Nestlé Nespresso (1986), Swatch (1983), Nestlé Special.T (2010), Red Bull (1987).

Flatrate: In diesem Modell wird eine einzige feste Gebühr für ein Produkt oder eine Dienstleistung verlangt, die unabhängig ist von der tatsächlichen Nutzung oder dem Verbrauch. Der Nutzer profitiert von einer einfachen Kostenstruktur, und das Unternehmen von einem konstanten Ertragsstrom. Beispiele: SBB (1898), Buckaroo Buffet (1946), Sandals Resorts (1981), Netflix (1999), Next Issue Media (2011).

Fractionalized Ownership: Fractionalized Ownership beschreibt die geteilte Nutzung eines Produktes, bzw. einer Produktgruppe, innerhalb einer Gemeinschaft von Eigentümern. Typischerweise handelt es sich dabei um ein kapitalintensives Produkt, welches jedoch nicht häufig benötigt wird. Der Kunde profitiert von den Eigentumsrechten, ohne dafür das gesamte Kapital allein zur Verfügung stellen zu müssen. Die Finanzierungsfrage ist für KMUs hier kritisch: oft wird nur ein Projekt angegangen, wenn genügend Anfragen bezüglich der Eigentümerteilung vorhanden sind. Beispiele: Hapimag (1963), Netjets (1964), Mobility Carsharing (1997), écurie25 (2005), HomeBuy (2009).

Franchising: Der Franchisegeber besitzt den Markennamen, die Produkte und die Corporate Identity. Diese werden an unabhängige Franchisenehmer lizensiert, die das Risiko der lokalen Operationen tragen. Der Ertrag wird anteilig aus den Umsätzen der Franchisenehmer und direkt aus den Vergütungen für Franchisedienste generiert. Die Franchisenehmer profitieren hier von der Nutzung der Bekanntheit der Marke, dem Know-how und der Unterstützung. Hier müssen KMUs eine besonders starke Patent- und Markenstrategie fahren, damit sie erfolgreich werden. Beispiele: Singer Sewing Machine (1860), McDonald's (1948), Marriott International (1967), Starbucks (1971), Subway (1974), Fressnapf (1992), Naturhouse (1992), McFit (1997), BackWerk (2001).

Freemium: Die Basisversion eines Angebots wird verschenkt, in der Hoffnung irgendwann die Kunden zu überzeugen, die Premium-Version des Angebots zu kaufen. Das kostenlose Angebot zieht die höchst mögliche Zahl von Kunden für das Unternehmen an. Die in der Regel kleinere Untergruppe von "Premium Kunden" generieren dann die entsprechenden Einnahmen. Für KMUs ist die kostenlose Bereitstellung der Anfangsleistung häufig ein Problem. KMUs wie der Schweizerische Crowdsourcing-Partner Atizo oder Dropbox oder Doodle benötigen früh genug einen Kunden oder einen langfristigen Investor, um den nötigen Durchhaltewillen zu schaffen. Beispiele: Hotmail (1996), SurveyMonkey (1998), LinkedIn (2003), Skype (2003), Spotify (2006), Dropbox (2007).

From Push-to-Pull: Dieses Muster beschreibt die Strategie, welches ein Unternehmen fährt, wenn es Prozesse flexibilisiert, um den Kunden in den Mittelpunkt setzen zu können. Um schnell und flexibel auf neue Kundenanforderungen reagieren zu können, kann es erforderlich sein, alle Teile der Wertschöpfungskette, einschließlich der Produktion oder sogar

Forschung und Entwicklung, in dieses Konzept mit einzubeziehen. Auch im Marketing kann dieses Muster angewendet werden, wenn effektives und effizientes Marketing und entsprechende Vertriebskanäle dazu führen, dass nur ein minimaler Aufwand für aktive Werbemassnahmen nötig ist. Beispiele: Toyota(1975), Zara (1975), Dell(1984), Geberit (2000).

Guaranteed Availability: Die Verfügbarkeit eines Produktes oder einer Dienstleistung wird garantiert, wodurch Ausfallzeiten minimiert werden können. Das Unternehmen nutzt Know-how und Skaleneffekte, um die Betriebskosten zu senken. Der Kunde profitiert von einer einfacheren Kalkulation ohne die Verfügbarkeitsnachteile, die den Besitz des Produkts beinhaltet, z. B. Ausfälle bei Defekten. Dies ist eine exzellente Strategie für Kundenbindung, aber eine Herausforderung für KMUs bezüglich der Finanzierung. Bei einer guten Technologie und robuster Qualität ist dies aber auch für KMUs gut machbar. Beispiele: PHH Corporation (1986), IBM (1995), Hilti (2000), MachineryLink (2000), NetJets (1964), ABB Turbo Systems (2010).

Hidden Revenue: Die Logik, dass der Benutzer für die Einnahmen des Unternehmens sorgt, wird aufgegeben. Stattdessen werden dritte Parteien die wichtigste Einnahmequelle. Diese querfinanzieren Angebote, die entweder kostenlos oder günstig angeboten werden, um Nutzer anzulocken. Eine sehr häufige Form dieses Modells ist die Finanzierung durch Werbung. Dabei ist die Aufmerksamkeit der Kunden des Unternehmens wertvoll für Drittunternehmen, die für entsprechend platzierte Inserate zahlen. Beispiele: JCDecaux (1964), Sat.1 (1984), Metro Newspaper (1995), Google (1998), Zattoo (2007), Facebook (2004), Spotify (2006).

Ingredient Branding: Ingredient Branding beschreibt die gezielte Auswahl und Kommunikation einer Produktkomponente, welche von einem bestimmten Lieferanten produziert wird. Das eigene Produkt wird dann zusätzlich mit einem Logo bzw. der Marke, dieses Elements versehen und angepriesen, welches alleine für den Kunden von geringerem Wert ist. Das eigene Produkt profitiert jedoch von der positiven Markenassoziation und Markeneigenschaften, die den verbauten Komponenten zugesprochen werden. KMUs wie der Anbieter von virtuellen Datensafe D-Swiss setzt auf eine solche Strategie, wenn Banken ihren Kunden einen virtuellen Safe anbieten. Beispiele: Intel (1991), W.L. Gore & Associates (1976), DuPont Teflon (1964), Carl Zeiss (1995), Shimano (1995), Bosch (2000).

Integrator: Ein Integrator kontrolliert alle Schritte eines Wertschöpfungsprozesses. Die Firma hat dabei die Kontrolle über alle Ressourcen und Fähigkeiten der Wertschöpfung. Effizienzsteigerungen, Verbundvorteile und geringere Abhängigkeiten von Lieferanten führen zu Kostensenkungen und können die Stabilität erhöhen. Beispiele: Carnegie Steel (1870), Exxon Mobil (1999), Ford (1908), Zara (1975), BYD Auto (1995).

Layer Player: Ein Layer-Player ist ein spezialisiertes Unternehmen, das sich auf die Bereitstellung eines einzelnen Schrittes in der Wertschöpfungskette verschiedener Unternehmen fokussiert. Normalerweise profitiert das Unternehmen von Skaleneffekten und kann höhere Effizienzgrade erreichen. Ferner kann besondere Expertise zu höherer Qualität führen. Viele KMUs sind hoch spezialisiert auf Nischen. Dies kann sehr erfolgversprechend sein, wie die luxemburgerische Dennemeyer zeigt: Spezialisiert auf die Bezahlung von Patentgebühren für alle Arten von Unternehmen weltweit, hat Dennemeyer in den 70er Jahren einen echten Namen gemacht. Beispiele: Wipro Technologies (1980), PayPal (1998), Amazon Web Services (2002), Dennemeyer (1962), TRUSTe (1997).

Leverage Customer Data: Neue Werte werden geschaffen durch das Sammeln von Kundendaten und dessen wertschöpfenden Verarbeitung für den internen Gebrauch oder für interessierte dritte Parteien. Das Unternehmen erzeugt zusätzliche Einnahmen durch den Verkauf dieser Daten oder erfährt Vorteile durch die eigene Nutzung, z. B. zur Verbesserung der Wirksamkeit von Werbung. Dies ist eine interessante, aber auch gefährliche Strategie für KMUs. Zahlreiche Start-ups setzen auf eine solche Strategie mit dem Anbieten von Apps. Die Gefahr besteht darin, dass die Kunden abspringen, wenn die Balance zwischen Nutzen und persönlichem Datenschutz nicht mehr stimmt. Bei Google stimmt diese offensichtlich bei den meisten Kunden noch. Beispiele: Google (1998), Facebook (2004), PatientsLikeMe (2004), 23andMe (2006), Verizon Communications (2011), PayBack (2000), Amazon Store (1995), Twitter (2006).

License: Das Unternehmen konzentriert sich auf die Entwicklung von geistigem Eigentum, was an andere Unternehmen lizenziert werden kann. Dieses Modell transformiert immaterielle Güter in Umsätze, sodass sich die Unternehmung hauptsächlich auf Forschung und Entwicklung konzentrieren kann. Zusätzlich erlaubt es die Veräusserung von Wissen, das für Dritte einen höheren Wert aufweisen kann. Besonders technologiebasierte KMUs und Start-ups fahren eine solche Strategie; Voraussetzung sind starke Patente, welche nicht nur im eigenen Land, sondern auch in den wirtschaftlich relevanten Ländern greifen. Beispiele: ARM (1989), IBM (1920), BUSCH (1870), DIC 2 (1973), Duales System Deutschland (1991), Max Havelaar (1992).

Lock-in: Kunden werden in dem Ökosystem eines Lieferanten und seine Ergänzungsprodukte "eingesperrt". Der Wechsel zu anderen Anbietern ist ohne erhebliche Umstellungskosten deutlich erschwert, was das Unternehmen davor schützen soll, Kunden zu verlieren. Lock-in wird entweder durch technologische Mechanismen oder erhebliche Interdependenzen von Produkten oder Dienstleistungen erzeugt. Beispiele: Gillette (1904), Nestlé Nespresso (1986), Hewlett-Packard (1984), Microsoft (1975), Lego (1949), Nestlé BabyNes (2012), Nestlé Special.T (2010).

Long Tail: Statt sich auf Blockbuster-Produkte zu konzentrieren, wird der Hauptteil der Einnahmen durch einen "Long Tail" an Nischenprodukten generiert. Einzeln werden diese Produkte weder in großen Mengen nachgefragt, noch ermöglichen sie hohe Margen. Wenn jedoch eine hohe Anzahl davon in ausreichend großen Mengen angeboten wird, können sich diese kleinen Gewinne lukrativ aufsummieren. KMUs können hier vor allem im digitalen Bereich erfolgreich sein; bei physischen Produkten muss dann die regionale Einschränkung eher größer sein. Nicht jeder schafft die Breite, die dem Schraubenhersteller Würth gelingt. Beispiele: Amazon Store (1995), eBay (1995), Netflix (1999), Apple iPod/iTunes (2003), YouTube (2005).

Make More of it: Know-how und andere verfügbare Anlagen der Firma werden nicht nur verwendet, um eigene Produkte zu produzieren, sondern werden auch anderen Unternehmen zur Nutzung angeboten. Brachliegende Ressourcen, die sonst ungenutzt bleiben, können verwendet werden um zusätzliche Einnahmen zu erzeugen. Gerade spezialisierte KMUs denken hier oft zu wenig breit und mutig: Was lässt sich auf den vorhandenen Kernkompetenzen noch weiter aufbauen? Beispiele: Festo Didactic (1970), Porsche (1931), BASF (1998), Amazon Web Services (2002), Sennheiser Sound Academy (2009).

Mass Customization: Kundenspezifisch angepasste Massenproduktion schien in der Vergangenheit unmöglich zu bewerkstelligen zu sein. Erst der Ansatz modularer Produkte und Produktionssysteme hat die effiziente Individualisierung von Produkten ermöglicht. Als Folge können nun die individuellen Kundenbedürfnisse auch im Bereich der Massenproduktion zu kompetitiven Preisen erfüllt werden. Beispiele: Dell (1984), Levi's (1990), My Unique Bag (2010), Miadidas (2000), mymuesli (2007), Factory121 (2006), PersonalNOVEL (2003).

No Frills: Die Wertschöpfung konzentriert sich auf das, was notwendig ist, um den Kern des Kundennutzens eines Produktes oder einer Dienstleistung so einfach wie möglich zu liefern. Kosteneinsparungen werden dabei mit dem Kunden geteilt, was eine Kundschaft mit geringerer Kaufkraft oder Zahlungsbereitschaft anspricht. Nicht alles funktioniert: McZahn war ein KMU, welches der Fielmann der Zahnindustrie werden wollte. Aber wenn ein solches, auf den Grundnutzen konzentriertes Angebot stimmt, ist ein nachhaltiger Erfolg gewährleistet. Beispiele: Ford (1908), Southwest Airlines (1971), Dow Corning (2002), McDonald's (1948), Accor (1985), Aravind Eye care System (1976), McFit (1997), Aldi (1913).

Open Business Model: In offenen Geschäftsmodellen wird die Zusammenarbeit mit Partnern im Ökosystem eine zentrale Quelle der Wertschöpfung. Unternehmen, die ein Open Business Model verfolgen, suchen aktiv nach neuen Möglichkeiten der Zusammenarbeit mit Lieferanten, Kunden, Partnern oder anderen Unterstützern, um ihr Geschäft zu öffnen und zu erweitern. KMUs sind oft zentraler Bestandteil von offenen Geschäftsmodellen. Beispiele: Valve Corporation (1998), Abril (2008).

Open Source: In der Softwareentwicklung wird der Quellcode einer Software nach diesem Konzept nicht als Privateigentum eingehalten, sondern frei zugänglich für jeden bereitgestellt. Dieses Muster kann eigentlich bei allen Technologien oder Produkten angewendet werden. Dritte können einen Beitrag zur Produktentwicklung leisten oder das Produkt kostenlos für sich selbst nutzen. Geld verdient wird in der Regel aus Dienstleistungen, die komplementär zu dem Produkt angeboten werden, wie z. B. Beratung oder Support. KMUs nutzen Open Source oft als günstige Softwarelösungen, bieten aber selbst zu wenig Open Source Plattformen an. Beispiele: Red Hat (1993), Wikipedia (2001), mondoBIOTECH (2000), Local Motors (2008), IBM (1955), Mozilla (1992).

Orchestrator: Bei diesem Modell liegt der Fokus auf den Kernkompetenzen der Wertschöpfungskette. Die anderen Segmente werden outgesourced und aktiv koordiniert. Dies ermöglicht dem Unternehmen, Kosten zu senken und von Skaleneffekten der Lieferanten zu profitieren. Die Fokussierung auf die Kernkompetenzen steigert die Leistungsfähigkeit. Im

Dienstleistungssektor haben sich viele KMUs auf die Beratung und den Brückenbau für den Kunden spezialisiert. Finanzberater sind hierfür typisch. Beispiele: Nike (1978), Bharti Airtel (1995), Li & Fung (1971), Procter & Gamble (1970).

Pay per Use: In diesem Modell wird die tatsächliche Nutzung einer Dienstleistung oder eines Produkts gemessen. Der Kunde zahlt basierend auf dem, was tatsächlich verbraucht wird. So ist das Unternehmen in der Lage Kunden anzuziehen, die zusätzliche Flexibilität schätzen, welche mit höheren Preisen, z. B. im Vergleich zur Flatrate, vergütet werden kann. Beispiele: Hot Choice (1988), Google (1998), Better Place (2007), Car2Go (2008), Ally Financial (2004).

Pay What You Want: Der Käufer zahlt einen beliebigen Betrag für eine bestimmte Ware, manchmal sogar gar nichts. Es kann auch eine minimale Preisuntergrenze gesetzt und/oder dem Käufer eine Preisempfehlung gegeben werden. Der Kunde bestimmt selbst den zu zahlenden Preis. Der Verkäufer profitiert von einer erhöhten Kundenzahl, weil individuelle Zahlungsbereitschaften abgeschöpft und Aufwände zur Preisfindung vermieden werden können. Für KMUs mit emotionalen Produkten kann dies interessant sein. Es empfiehlt sich, dies in wenigen Aktionen zu versuchen, so dass das Risiko beschränkt bleibt. Beispiele: One World Everbody Eats (2003), Radiohead (2007), NoiseTrade (2006), Humble Bundle (2010), Panera Bread Bakery (2010).

Peer-to-Peer: Dieses Modell basiert auf dem Teilen, Austauschen, Handel oder Mieten des Zugangs zu Angeboten durch die Zusammenarbeit von Personen, die Mitglied einer homogenen Gruppe sind. Das Unternehmen bietet einen Treffpunkt, d.h. eine Online-Datenbank und Kommunikationsdienstleistung, die diese Personen verbindet. Oft wird dieses Konzept auch als P2P abgekürzt. Beispiele: eBay (1995), Napster (1999), Couchsurfing (2003), SlideShare (2006), RelayRides (2010), Craigslist (1996), Skype (2003), LinkedIn (2003), Zopa (2005), Dropbox (2007), Twitter (2006), Airbnb (2008), TaskRabbit (2008), Gidsy (2011).

Performance-based Contracting: Das Unternehmen verkauft nicht die Produkte, bspw. Maschinen, an Kunden, sondern liefert das Resultat als eine Dienstleistung, die danach leistungsbasiert vergütet wird. Leistungsabhängige Vertragspartner sind oft stark in dem Wertschöpfungsprozess der Kunden integriert. Spezielles Know-how und Skaleneffekte führen zu niedrigeren Produktions- und Wartungskosten, die an den Kunden weitergeleitet werden können. Beispiele: BASF (1998), Xerox (2002), Rolls Royce (1980), Smartville (1997).

Razor and Blade: Das Basisprodukt wird günstig oder umsonst angeboten. Dem hingegen werden die Verbrauchsmaterialien, die nötig sind um das Produkt zu benutzen, teuer und mit hohen Margen verbunden verkauft. Der niedrige Preis des Basisprodukts senkt die anfängliche Schwelle der Kundschaft, das Produkt zu kaufen, während die folgenden wiederkehrenden Umsätze der Verbrauchsmaterialien das Produkt teilweise mitfinanzieren. Es ist üblich, dass das Produkt und die Verbrauchsmaterialien technologisch aneinander gebunden sind, um den Effekt zu verstärken. Beispiele: Standard Oil Company (1880), Gillette (1904), Hewlett-Packard (1984), Nestle Nespresso (1986), Apple iPod/iTunes (2003), Amazon Kindle (2007), Better Place (2007), Nestlé BabyNes (2012), Nestlé Special.T (2010).

Rent Instead of Buy: Der Kunde kauft nicht das Produkt, sondern mietet es. Dadurch wird der typischerweise erforderliche Kapitaleinsatz, um den Zugang zum Produkt zu erhalten, reduziert. Das Unternehmen profitiert von höheren Gewinnen pro Produkt, weil die Miete über die ganze Nutzungsdauer kontinuierlich bezahlt wird. Beide Parteien profitieren von höherer Effizienz in der Nutzung des Produkts, weil die Zeit der Nicht-Nutzung bei jedem Produkt reduziert wird. Für KMUs oft nicht einfach wegen des hohen Kapitalbedarfs der Vorfinanzierung. Beispiele: Saunders System (1916), Xerox (1959), Blockbuster (1985), Rent a Bike (1987), Mobility Carsharing (1997), Luxusbabe (2006), Flexpetz (2007), MachineryLink (2000), Car2Go(2008), CWS-boco (2001).

Revenue Sharing: Revenue Sharing bezeichnet die Praxis, Umsatz mit Anspruchsgruppen der Unternehmung zu teilen. Es ermöglicht Unternehmen verschiedene Partnerschaften auszunutzen, um mehr und neue Kunden zu erreichen. Somit werden vorteilhafte Eigenschaften und Wertschöpfungen zusammengeführt, um symbiotische Effekte zu erzeugen. Beide Parteien profitieren von der Beteiligung an den Einnahmen, während höhere Umsätze und eine Wertsteigerung für die Kunden erzielt werden können. Beispiele: Apple iPhone/AppStore(2008), Groupon (2008), HubPages(2006), CDNow (1994).

Reverse Engineering: Dieses Muster beschreibt das Modell, in dem ein Unternehmen ein Produkt der Konkurrenz in seine Bestandteile zerlegt und mit diesen Informationen ein ähnliches oder kompatibles Produkt baut. Da so keinerlei eigene große Investitionen in Forschung und Entwicklung nötig sind, können diese Produkte zu einem niedrigeren Preis verkauft werden. Gerade chinesische KMUs machen uns dies vor; deutsche, österreichische und schweizerische KMUs haben oft zu wenig Mut für die kreative Imitation. Beispiele: Bayer (1897), Brilliance China Auto (2003), Denner (2010), Pelikan (1994).

Reverse Innovation: Einfache und preiswerte Produkte, die in und für Schwellenländer entwickelt worden sind, werden auch in den Industrieländern verkauft. Der Begriff "Reverse" bezieht sich auf die Tatsache, dass neue Produkte in der Regel in den Industrieländern entwickelt und dann auf die Bedürfnisse der Märkte der Schwellenländer angepasst werden. Gerade in Märkten, in denen überzahlte, technologieüberladene Produkte angeboten werden, ist dies für KMUs wieder eine neue Chance. Beispiele: General Electric (2007), Nokia (2003), Logitech (1981), Renault (2004), Haier (1999).

Robin Hood: Gleiche Produkte oder Dienstleistungen werden den "Reichen" zu einem viel höheren Preis als den "Armen" verkauft. Die "Armen" zu bedienen muss nicht unbedingt rentabel sein, schafft aber Skaleneffekte, die andere Anbieter nicht erreichen können. Zusätzlich hat es einen positiven Effekt auf das Image des Unternehmens. Aber Achtung an alle KMUs: Robin Hood war zwar ein KMU-Chef, aber seine Angestellten musste er kaum bezahlen. Wichtig ist für KMUs die Kombination aller drei Dimensionen. Beispiele: Aravind Eye Care System (1976), TOMS Shoes (2006), One Laptop per Child (2005), Warby Parker (2008).

Self-Service: Ein kostspieliger Teil der Wertschöpfungskette wird vom Kunden getragen, damit das Unternehmen das Produkt zu einem niedrigeren Preis verkaufen kann. Dies ist besonders geeignet für die Prozessteile, die nur wenig zum Kundennutzen beitragen, aber hohe Kosten verursachen. Kunden profitieren von der Effizienz und Zeiteinsparungen, müssen jedoch selbst einen Teil beitragen. Beispiele: McDonald's (1948), IKEA (1956), BackWerk (2001), Accor (1985), Car2Go (2008), Mobility Carsharing (1997).

Shop-in-Shop: Statt der Eröffnung eigener Läden wird ein Partner ausgewählt, der eine vorhandene Filiale betreibt, die von der Integration eines 'Shop-im-Shop' profitieren könnte (win-win Situation). Der eigentliche Ladenbetreiber kann von zusätzlich angezogenen Kunden profitieren und ist ausserdem in der Lage, konstante Einnahmen aus dem integrierten Geschäft zu generieren, z. B. in Form von Miete. Der 'Shop-im-Shop' profitiert von bestehenden Ressourcen wie Räumlichkeiten, Lokation oder den Mitarbeitern des Geschäfts. Beispiele: Bosch (2000), Deutsche Post (1995), Tim Hortons (1964), Tchibo (1987), MinuteClinic (2000).

Solution Provider: Ein Full-Service-Provider bietet vollständige Abdeckung von Produkten und Dienstleistungen in einem bestimmten Bereich, meist über eine einzige Anlaufstelle. Spezielles Know-how wird an den Kunden vergeben, um seine Effizienz oder Leistungsfähigkeit zu verbessern. Als Full Service Provider kann ein Unternehmen mögliche Umsatzausfälle besser kompensieren, in dem es den Service um das Produkt ausweitet. Beispiele: Lantal Textiles (1954), Tetra Pak (1993), CWS-boco (2001), Geek Squad (1994), Heidelberger Druckmaschinen (1980), Apple iPod/iTunes (2003), 3M Services (2010).

Subscription: Der Kunde zahlt eine regelmässige Gebühr, z. B. auf monatlicher oder jährlicher Basis, um Zugang zu einem Produkt oder einer Dienstleistung zu bekommen. Während Kunden vor allem von geringeren Nutzungskosten und der Verfügbarkeit profitieren, erwirtschaftet das Unternehmen eine stetige Einnahmenquelle. Beispiele: Netflix (1999), Blacksocks (1999), Salesforce (1999), Jamba (2004), Dollar Shave Club (2012), Next Issue Media (2011), Spotify (2006).

Supermarket: Ein Unternehmen verkauft eine Vielzahl von leicht verfügbaren Produkten und Zubehör unter einem Dach. Das Sortiment von Produkten ist groß und die Preise werden knapp kalkuliert. Kunden werden durch das große Angebot angezogen und das Unternehmen profitiert von Verbundeffekten. Für KMUs ist dies dann ein möglicher Weg, wenn das Prinzip gekoppelt wird mit hoher Spezialisierung und Cash Machine: Nur wenn nicht der gesamte Supermarkt vorfinanziert werden muss, funktioniert das Prinzip. Beispiele: King Kullen Grocery Company (1930), Merrill Lynch (1930), Toys"R"Us (1948), The Home Depot (1978), Best Buy (1983), Fressnapf (1985), Staples (1986).

Target the Poor: Die angebotenen Produkte oder Dienstleistungen sind nicht auf Premium-Kunden ausgerichtet, sondern auf die Kundschaft, die sich an der Basis der Einkommenspyramide befindet. Kunden mit geringerer Kaufkraft profitieren von günstigen Produkten. Das Unternehmen erwirtschaftet einen kleinen Gewinn mit jedem Produkt, profitiert dabei jedoch von hohen Verkaufszahlen. Beispiele: Grameen Bank (1983), Bharti Airtel (1995), Arvind Mills (1995),Hindustan Unilever (2000), Tata Nano (2009), Walmart (2012).

Trash-to-Cash: Gebrauchte Produkte werden gesammelt und entweder in anderen Teilen der Welt verkauft oder in neue Produkte umgewandelt. Das Erwirtschaften von Gewinn basiert hauptsächlich auf der Minimierung von Beschaffungskosten. Während Ressourcen-kosten für das Unternehmen nahezu eliminiert werden, profitiert der Lieferant von der Möglichkeit einer günstigen Abfallentsorgung. Dieses Muster adressiert auch ein potenzielles Umweltbewusstsein von Kunden. Hier haben sich in den letzten Jahren einige erfolgreiche KMUs hervorgetan: Freitag mit seinen modebewussten Taschen aus Lastwagenüberzug ist nur ein Beispiel dafür. Beispiele: Duales System Deutschland (1991), Freitag lab.ag (1993), Greenwire (2001), H&M (2012), Emeco (2010).

Two-Sided Market: Zweiseitige bzw. mehrseitige Märkte ermöglichen die Interaktionen zwischen mehreren voneinander abhängigen Gruppen von Kunden. Der Wert der Plattform steigt mit der Anzahl der Nutzer jeglicher Gruppen, die die Plattform benutzen. Die beiden Seiten kommen in der Regel aus unterschiedlichen Bereichen, wie z. B. Geschäfts- und Privatkunden. Für KMUs kann dies eine intelligente Strategie sein. Beispiele: Diners Club (1950), Amazon Store (1995), Metro Newspaper (1995), Facebook (2004), Groupon (2008), JCDecaux (1964), Sat.1 (1984), Google (1998), Zattoo (2007), eBay (1995), Elance (2006), Priceline (1997), MyHammer (2005).

Ultimate luxury: Dieses Muster beschreibt die Strategie eines Unternehmens, sich auf die oberste Ebene der Einkommenspyramide zu konzentrieren. Damit kann das Unternehmen seine Produkte oder Dienste deutlich von denen der Konkurrenz differenzieren. Um die entsprechende Kundschaft anzusprechen, stehen höchste Qualität und exklusive Privilegien im Mittelpunkt. Die notwendigen Investitionen für diese Differenzierung werden durch die hohen zu erzielenden Preise und Margen gedeckt. Beispiele: Lamborghini (1962), MirCorp (2000), The World (2002), Jumeirah Group (1994), Abbot Downing (2011).

User Designed: Im Bereich des User Designed repräsentiert ein Kunde sowohl den Hersteller als auch den Konsumenten. Eine (Online)-Plattform bietet dem Kunden dabei die nötige Unterstützung, um Entwicklung und Verkauf des Produktes zu bewerkstelligen, z. B. durch Produkt-Design-Software, Produktionskapazitäten oder einen Online-Shop. Umsatz wird dabei anteilig von den Verkäufen generiert. Gerade wegen des oft geringen Kapitalbedarfs ist dies eine interessante Strategie für KMUs. Beispiele: Spreadshirt (2001), Lulu (2002), Lego Factory (2005), Ponoko (2007), Createmytattoo (2009), Quirky (2009), Amazon Kindle (2007), Apple iPhone/AppStore (2008).

White Label: Ein White-Label-Hersteller erlaubt anderen Unternehmen, die hergestellten Produkte unter ihren Marken zu verkaufen. Die Produkte sehen so aus, als wären sie von den jeweiligen Unternehmen produziert, da die Etiketten und Label mit ihren eigenen Marken versehen sind. Gleiche Produkte oder Dienste werden so oft durch mehrere Vermarkter und unter verschiedenen Marken verkauft, sodass verschiedene Kundensegmente und Märkte mit dem gleichen Produkt angesprochen werden können. Für KMUs ist die klare Überlegenheit des Produktes oder der Technologie gegenüber Wettbewerbsprodukten wichtig. Aus einer White Label Strategie kann man langfristig auch vorsichtig ausbrechen, wie dies der erfolgreichste Fotobuchhersteller Europas, die CEWE Color, entwickelt hat: Früher nur für den Handel tätig, heute auch mit eigener Marke sichtbar. Beispiele: Foxconn (1974), Richelieu Foods (1994), Printing In A Box (2005).

1.3   Lernen von anderen Industrien

Oft wird gefragt, welche Geschäftsmodelle eignen sich denn besonders gut für KMUs? Dies ist die schwierigste Frage, denn erfolgreiche Geschäftsmodelle sorgen oft recht rasch dafür, dass die KMUs keine KMUs mehr sind. Auch Google, Dell, Microsoft waren einmal KMUs, die aber dank eines erfolgreichen Geschäftsmodells sehr rasch gewachsen sind. Auch haben sich Komponentenhersteller wie die Pneumatik-Firma Festo zu einem Weltmarktführer in technischer Weiterbildung in der Automatisierung entwickelt. Tchibo verkauft heute weniger Kaffee als Add-ons, Virgin macht heute weit mehr als eine Fluglinie. Hilti betreibt Flottenmanagement aus der Automobilindustrie und verleast seine Bohrhämmer. Google hat heute eine Banklizenz. Das Internet der Dinge mit seiner zunehmenden Vernetzung von Produkten und Prozessen bringt General Electric dazu, dass in 2013 fast 1000 Mitarbeiter damit beschäftigt sind, die Potenziale der neuen Technologie auf die Geschäftsmodelle der verschiedenen Divisionen abzuklären und umzusetzen.

Es wird immer wichtiger das eigene Unternehmen mit möglichst vielen denkbaren Geschäftsmodellen zu konfrontieren. Aus unserer Forschung mit den Partnerunternehmen haben wir vier Schritte ermittelt (**Abbildung 1.2**), welche zu neuen Geschäftsmodellen führen (siehe vertieft hierzu Gassmann et al. 2013):

Abbildung 1.2   Vier Schritte zum Geschäftsmodell

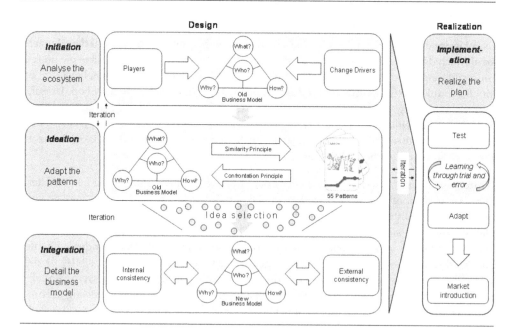

(1) **Initiierung**: Zunächst wird das eigene Geschäftsmodell anhand der vier Dimensionen analysiert:

WER sind unsere Zielkunden? (Kunden) **WAS** bieten wir den Kunden an? (Nutzenversprechen) **WIE** stellen wir die Leistung her? (Wertschöpfungskette) Wie wird **WERT** erzielt? (Ertragsmechanik)

(2) **Ideenfindung**: Bei der Suche nach neuen Geschäftsmodellen werden die bestehenden 55 Muster der erfolgreichsten Geschäftsmodellinnovationen analysiert und auf das eigene Unternehmen bzw. die eigene Industrielogik angewendet. Das eigene Geschäftsmodell wird konfrontiert mit erfolgreichen Mustern aus anderen Branchen. Die dominante Frage lautet dabei: „Wie würde xy unser Geschäft führen?"

Die besten Ideen werden in der Regel nicht in der ersten Runde gefunden. Es gibt hier wenig Liebe auf den ersten Blick mit einem neuen Geschäftsmodell. Es ist stattdessen ein wichtiger Prozess des Lernens: die eigene Logik muss abstrahiert werden, dann durch Analogien übertragen werden. Zunächst wirkt es schwierig für ein Maschinenbauunternehmen, wenn man die Frage stellt: „Wie würde McDonald's unser Unternehmen führen?" Jedoch liegt genau hier der Schlüssel zum Erfolg. McDonald's hat sein gesamtes Geschäftsmodell auf Multiplikation und Wachstum hin aufgebaut. Dies führt dazu, dass jeder Front Desk Mitarbeiter nach nur 30 min Schulung voll einsetzbar ist. Die meisten Maschinenbauunternehmen – und auch Banken, Versicherungen und Verkehrsunternehmen – können hier von McDonald's nur lernen. Fast alle können ihre Prozesse dramatisch vereinfachen und effizienter gestalten.

Wichtig ist die richtige Flughöhe bei der Analyse: Statt über Bodennähe zu fliegen, ist eine Perspektive über 10'000m angebracht. Dies ist für KMUs oft schwierig, da das Alltagsgeschäft dominiert und sich die Geschäftsleitungen oft zu wenig mit einer konzeptionellen Gesamtsicht auseinandersetzt.

(3) **Integration**: Bei der Ausgestaltung der Geschäftsmodelle muss auf die interne Konsistenz geachtet werden: WER, WAS, WIE, WERT müssen zueinander passen. Es reicht meist nicht aus, nur eine Dimension zu ändern. Eine erfolgreiche Geschäftsmodellinnovation ändert in der Regel mindestens zwei Stellhebel gleichzeitig. Auch muss die externe Konsistenz des neuen Geschäftsmodells mit dem Umfeld sichergestellt werden: Wie verändern sich die Kunden? Wer sind die derzeitigen Partner im Spielfeld? Wohin bewegen sich die Wettbewerber? Wer sind die neu eintretenden Wettbewerber? Wohin bewegen sich die Technologien? Welche Trends sind relevant für unser Unternehmen?

(4) **Implementierung**: Nachdem das Design des Geschäftsmodells vorläufig abgeschlossen ist, geht es an die Umsetzung des Plans. Hier setzt der St. Galler Business Model Navigator, wie die Gesamtmethodik in Gassmann, Frankenberger, Csik (2013) beschrieben ist, vor allem auf ein hochgradig iteratives Vorgehen. Design – Prototyp – Test bilden einen stetigen Zyklus, welcher sich oft wiederholt und mit jeder Iteration konkreter wird.

Bei der Implementierung ist es von großer Bedeutung, dass der Wandel auch gut geführt wird. Eine offene Innovationskultur, klare Führungsprinzipien und Vorleben durch die Geschäftsleitung unterstützen einen solchen Wandel. Oft wird in KMUs der Fehler begangen, dass im stillen Kämmerchen analysiert wird und dann der Patron mit der neuen Geschäftsidee in die Unternehmung kommt – und sich wundert, wenn nicht alle Mitarbeiter auf seine rettende Idee gewartet haben. Noch ausgeprägter ist der Widerstand, wenn die Geschäftsmodellinnovation gleichzeitig mit einem Generationswechsel in der Geschäftsleitung einhergeht. Die Nachfolgeproblematik in KMUs kann durch ein solches Projekt noch stärker akzentuiert werden.

Ein so wichtiges Projekt wie Geschäftsmodellinnovation muss daher unbedingt die zentralen Mitarbeiter miteinbeziehen. ‚Betroffene zu Beteiligten machen‘ gilt hier in besonderem Maße. Für die Geschäftsmodellinnovation gibt es bereits einige Werkzeuge.

Basierend auf den 55 identifizierten Geschäftsmodellmustern wurde ein interaktives Geschäftsmodellinnovations-Tool entwickelt. Diese Tool unterstützt die Konstruktion von neuen Geschäftsmodellen basieren auf dem St. Galler Business Model Navigator. So kann unternehmensweit, unabhängig vom Standort gemeinsam an neuen Geschäftsmodellen entwickelt werden. Das Tool wird auch unterstützt durch einen Online Learning Kurs, der die Bedeutung und Logik von Geschäftsmodellinnovation auf innovative Weise erklärt (siehe www.bmi-lab.ch). Ergänzend wird die Implementierung unterstützt durch ein Kartenset mit den 55 grundlegenden Geschäftsmodellinnovationsmustern zur Gestaltung von Workshops zur Entwicklung neuer Geschäftsmodelle. Für weiteres Hintergrundwissen bitte www.bmi-lab.ch checken

1.4   Fazit

- Sei paranoid: Erfolg bleibt nur, wenn die Wurzeln ständig hinterfragt werden.

- Geschäftsmodelle bestehen aus vier Dimensionen: WER sind die Kunden? WAS bieten wir den Kunden an? WIE stellen wir die Leistung her? Wie wird WERT erzielt?

- Die vier Dimensionen – in anderen Worten: Kunden, Nutzenversprechen, Wertschöpfungskette und Ertragsmechanik – müssen konsistent sein.

- 90 Prozent aller Geschäftsmodellinnovationen basieren auf Rekombinationen von 55 Basismustern

- Anhand dieser 55 Muster lassen sich neue erfolgreiche Geschäftsmodelle für die eigene Industrie konstruieren und umsetzen (siehe auch *www.bmi-lab.ch*).

- Geschäftsmodellinnovation ist keine Kunst, die den kreativen Genies vorbehalten ist, sondern ein systematischer Prozess

- Geschäftsmodelle nach den vier Is des Business Model Navigators angehen: (1) Initiierung, (2) Ideenfindung, (3) Integration, (4) Implementierung.

- Richtige Flughöhe bei der Analyse des eigenen Geschäftsmodells behalten.

- Es gibt keine Geschäftsmodelle für KMUs, hingegen sind die 55 Geschäftsmodelle unterschiedlich geeignet hinsichtlich der Umsetzbarkeit ohne Partner. Es gilt wieder: Die Konsistenz muss gewährleistet sein.

- Bei KMUs oft vernachlässigt: Mitarbeiter frühzeitig in den Strategieprozess einbinden, starkes Committment seitens der Geschäftsleitung zeigen.

Literatur

Gassmann, O.; Frankenberger, K.; Csik, M. (2013): Geschäftsmodelle entwickeln, Hanser Verlag, München

Prof. Dr. Oliver Gassmann

Prof. Dr. Oliver Gassmann ist seit 2002 Professor für Innovationsmanagement an der Universität St. Gallen und Direktionsvorsitzender des dortigen Instituts für Technologiemanagement. Er ist aktiv in mehreren Aufsichtsräten und Beiräten von Unternehmen, seit Jahren begleitet er Unternehmen in Geschäftsmodellinnovation.

oliver.gassmann@unisg.ch

Prof. Dr. Karolin Frankenberger

Prof. Dr. Karolin Frankenberger ist seit 2011 Habilitandin am Lehrstuhl für Innovationsmanagement des Instituts für Technologiemanagement der Universität St. Gallen sowie Leiterin des Kompetenzzentrums Geschäftsmodellinnovation an der Universität St. Gallen.

karolin.frankenberger@unisg.ch

2 Wellenreiten und das Innovationspotenzial der Gesundheitswirtschaft

Zum Zusammenhang von Kondratieffzyklen, ökonomischen Krisen und „ganzheitlicher Gesundheit" als neuer Basistechnologie

FH-Prof. Dr. Nils Otter, FH-Prof. Ing. Mag. Dr. Peter Granig

Abstract

Nach einer dogmenhistorischen Einführung, in der die wichtigsten Entwicklungslinien der Theorie der langen Wellen dargestellt werden, widmet sich der Beitrag einer entsprechenden Interpretation der jüngsten Weltwirtschaftskrise, der sog. „Großen Rezession von 2008/09". Als Bezugspunkt hierfür wird die „Große Depression" der 1930er Jahre gewählt und auf relevante Vergleichspunkte hingewiesen. Der nächste Abschnitt erörtert dann, ob eine (weit gefasste) Gesundheitswirtschaft das Potenzial aufweisen könnte, die nächste technologische Revolution auszulösen, die zur Überwindung einer Depression notwendig ist. Hierzu wird sowohl auf den theoretischen Ansatz der „General Purpose Technologies" zurückgegriffen als auch auf empirische Daten hingewiesen, die einen Einblick in die sektorale Entwicklung erlauben. Der Beitrag endet mi einem kurzen Ausblick.

Keywords:
Konjunkturtheorie, Kondratieffzyklen, Gesundheitswirtschaft, Basisinnovation

2.1   Zur Einführung: Eine kurze Dogmengeschichte der Theorie der langen Wellen

Sofern nicht anders angegeben, beruht dieser Abschnitt im Wesentlichen auf Otter 2013, Abschnitt 4.3.

Im Jahr 1926 veröffentlichte der russische Konjunkturforscher Nikolai Kondratieff, der zu dieser Zeit der Leiter des russischen Konjunkturforschungsinstituts in Moskau war, einen Beitrag mit dem Titel „Die langen Wellen der Konjunktur" (vgl. Kondratieff 1926). In dieser Arbeit wurde erstmalig empirisch (und zwar anhand von Preisindizes) festgestellt, dass es längerfristige Konjunkturzyklen geben könnte, die er auf die Knappheit von Produktionsfaktoren zurückführte. Als zentrale Knappheit an Produktionsfaktoren, die für Preisschwankungen von 50 bis 60 Jahren verantwortlich waren, betrachte er vor allem Engpässe im Bereich der Infrastruktur einer Volkswirtschaft (vgl. hierzu auch Händeler 2009). Es mag zwar beckmesserisch erscheinen, aber es sei in diesem Zusammenhang der dogmenhistorische Hinweis erlaubt, dass bereits Vilfredo Pareto in einem kürzeren Beitrag aus dem Jahr 1913 auf die Existenz von langen Wellen in der Wirtschaft hingewiesen hatte, die von ihm zurückgeführt wurden auf einen „...social conflict inside the elite, i.e. the ruling class, between entrepreneurs (speculators) and rentiers (traditional capitalists): their alternating domination explained the sucessive periods of daring expansion and timid contraction" (zitiert nach Freeman und Louçã 2001, S. 76). Es ist nichtsdestotrotz das besondere Verdienst von Kondratieffs Analyse, einen empirischen Nachweis für langfristige Schwankungen im Ablauf der wirtschaftlichen Aktivität erbracht zu haben, welcher bis dato in der ökonomischen Analyse nicht existent war.

Die Arbeit von Kondratieff ist dann insbesondere von Schumpeter aufgegriffen worden, der nach einer theoretischen Erörterung in seinem monumentalen Werk „Konjunkturzyklen", in dem zunächst immer nur von „dem" oder „einem" Zyklus die Rede war, in der anschließenden wirtschaftshistorischen Untersuchung mit verschiedenartigen Zyklen gearbeitet hat (vgl. Schumpeter 1961; grundsätzlich ist Schumpeter von einer Vielzahl von Zyklen unterschiedlicher Dauer ausgegangen, die zusammengenommen die Dynamik der Gesamtwirtschaft bestimmen, denn aufgrund von Innovationen „...bestehen viele Gründe für die Erwartung, dass es eine unbeschränkte Zahl von wellenförmigen Schwankungen auslösen wird, die gleichzeitig abrollen und während dieses Prozesses sich gegenseitig stören". Begründet wird dies mit der unterschiedlichen Bedeutung der einzelnen Innovationen, der Verbundenheit vieler Industriebereiche sowie den differenzierten Folgewirkungen für das wirtschaftliche und soziale Umfeld). Aus Gründen der Vereinfachung beschränkte er sich auf kurz-, mittel- und langfristige Zyklen, die er nach den Namen ihrer Entdecker als Kitchin-, Juglar- und Kondratieffyklen benannte. Von der Zykluslänge her umfasst ein Kitchin-Zyklus ca. 40 Monate, ein Juglar-Zyklus dauert zwischen sieben und zehn Jahren und die Kondratieff-Zyklen eben 50 bis 60 Jahre. Wie in **Abbildung 2.1** ersichtlich ist, überlagern sich diese Zyklen, d. h. ein Kondratieffzyklus beinhaltet sechs Juglarzyklen und ein Juglarzyklus wiederum drei Kitchinzyklen. Ausgelöst werden alle drei Wellentypen jeweils durch die Gesetzmäßigkeit der Innovation, d. h., sie weisen auch dasselbe zyklische Verlaufsbild, also Prosperität, Rezession, Depression und Erholung auf.

Abbildung 2.1   Schumpeters Drei-Zyklen-Schema

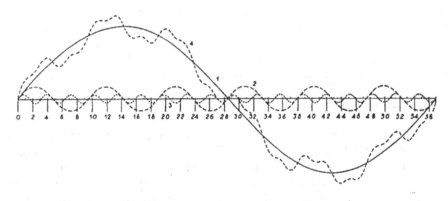

Erklärung: 1 = lange Welle   3 = kurze Welle
                2 = mittlere Welle   4 = Originalzeitreihe

Quelle: *J.A. Schumpeter* (1961), Konjunkturzyklen, Bd. 1, Göttingen, S. 223

Eine Weiterentwicklung der Schumpeterschen Konjunkturtheorie in der ökonomischen Forschung lässt sich dann in der sog. „Theorie der langen Wellen" feststellen (vgl. hierzu ausführlich Silverberg 2007). Hierbei können, der Differenzierung von Hanusch folgend, zwei Theoriestränge differenziert werden (vgl. Hanusch 1999, S. iii): zum einen nicht-lineare makroökonomische Modelle (stellvertretend für die makroökonomischen Theorien siehe Goodwin 1989), zum anderen empirisch orientierte Ansätze, die sich mit Basisinnovationen und technologischen Trajektorien beschäftigen und die im Folgenden im Mittelpunkt stehen (vgl. für diese Einschätzung Freeman 1987, S. 241: „At the heart of the long wave debate in the 1980s has been the Schumpeterian interpretation of Kondratiev's long cycles"). Als Ausgangspunkt dieser Richtung kann zunächst der Beitrag von Mensch (1975) genannt werden, der zu einer Rehabilitation der Schumpeterschen Konjunkturüberlegungen führte und damit auch die Diskussion über die Existenz längerfristiger zyklischer Gesetzmäßigkeiten neu entfacht hat (vgl. Mensch 1975). Mensch geht ebenfalls davon aus, dass durch ein massenhaftes Auftreten von Basisinnovationen ein wellenförmiger wirtschaftlicher Entwicklungsprozess initiiert wird. Jedoch unterstellt Mensch, im Unterschied zu Schumpeter, der von einem sinusförmigen Zyklusverlauf ausgeht, in seinem Metamorphosen-Modell eine schubweise Entwicklung, die sich in der Abfolge von s-förmigen Kurven darstellen lässt. Aus einem Wechselspiel von Innovationsfülle und Innovationsmangel resultieren jeweils wirtschaftliche Diskontinuitäten, wobei das Ende eines Innovationszyklus innerhalb einer Branche stets mit einer wirtschaftlichen Strukturkrise verbunden ist. Diese wirtschaftlichen Stagnationserscheinungen, die als „Theorie der schwindenden Investitionschance" bezeichnet werden, ergeben sich immer dann, wenn die Wachstumswirkungen der Basisinnovationen erschöpft sind. Mensch hat diese Situation auch als „technologisches Patt" umschrieben, das er als eine „realwirtschaftliche Schaltpause in der industriellen Evolution der Industrieländer" definiert. In der Folgezeit ist diese Argumentation insbesondere von Kleinknecht systematisch erfasst und anhand der wichtigsten Innovationsfakten empirisch überprüft worden (vgl. Kleinknecht 1979 und Kleinknecht 1990). Die Studien von Kleinknecht haben vor allem den Nachweis erbracht, dass Basisinnovationen generell einen zyklischen Entwicklungsprozess durchlaufen. Insbesondere eine tiefe wirtschaftliche Depression ruft dabei eine verstärkte Innovationsaktivität hervor, was er als sog. „depression-trigger hypothesis" bezeichnet hat (vgl. Kleinknecht 1981, S. 295). Unabhängig von der Beurteilung dieser These haben diese Untersuchungen jedoch eine vorläufige Bestätigung für die Diskontinuität des Innovationsaufkommens erbracht und die Vermutung zurückgewiesen, dass eine wellenförmige ökonomische Entwicklung lediglich ein Produkt des Zufalls ist.

Was Schumpeter als Depression des Kondratieffzyklus eingeordnet hat, wird bei Perez als Problem der Einführung eines neuen technologischen Paradigmas bezeichnet (vgl. Perez 2002). Ausgelöst durch einen innovatorischen „Big Bang" kommt es zu einem „Entwicklungsschub", der strukturelle Veränderungen in Wirtschaft und Gesellschaft auslöst und dessen Ausbreitungsprozess ebenfalls fünf bis sechs Jahrzehnte andauert (vgl. Perez 2007). Wie **Abbildung 2.2** verdeutlicht, unterteilt Perez diesen Entwicklungsschub jedoch in zwei unterschiedliche Phasen (mit jeweils 20- bis 30 jähriger Dauer), eine sog. „Installationsperiode" sowie eine „Verbreitungsperiode".

Innerhalb der ersten Periode kommt es im Zuge der Ausbreitung der neuen technologischen Revolution auch zu einem steigenden Spannungsverhältnis zwischen der Sphäre der Wirtschaft und den übrigen gesellschaftlichen Systemen, wobei letztere typischerweise noch auf die Anforderungen des vorangehenden Zyklus ausgerichtet sind und daher den infrastrukturellen oder sozialen Bedingungen des neuen Zyklus bzw. der neuen Technologie noch nicht ausreichend angepasst sind. Die Veränderungen im techno-ökonomischen Bereich sind also mit Transaktionskosten für die Gesellschaft verbunden, welche sich z. B. in Arbeitslosigkeit, neuen Anforderungsprofilen an die Arbeitnehmer und der Verlagerung von Produktions- und Wirtschaftsstandorten niederschlagen. Hierdurch erhöhen sich die sozio-ökonomischen Spannungen und setzen die Politik unter Druck, notwendige Reformprozesse durchzuführen. Die Installationsperiode endet in der Regel mit einem Kollaps des Finanzsystems (vgl. Perez 2007, S. 785: „Thus the installation period ends with a finacial collapse, having accomplished its task, including the replacement of the industries (and firms) that act as the engines of growth of the economy, the installation of the new infrastructure providing externalities for everybody and the general acceptance of the 'common sense' criterion for best practice of the new paradigm"). Erst nach einer Strukturkrise, dem sog. „Turning Point", der soziale und institutionelle Umwälzungen mit sich bringt und auch eine Ablösung der führenden Wirtschaftszweige durch neue Industriesektoren bedingt, dominiert dann ein neues technisch-ökonomisches Paradigma. Der von Schumpeter so bezeichnete „Prozess der schöpferischen Zerstörung" findet damit nicht nur im Wirtschaftssystem alle 50 bis 60 Jahre statt, sondern hat sein notwendiges Pendant auch im gesellschaftstheoretischen Bereich.

Abbildung 2.2   Zwei Perioden der Diffusion technologischer Revolutionen;
Quelle: Perez 2007, S. 784

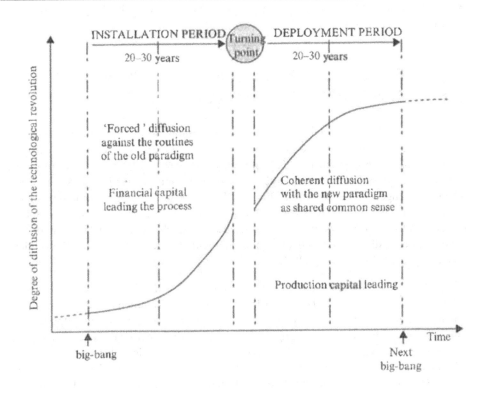

Betrachtet man diese Ansätze zusammenfassend, so lassen sich sowohl Gemeinsamkeiten als auch Unterschiede feststellen: In Übereinstimmung mit den Ausführungen bei Schumpeter kann als Auslöser von konjunkturellen Schwankungen auf den Einfluss und die Bedeutung von grundlegenden Innovationen verwiesen werden. Dies löst längerfristige Entwicklungsprozesse aus, deren Auswirkungen sich nicht nur in der ökonomischen Sphäre verbreiten, sondern vielmehr auch zu bedeutsamen Rückwirkungen auf Gesellschaft, Politik und Kultur führen. Als wesentlicher Unterschied dieser Ansätze erweist sich einerseits die Rolle, die dem Diffusionsprozess einer Neuerung zugeschrieben wird, und andererseits die Verwendung eines sog. „Kuznet-Zyklus", der in etwa einer Länge von 15 bis 20 Jahren entspricht (auch dieser Konjunkturzyklus ist nach seinem Entdecker, Simon Kuznet, benannt worden, vgl. Kuznet 1930; interessanterweise wird dieser Zyklus von Schumpeter in den Konjunkturzyklen jedoch nicht weiter beachtet). Unabhängig von der jeweiligen Akzentuierung ist diesen ökonomischen Ansätzen jedoch gemeinsam, dass sie Krisenerscheinungen des ökonomischen Systems als systeminhärent betrachten! Die „moderne" Konjunkturtheorie[1] war dazu nicht in der Lage, was durchaus medienwirksam im sog. „Queen-Test" zum Ausdruck kam.[2] Aber lässt sich die sog. „Große Rezession" von 2008 mit Hilfe der „Theorie der langen Wellen" plausibel erklären? Durch welche Charakteristika lässt sich die Depressionsphase eines Kondratieffzyklus beschreiben? Der folgende Abschnitt wird sich diesen Fragen widmen.

2.2 Kondratieff-Depression: Die große Rezession von 2008 neu interpretiert

Allgemein gesprochen kann der Gegenstand der ökonomischen Konjunkturtheorie in der Aufgabe gesehen werden, die Konjunkturbewegungen zu erklären, d. h. auf Ursache-Wirkungszusammenhänge zurückzuführen (vgl. Jäger 1999). Zu dieser Aufgabenstellung gehört auch die Beschreibung und Erklärung der Zyklusphasen und Zykluslängen. Die Theorien der langen Wellen geht mit Blick auf den Ursache-Wirkungszusammenhang davon aus, dass es durch innovatorische Impulse, die nicht nur die rein ökonomische Sphäre betreffen, zyklische Schwankungen entstehen, die zu gesellschaftlichen Hoch- und Tiefpunkten führen. Allerdings fallen die Datierung und die Bestimmung der Kondratieffzyklen dabei durchaus unterschiedlich aus:

- Schumpeter hatte vor allem darauf hingewiesen, dass es durch die Überlagerung der Zyklen zu verstärkenden bzw. abschwächenden Effekten kommen kann: „Das Zusammentreffen der entsprechenden Phasen aller drei Zyklen zu irgendeinem Zeitpunkt [bringt] immer Phänomene von ungewöhnlicher Intensität [hervor]" (Schumpeter 1961, S. 183). Dies wird besonders deutlich, wenn sich Schumpeter der Erklärung der besonders starken Depressionen widmet (von 1825 bis 1830, von 1873 bis 1878 und von 1929 bis 1934), die er mit dem gleichzeitigen Auftreten der Depressionsphasen aller drei Zyklen begründet. Folgt man der Zeitzuschreibung von Schumpeter und würde eine einfach Zeitfortschreibung (unterbrochen durch die Zeit des Zweiten Weltkrieges) durchführen, dann könnte die jüngste Krise als Depressionsphase des vierten Kondratieffzyklus betrachtet werden.

- Andere Autoren interpretieren die jüngste „Große Rezession" als Depressionsphase des fünften Kondratieffzyklus. In diesem Sinne sind die Basisinnovationen der Informations- und Kommunikationstechnologie (fortan: IKT) ausgeschöpft, wir befinden uns in der Erholungsphase und warten auf eine neue Basisinnovation, die den sechsten

---

[1] Damit ist insbesondere der Ansatz der sog. „Real Business Cycle"-Theorie angesprochen, der als das dominierende Paradigma der Konjunktur- und Wachstumstheorie angesehen werden kann. Vgl. hierzu die Aussagen eines ihrer Begründers Kydland (1995), S.132: „...neoclassical growth theory has become the dominant theoretical framework in quantitative business cycle theory".

[2] Die Queen hatte im November 2008 an der London School of Economics an einer Veranstaltung zur Erklärung der ökonomischen Wirtschaftslage teilgenommen und am Ende schlicht gefragt: „Wie konnte es passieren, dass niemand diese Krise vorhergesehen hat?" (vgl. Pinzler 2012).

Kondratieffzyklus startet. Dies entspricht weitgehend der Sichtweise von Nefiodow und Händeler, die im Bereich der „ganzheitlichen Gesundheit" oder „psycho-sozialen Zusammenarbeit" das Potenzial einer Basisinnovation sehen.

■ Weiterhin lässt sich diese Krise auch mit der Theorie von Perez in Verbindung bringen. Hiernach befinden wir uns derzeit im fünften technologisch-ökonomischen Paradigma (IKT), dessen „Installation Period" nun abgeschlossen ist. Gegenwärtig herrscht eine längere Phase des „Turning Point" vor, bevor ein neues „goldenes Zeitalter" beginnen kann.

Unabhängig von der konkreten Datierung der Kondratieffzyklen, die durchaus umstritten ist und sicherlich durch die jeweilige „theoretische Brille" gesehen wird, besteht jedoch bei den meisten Forschern im Bereich der langen Wellen eine gewisse Einigkeit darüber, dass die Krise der Jahre 2007 und folgende als Tiefphase eines Zyklus bzw. „Turning Point" angesehen werden kann. Die Beschreibung der Depressionsphase eines Kondratieffzyklus soll anhand eines Vergleichs der Depressionsphasen von 1929 und 2007 exemplarisch durchgeführt werden. Richtet man den Blick auf eher qualitative Indikatoren, so lassen sich erstaunliche Parallelen zwischen diesen beiden Krisen feststellen, wobei schlaglichtartig auf die nachfolgend genannten Punkte hingewiesen werden soll (vgl. zu diesem Abschnitt Otter 2014):

■ Entkopplung von Finanz- und Realwirtschaft: Anfang der 1920er Jahre startete die mehrjährige Hausse an der New York Stock Exchange (NYSE).[3] Abgesehen von der Tatsache, dass sich die Aktienkursentwicklung immer stärker von der Realwirtschaft abgekoppelt hatte, ging diese Rallye mit einer rasanten Ausweitung der Finanzindustrie einher, es begann die Zeit der Holdinggesellschaften und Investmenttrusts (die Anzahl der Investmenttrusts stieg von ca. 40 im Jahr 1921 bis auf 265 im Jahr 1929 an; vgl. Galbraith 2009, S. 72ff.). Zudem wurde eine sehr bedeutende „Finanzinnovation" geschaffen, das sog. „Trading on Margin", das zur Finanzierung von Käufen am Aktienmarkt eingesetzt wurde. Auch die jüngste Krise zeichnet sich durch eine Ausweitung der Finanzindustrie in sektoraler Hinsicht aus, verbunden mit neuen Finanzintermediären und einem System von „Schattenbanken". Institutionell wurden hierdurch erneut diejenigen Finanzierungsmöglichkeiten geschaffen, die zur Ausweitung der Spekulation erforderlich waren.[4]

---

[3] Der Dow Jones Industrial Average stieg von 63,90 Punkten im Herbst 1921 bis zum Höchstand von 381,17 Punkten am 3. September 1929 an. Der endgültige Tiefpunkt lag dann bei 41,22 Punkten am 8. Juli 1932.

[4] „Deregulierung, Computerisierung und die begründete Erwartung eines prinzipiell nicht beschränkten Liquiditätsangebots haben zu einer starken Expansion des Finanzsektors geführt. Die Kette der Finanzintermediation, die „Umwegproduktion" der Bankdienstleistungen, ist so aufgrund sinkender Transaktionskosten i. w. S. länger geworden. Damit entsteht in der neuen Finanzmarktarchitektur ein systemisches Risiko", Spahn 2010, S. 15.

- Überbordende Spekulation und Finanzinnovationen: Wie die Wirtschaftsgeschichte zeigt, sind schweren Depressionen stets große Zusammenbrüche auf den Finanzmärkten vorausgegangen.[5] Damals wie heute kam die "Psychologie der Spekulation" bei den Wirtschaftssubjekten zum Tragen: „Business and households, believing that they are going to make tons of money, leverage themselves up to the hilt as they borrow and invest in all sorts of assets. When the bubble bursts, asset prices collapse while liabilities remain, leaving millions of private sector balance sheets underwater. This leaves the private sector with no choice but to minimize debt to climb out of negative equity territory and regain its credit ratings" (vgl. Koo 2014, S. 169f.).

- Exorbitante Erhöhung des Verschuldungsgrades: Zieht man für das Jahr 1929 die Maklerkredite („Call Loans") als einen Indikator für das Ausmaß an Spekulation heran, dann lässt sich ein rasanter Anstieg feststellen; von 1920-1929 stiegen diese Spekulationskredite von einer Milliarde (1920) auf 2,5 (1926), 3,5 (1927), 6,0 (1928) bis auf knapp neun Milliarden (1929), trotz eines Zinsniveaus, das bei ungefähr zwölf Prozent lag (vgl. Galbraith 2009, S. 48f.). Als kennzeichnend für die Krise von 2008 kann auf den allgemeinen Leveragelevel verwiesen werden: „The large investment banks had leverage ratios in the high 20s or low 30s. Hedge funds and some European banks may have been even more highly leveraged. At leverage ratios in this range, a loss in asset values of a couple of percentage points will suffice to make a bank insolvent" (vgl. Leijonhufvud 2009, S. 744). Besonders gravierende gesamtwirtschaftliche Schwierigkeiten resultieren dann aus einer Kreditdeflation. Im Zusammenhang mit der Rezession von 2008 hat Leijonhufvud daher auch völlig zu recht von einer „Balance Sheet Recession" gesprochen, was ebenfalls die anschließende „Kreditklemme" erklärt („The priority that the banks have been forced to give to deleveraging explains the unavailability of ordinary trade credit in the USA for the last several quarters"; Leijonhufvud 2009, S. 745).

- Blasenbildung auf dem Immobilienmarkt: Ausgangspunkt der Krise im Jahr 2008 waren vor allem massive Ausfälle auf dem amerikanischen Immobilienmarkt, welche in weiterer Folge dann zu einer Entwertung von Finanzprodukten führten. Auch der Depression von 1929 ist das Platzen einer Immobilienblase vorausgegangen (vgl. hierzu Liebowitz 2008/2009).

- Hilflosigkeit der Geldpolitik bzw. der Zentralbanken: Zitieren wir Schumpeter, der auf die Gefahren einer Politik von niedrigen Zinssätzen zur Bekämpfung einer Depression wie folgt hingewiesen hat, „In Erörterungen hierüber sollte man eher die unheilvolle Wirkung therapeutischer Versuche dieser Art betonen als die bloße Nutzlosigkeit des Versuches, während der Depression den Pessimismus in einer Art Kreditflut zu ersäufen" (Schumpeter 1961, S. 677).

In quantitativer Hinsicht sei bspw. auf die Arbeit von Eichengreen/O'Rourke „A Tale of

---

[5] Für die USA haben Mishkin und White (2003), S. 76, 15 Aktienkurseinbrüche im Zeitraum von 1903-2000 untersucht: „The basic conclusion from studying these episodes is that the key problem facing monetary policymakers is not stock market crashes and the possible bursting of a bubble, but rather whether serious financial instability is present".

Two Depression" verwiesen, die eine Vergleich zwischen den ersten zwölf Monaten der „Großen Depression" von 1929 und der „Großen Rezession" von 2008 durchgeführt haben. Kurz gefasst (vgl. Eichengreen und O'Rourke 2009):

■ Rückgang des weltweiten Industrie-Outputs im Jahr 1929: zehn Prozent, im Jahr 2008: 13 Prozent

■ Rückgang der Weltbörsen-Indizes im Jahr 1929: zehn Prozent, im Jahr 2008: 53 Prozent

■ Rückgang des Welthandelsvolumen im Jahr 1929: sieben Prozent, im Jahr 2008: 18 Prozent

Es lassen sich also durchaus überzeugende qualitative wie quantitative Indizien dafür heranziehen, die jüngste Weltwirtschaftskrise im Sinne einer längerfristig andauernden Kondratieff-Depression zu interpretieren. Nun stellt sich jedoch (zumindest in prognostischer Hinsicht) die Frage: Was könnte die neue Basistechnologie sein? Welcher sozioökonomische Bereich oder welches neue techno-ökonomische Paradigma weist das Potenzial dazu auf, einen neuen Kondratieff-Aufschwung zu bewirken? Lassen sich vielleicht sogar Kriterien identifizieren, die uns Hinweise für positive sektorale Veränderungen liefern?

2.3 Die Gesundheitswirtschaft als neue Basistechnologie?

Nachdem die grundlegenden Ideen der Theorie der langen Wellen dargelegt wurden und gezeigt werden konnte, dass es hiermit durchaus möglich ist die letzte große Krise des kapitalistischen Systems zu erklären, wenden wir uns nun der Frage zu, inwieweit sich auch Anhaltspunkte für die Evolution einer neuen Basistechnologie gewinnen lassen. Vorab sei jedoch darauf hingewiesen, dass es selbstverständlich weder möglich ist Innovation vorherzusagen, noch die gesamtgesellschaftlichen Auswirkungen prognostisch zu bestimmen. Dennoch wollen wir an dieser Stelle einen „Blick in die Glaskugel" werfen und darüber spekulieren, ob Bio- und Nanotechnologie bzw. „ganzheitliche Gesundheit", wie bereits seit einiger Zeit vermutet, das Potenzial aufweisen, die Basistechnologie für einen neuen Kondratieffzyklus bereitzustellen (s. Nefiodow 1999, Granig und Nefiodow 2011, Händeler 2009). Hierzu wird zunächst auf den Ansatz der sog. „General Purpose Technologies (fortan: GPT)" zurückgegriffen, der sich sowohl modelltheoretisch wie auch empirisch damit auseinandersetzt, die technologischen Ausbreitungs- und Auswirkungseffekte von zentralen Innovationen zu erklären (vgl. stellvertretend Lipsey et al. 2005, Breshnahan 2010 sowie Silverberg 2007). Anschließend soll die quantitative Dimension dieses Sektors kurz skizziert werden, denn zweifellos sollte sich eine neue Basistechnologie dadurch auszeichnen, dass ihre Bedeutung für die Volkswirtschaft in sektoraler Hinsicht im Zeitablauf zunimmt. Bereits Schumpeter hatte darauf hingewiesen, dass es bei der wirtschaftshistorischen Analyse von Konjunkturzyklen unabdingbar sei, den Aufstieg und Fall von Firmen bzw. Branchen detailliert zu betrachten, um eine endogene Bestimmung der kapitalistischen Veränderungskräfte zu erzielen. Möchte man den Versuch unternehmen diese Entwicklungen auch in quantitativer Hinsicht zu überprüfen, ist es sicherlich naheliegend zunächst auf das Wachstums- und Entwicklungspotenzial einzelner Sektoren im Rahmen der Gesamtwirtschaft zurück zugreifen.

Obwohl das theoretische Konstrukt der „General Purpose Technologies (GPT)", aufgrund der zu Grunde gelegten „ex-post" Betrachtungsweise, definitionsgemäß nicht dazu geeignet ist zukünftige Trends zu erkennen, lassen sich aus diesem Ansatz dennoch Kriterien gewinnen, die genutzt werden können, um zumindest generell über das zukünftige Innovationspotenzial von Technologien und Branchen zu spekulieren. Als Kriterien für die Bestimmung einer GPT werden in der Literatur häufig die nachfolgenden drei Charakteristika angeführt (vgl. hierzu Cantner und Vanucci 2012):

- Pervasiveness: eine neue GPT sollte einen Einfluss auf technische Veränderungen und auf das Produktivitätswachstum in zahlreichen Industrien bzw. Sektoren haben.

- Improvement: eine neue GPT sollte in seiner eigenen Industrie vollständig verbreitet sein und überall zu Verbesserungen führen.

- Innovation spawning: eine neue GPT sollte zu Produkt- und Prozessinnovationen in möglichst vielen Anwendungsfeldern bzw. Sektoren führen.

Im Weiteren soll daher prospektiv gefragt werden, welche kühnen Vermutungen vor dem Hintergrund obiger Kriterien über eine neue Basistechnologie „ganzheitliche Gesundheit" artikuliert werden könnten und inwiefern damit das notwendige Potenzial für einen Kondratieff-Aufschwung verbunden werden kann. Eine erste Schwierigkeit bei diesem Versuch stellt allerdings bereits die Definition und Interpretation einer neuen Basistechnologie „psycho-soziale Gesundheit" dar, da es sich hierbei nicht um ein eindeutig abgrenzbares technologisches Themenfeld handelt (vgl. die Elemente des „neu aufkommenden Gesundheitssektors" bei Nefiodow 2011, S. 30ff.). Während es für frühere Kondratieffzyklen noch relativ einfach war, den Einfluss einer bedeutsamen technologischen Innovation auch mit längerfristigen Entwicklungstrends zu verbinden, z. B. die Dampfmaschine mit überall verfügbarer Energie und der Eisenbahn als neuer Infrastruktur oder die Mikroelektronik mit Computern und globaler Telekommunikationsinfrastruktur, fällt dies aufgrund der Heterodoxie in einem weit gefassten Gesundheitsbereich relativ schwierig. Eine erste Möglichkeit könnte bspw. darin gesehen werden, zunächst zwischen einem eher technologisch orientierten Teilbereich, der die Biotechnologie und Medizintechnik umfasst und einem psycho-sozialen Teilbereich zu unterscheiden, der sich auf individueller Ebene – neudeutsch vereinfacht gesprochen – mit der „Work-Life-Balance" und auf gesellschaftlicher Ebene mit den Sozialsystemen befasst.

Dann wären im Hinblick auf die „Pervasiveness" technische Veränderungen vor allem im Bereich der Biotechnologie, Pharmazeutischen Industrie und Medizintechnik zu erwarten, während der überwiegende Teil des volkswirtschaftlichen Produktivitätswachstums auf die Verbesserung des Humanvermögens zurückgeführt werden könnte, welches infolge von „Zufriedenheit" und „Gesundheit" eine höhere Leistungsfähigkeit entwickelt. Unter dem Gesichtspunkt des „Improvement" wäre an den enormen Fortschritt der modernen

Medizin zu denken, der eine nicht vorstellbare Verbesserung und Verlängerung der Lebenszeit bewirken können. Sollte der „Produktionsfaktor Arbeit" zunehmend an Bedeutung gewinnen – worauf bspw. der Fakt hindeutet, dass Innovationen immer wissensintensiver werden – dann hätte dieses neue techno-ökonomische Paradigma indirekt natürlich Einfluss auf alle Sektoren der Volkswirtschaft. Dieser Sachverhalt wird insbesondere auch im Rahmen der sog. „Neuen Wachstumstheorie" hervorgehoben (vgl. hierzu grundlegend Romer 1990). Vereinfacht gesprochen würde also der technische Fortschritt von Medizin/Pharmazie, der sich überall im „Gesundheitssystem" verbreitet, hier im Sinne der „eigenen Industrie" verstanden, dazu führen, dass über alle Sektoren der Volkswirtschaft verteilt mit Verbesserungen infolge produktiverer Arbeitskräfte zu rechnen sein könnte. Dieses Argument lässt sich ebenfalls anwenden im Hinblick auf die „Durchsetzer" von Innovationen, die Unternehmer. Konkret könnte dies dann mit einer Überwindung des sog. „Knowing-Doing-Gap" verbunden werden. Mit dem „Knowing-Doing-Gap" wird in der Entrepreneurship-Forschung der Sachverhalt umschrieben, dass zwar immer mehr Wissen (und damit Möglichkeiten) in der Gesellschaft vorhanden ist, es jedoch häufig nicht zu einer Anwendung und ökonomischer Verwertung kommt, so dass eine Lücke zwischen Invention und Wissensgenerierung und Innovation und Vermarktung besteht (vgl. hierzu Siemon 2009 und Röpke 2002).

Schließlich könnte der Gesichtspunkt des „Innovation spawning" sowohl mit einzelnen sektoralen Innovationen im Bereich der bio-medizinischen Forschung oder der gesundheitlichen Prophylaxe in Verbindung gebracht werden, aber auch Innovation in vor- und nachgelagerten Bereichen hervorrufen. Allein das potenzielle Anwendungsfeld bzw. der weltweite Nachfragebedarf nach verbesserten hygienischen Bedingungen oder einer besseren medizinischen Versorgung erscheint immens.

Richtet man den Blick auf den empirischen Stellenwert, so stellt sich zunächst einmal ein definitorisches Problem, denn ein Konstrukt wie „ganzheitliche Gesundheit" lässt sich keineswegs einfach abgrenzen. Die verschiedenen Bestandteile dieses technisch-ökonomischen Paradigmas finden bspw. in unterschiedlichen Kategorien der volkswirtschaftlichen Gesamtrechnung ihren Niederschlag, was die quantitative Aggregation erheblich erschwert.

2.4 Ausblick: Der Wohlfahrtsstaat 2.0

Es wäre sicherlich vermessen aus der hier vorgetragenen Argumentation bereits eine Prognose für die Zukunft abzuleiten, geschweige denn zu behaupten, dass der durchaus heterodoxe Bereich der Gesundheitswirtschaft, der ohnehin in einen ersten, zweiten und dritten Subsektor unterteilt werden muss, mit Sicherheit die neue Basistechnologie eines neuen Kondratieffzyklus darstellt. Entwickelt man jedoch eine mutige Vision, die selbstverständlich von den Entwicklungen der zukünftigen Realität falsifiziert werden kann, so weist dieser wirtschaftliche Subsektor sicherlich ein Innovationspotenzial auf, das sowohl für den weiteren Entwicklungsprozess alternder Industriegesellschaften wie auch für Volkswirtschaften, die sich in einem Prozess der aufholenden Entwicklung befinden, von zentraler Bedeutung sein kann. Wird die „psycho-soziale Gesundheit" breit definiert, d.h. umfasst gerade eben nicht nur den medizinischen Aspekt bzw. die individuelle körperliche Gesundheit, sondern vor allem neue Formen der Arbeitsorganisation, der Integration und Inklusion möglichst aller gesellschaftlichen Mitglieder sowie die Organisation des sozialen Zusammenlebens, dann werden vermutlich solche Volkswirtschaften besonders von einem Kondratieff-Aufschwung profitieren, die vorteilhafte Arbeits- und Lebensbedingungen ermöglichen. Es rücken damit die institutionellen Lösungen in den Mittelpunkt der Betrachtung, die ein (Sozial-)Staat bereitstellt, der sowohl als elementares Komplement zum Funktionieren eines freien marktwirtschaftlichen System angesehen werden muss, als auch vor der Herausforderung steht, einer „institutionellen schöpferischen Zerstörung" durch Innovationen im Bereich seiner eigenen Institutionen zu begegnen. Und wer nichts gegen die Verwendung einer Versionszählweise hat, der kann diesen Zukunftsausblick gerne auch Wohlfahrtsstaat 2.0 nennen.

Literatur

Aghion, P./Howitt, P. (2009): The Economics of Growth, MIT Press, Cambridge, Mass./London

Bresnahan, T. F. (2010): General Purpose Technologies, in: Hall, Bronwyn H. und Rosenberg, Nathan (Eds.): Handbook of the Economics of Innovation, Vol. 2, North Holland, Amsterdam, S. 761–791

Cantner, U./Vannuccini, S. (2012): A New View of General Purpose Technologies, Jena Economic Research Papers, Nr. 2012-54

Eichengreen, B./O'Rourke, K. H. (2009): „A Tale of Two Depressions", abrufbar unter: http://www.advisorperspectives.com/newsletters09/pdfs/A_Tale_of_Two_Depressions-October_2009_Update.pdf (15.Nov. 2014).

Freeman, C. (1987): Long Swings in Economic Growth, in: Eatwell, John, Milgate, M. und Newman, P. (Hrsg.): The New Palgrave, A Dictionary of Economics, Vol 3, MacMillan Stockton Press, Basingstoke,

Freeman, C./Louçã, L. (2001): As time goes by. From the Industrial Revolutions to the Information Revolutions, Oxford University Press, Oxford

Galbraith, J. K. (2009): The Great Crash 1929, Reprint with a Foreword by James K. Galbraith, Penguin, London

Goodwin, R. M. (1989): Towards a Theory of Long Waves, in: DiMatteo, M., Goodwin, R. M. und Vercelli, A (Hrsg.): Technological and Social Factors in Long Term Fluctuations, Springer, New York, S. 1-15

Granig, P./Nefiodow, L. A. (Hrsg.) (2011): Gesundheitswirtschaft: Wachstumsmotor des 21. Jahrhundert, Gabler, Wiesbaden

Händeler, E. (2007): Kondratieffs Welt, 3. Aufl., Marlon, Moers

Hanusch, H. (1999): Schumpeter`s Life, Work and Legacy, in: ders. (Hrsg.): The Legacy of Joseph A. Schumpeter, Vol. I., Edward Elgar, Cheltenham, S. xi-lxiv

Jäger, K. (1999): Der Beitrag der traditionellen Theorie zur Erklärung von Trend und Zyklus, in: Franz, Wolfgang, Hesse, Helmut, Ramser, Hans Jürgen, Stadler, Manfred (Hrsg.): Trend und Zyklus. Zyklisches Wachstum aus der Sicht moderner Konjunktur- und Wachstumstheorie, Mohr, Tübingen, S. 1-34

Kleinknecht, A. (1980): Überlegungen zur Renaissance der „langen Wellen" der Konjunktur („Kondratieff-Zyklen"), in: W.H. Schröder und Reinhard Spree (Hrsg.): Historische Konjunkturforschung, Klett-Cotta, Stuttgart 1980, S. 316-338

Kleinknecht, A. (1981): Observations on the Schumpeterian Swarming of Innovations, in: Futures, Vol. 13, S. 293-307

Kleinknecht, A. (1990): Are There Schumpeterian Waves of Innovations?, in: Cambridge Journal of Economics 14, S. 81-92

Kondratieff, N. D. (1926): Die langen Wellen der Konjunktur, in: Archiv für Sozialwissenschaft und Sozialpolitik 56, S. 573-609

Koo, R. C. (2014): It Is Private, Not Public Finances that Are Out of Whack, in: German Economic Review, Vol. 15, S. 166-190

Kuznet, S. S. (1930): Secular Movements in Production and Prices, Houghton Mifflin, Boston

Kydland, F. E. (1995): Business Cycles and Aggregate Labor Market Fluctuations, in: Cooley, T.F. (Hrsg.): Frontiers of Business Cycles Research, Princeton, S. 128-156

Leijonhufvud, A. (2009): Out of the corridor: Keynes and the Crisis, in: Cambridge Journal of Economics, Vol. 33, S. 741-757

Liebowitz, S. J. (2008/2009): Anatomy of a Train Wreck. Causes of the Mortgage Meltdown, erscheint in: Powell, B. und Holcomb, R. (Eds.): Housing America: Building out of a Crisis, verfügbar unter: http://ssrn.com/abstract=1211822

Lipsey, R. G./Carlaw, K. I./Bekar, C. T. (2005): Economic Transformations: General Purpose Technologies, and Long-Term Economic Growth, Oxford University Press, Oxford

Mensch, G. (2005): Das technologische Patt, Umschau Verlag, Frankfurt

Mishkin, F. S./White, E. N. (2003): U.S. Stock Market Crashes and Their Aftermath: Implications for Monetary Policy, in: Hunter, William C., Kaufman, George G. und Micheal Pomerleano (Hrsg.): Asset Price Bubbles, MIT Press, Cambridge/London, S. 53-79

Nefiodow, L. A. (1999): Der sechste Kondratieff, Rhein-Sieg Verlag, Sankt Augustin

Otter, N.s (2013): Schumpeter und die Konjunkturtheorie, in: Pies, Ingo und Leschke, Martin (Hrsg.): Joseph Schumpeters Theorie gesellschaftlicher Entwicklung, Mohr, Tübingen, S. 81-119

Otter, N. (2014): Keynes und der Börsencrash von 1929, erscheint in: Pies, Ingo und Leschke, Martin (Hrsg.): John Maynard Keynes, Mohr, Tübingen

Perez, C. (2002): Technological Revolutions and Financial Capital. The Dynamics of Bubbles and Golden Ages, Cheltenham/Northampton

Perez, C. (2007): Finance and Technical Change: A Long-Term View, in: Hanusch, Horst und Andreas Pyka (Hrsg.): Elgar Companion to Neo-Schumpeterian Economics, Cheltenham/Northampton, S. 775-799

Pinzler, P. (2012): Angriff auf den Elfenbeinturm, in: Die Zeit, Nr. 8, v. 16.2.2012

Röpke, J. (2002): Der Lernende Unternehmer, Books-on-Demand, Norderstedt

Romer, P. M. (1990): Endogenous Technological Change, in: Journal of Political Economy, Band 98, S. 71-102

Schumpeter, J. A. (1961): Konjunkturzyklen, Band I+II, Vandenhoeck und Ruprecht, Göttingen

Siemon, C. (2009): Innovationspolitik, Wissenstransfer und der 6. Kondratieff: Knabenmorgenblütenträume in der Krise?: Zur Rolle akademischer Unternehmer aus evolutorischer Sicht, Book-on-Demands, Norderstedt

Silverberg, G. (2007): Long Waves: Conceptual, Empirical and Modelling Issues, in: Hanusch, Horst und Andreas Pyka (Hrsg.): Elgar Companion to Neo-Schumpeterian Economics, Cheltenham/Northampton, S. 800-819

Spahn, P. (2010): Liquiditätspräferenz, endogenes Geld und Finanzmärkte, ROME Discussion Paper, Nr. 10-13-November 2010, Stuttgart

FH-Prof. Dr. Nils Otter

Professur für Volkswirtschaftslehre an der FH Kärnten

Nils Otter (geb. 11.05.1971) ist Professor für Volkswirtschaftslehre, insb. Regionale und Internationale Wirtschaft, am Studienbereich Wirtschaft & Management der Fachhochschule Kärnten. Studium der Volkswirtschaftslehre an der Philipps-Universität Marburg, 2003 dort auch Promotion, Titel der Arbeit: „Ökonomische Erkenntnisprogramme in der Finanzwissenschaft. Eine Analyse unter der methodologischen Konzeption von Imre Lakatos". Autor zahlreicher Veröffentlichungen.

FH-Prof. Ing. Mag. Dr. Peter Granig

Vizerektor der FH Kärnten, Professur für Innovationsmanagement und Betriebswirtschaft

Peter Granig ist seit 2005 Professor für Innovationsmanagement an der FH Kärnten und Leiter des Instituts für Innovation. Er ist Initiator und wissenschaftlicher Leiter von Europas bedeutendsten Innovationskongress. Vor seiner akademischen Karriere hat Peter Granig eine Betriebselektrikerlehre absolviert und sich berufsbegleitend als Ingenieur für Elektrotechnik qualifiziert. Danach war er viele Jahre in internationalen Unternehmen in den Bereichen Businessdevelopment und Innovationsmanagement tätig. Infolge seiner Innovationsforschung hat er zahlreiche Artikel und Fachbücher publiziert. Innovation und Strategie sind die Kernthemen seiner Forschungs- und Industrieprojekte. Seit 2014 ist er Vizerektor der Fachhochschule Kärnten.

3 Praxisorientierter Ansatz für die Entwicklung von Geschäftsmodellen

Dr. Peter Affenzeller, DI Dr. Erich Hartlieb, Dipl.-Ing. Stefan Posch

Abstract

Der Ansatz von Geschäftsmodellen wird in der Konzeption und Umsetzung von Gründungsvorhaben, aber auch in der Weiterentwicklung von etablierten Unternehmen bereits vielfältig eingesetzt. Im vorliegenden Beitrag wird ein praxisorientierter Ansatz für die Entwicklung von Geschäftsmodellen vorgestellt. Aufbauend auf einer Begriffsbestimmung wird zuerst eine Klassifizierung von Geschäftsmodellen vorgenommen und die im Ansatz verwendeten Bausteine hinsichtlich Themenfeld und daraus abgeleiteter Fragestellung vorgestellt. Danach wird der dazugehörige Prozessablauf basierend auf den Bausteinen beschrieben und mit nachfolgenden Auszügen aus Praxisbeispielen belegt.

Keywords:
Geschäftsmodell, Business Development, Erlösmodell, Erfolgsfaktoren, Best Practice

3.1   Einleitung

Geschäftsmodelle und damit verbundene Innovationen stehen immer stärker im Fokus der wissenschaftlichen Forschung und unternehmerischen Praxis. Im Sinne einer Aufbereitung wissenschaftlicher Erkenntnisse und des Transfers in die Praxis können stellvertretend im deutschsprachigen Raum die Bücher „Business Model Generation: Ein Handbuch für Visionäre, Spielveränderer und Herausforderer" (vgl. Osterwalder et al. 2011) oder „Geschäftsmodelle entwickeln: 55 innovative Konzepte mit dem St. Galler Business Model Navigator" (vgl. Gassmann et al. 2013) genannt werden. Trotz der vorhandenen Anleitungen und Werkzeuge, um neue Business Modelle zu entwickeln, zu visualisieren und zu dokumentieren, bleiben Detailfragen, die für die vollständige Beschreibung von Geschäftsmodellen relevant sind, teilweise offen.

Auf Basis dieser Erfahrungen und weiterführenden Überlegungen und Pilotprojekten im industriellen Umfeld wurde der hier beschriebene Ansatz entwickelt. Bei der Analyse und Entwicklung des Ansatzes haben wir festgestellt, dass die vorhandenen Rahmenbedingungen des Unternehmens selbst ein wichtiger Treiber für die Ausgestaltung des Vorgehens für die Entwicklung eines Geschäftsmodelles sind.

3.2   Definition von Geschäftsmodell und Überblick von vorhandenen Ansätzen

Der Begriff „Geschäftsmodell" wurde in der Literatur erstmals 1957 in einer Publikation von Bellman, Clark et al. erwähnt (vgl. Osterwalder et al. 2005, S. 6). Mittlerweile findet man in der Fachliteratur zahlreiche Definitionen von verschiedenen Autoren. Für eine weiterführende Vertiefung zu Definitionen soll an dieser Stelle auf Schallmo (vgl. Schallmo 2013, S. 13f) verwiesen werden. Die nachfolgenden Ausführungen stützen sich auf den Geschäftsmodellbegriff von Schallmo (vgl. Schallmo 2013, S. 22f.).

Ein Geschäftsmodell ist die Grundlogik eines Unternehmens, die beschreibt, welcher Nutzen auf welche Weise für Kunden und Partner gestiftet wird. Ein Geschäftsmodell beinhaltet folgende Dimensionen und Elemente:

- Die Kundendimension beinhaltet die Kundensegmente, die Kundenkanäle und die Kundenbeziehungen.

- Die Nutzendimension beinhaltet die Leistungen und den Nutzen.

- Die Wertschöpfungsdimension beinhaltet die Ressourcen, die Fähigkeiten und die Prozesse.

- Die Partnerdimension beinhaltet die Partner, die Partnerkanäle und die Partnerbeziehungen.

- Die Finanzdimension beinhaltet die Umsätze und die Kosten.

Abbildung 3.1   Dimensionen eines Geschäftsmodells nach Gassmann;
Quelle: Gassmann et al. 2013, S. 5f.

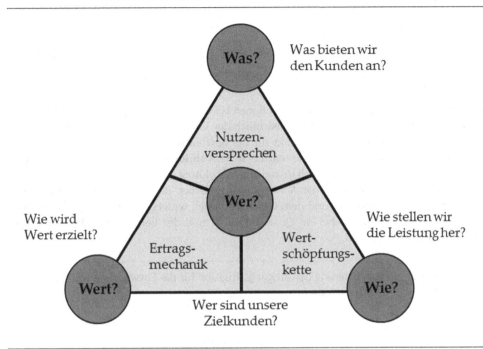

Ähnlich wie bei den Definitionen wurden zu Geschäftsmodellen bereits zahlreiche Konzepte entwickelt und publiziert. Eine sehr gut strukturierte und umfangreiche Darstellung der zeitlichen Entwicklungsreihenfolge ist bei Wirtz zu finden (vgl. Wirtz 2011, S 5f.). Die weiterführende Diskussion bezieht sich auf den Geschäftsmodellansatz nach Gassmann (vgl. Gassmann et al. 2013, S. 6). Gassmann beschreibt ein Geschäftsmodell nach folgenden vier Dimensionen:

- Der Kunde – wer sind unsere Zielkunden?

- Das Nutzenversprechen – was bieten wir den Kunden an?

- Die Wertschöpfungskette – wie stellen wir Leistung her?

- Die Ertragsmechanik – wie wird Wert erzielt?

Für eine erfolgreiche Geschäftsmodellinnovation ist es unabdingbar, die dominante Branchenlogik zu durchbrechen und Ideen außerhalb der existierenden Denkschemata zu entwickeln (vgl. Gassmann et al. 2013, S. 12). In Analogie zum TRIZ-Ansatz von Altschuller hat ein Forscherteam der Universität St. Gallen in Zusammenarbeit mit der Stanford Univercity analysiert, dass sich Geschäftsmodelle auf 55 unterscheidungsfähige Muster zurückführen lassen. Der Gestaltungsansatz ermöglicht damit das Innovieren des bestehenden

Geschäftsmodells anhand dieser Muster unter systematischer Konfiguration der vier Dimensionen Kunde, Nutzenversprechen, Wertschöpfungskette und Ertragsmechanik (vgl. Gassmann et al. 2013, S. 17ff.).

3.3 Klassifizierung der Ausgangssituation für die Entwicklung von Geschäftsmodellen

Für die Klassifizierung der Ausgangssituationen bei der Entwicklung von Geschäftsmodellen eignen sich eine Unterscheidung hinsichtlich der Verschränkung von Kernprodukt und Geschäftsmodell und der Startzeitpunkt für die Beschäftigung mit dem Geschäftsmodell. Auf Basis dieser Kriterien kann eine Matrix (siehe **Abbildung 3.2**) aufgebaut werden, die einerseits den Zeitpunkt der Geschäftsmodellentwicklung in Bezug zur Produktentwicklung betrachtet und anderseits die Abhängigkeit zwischen dem Kernprodukt (physisches Produkt oder Dienstleistung) und dem Geschäftsmodell widerspiegelt. Diese wird im Folgenden näher detailliert, wobei ein Quadrant auf Grund des vorhandenen Widerspruchs nicht näher betrachtet wird.

Abbildung 3.2   Klassifizierung der Ausgangssituation für die Entwicklung von Geschäftsmodellen

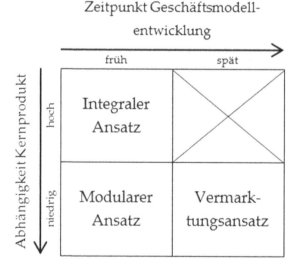

3.3.1 Integraler Ansatz

Der integrale Ansatz zeichnet sich dadurch aus, dass das differenzierende Angebot für den Kunden aus der Kombination von Geschäftsmodell und Kernprodukt entsteht. Dies erfordert eine enge Abstimmung und führt zu einer gegenseitigen Beeinflussung mit Vor- und Nachteilen hinsichtlich Differenzierungsstärke und Änderungsflexibilität anderseits. Aus diesem Grund erfordert die Anwendung eines integralen Ansatzes eine frühzeitige gemeinsame Planung und Spezifikation von Kernprodukt und Geschäftsmodell.

3.3.2 Modularer Ansatz

Während der modulare mit dem integralen Ansatz die frühzeitige Beschäftigung mit dem Geschäftsmodell teilt, ist hier durch die frühzeitige Definition der Schnittstellen zwischen Geschäftsmodell und Kernprodukt tendenziell eine niedrige Abhängigkeit zwischen den beiden Elementen vorhanden, die auch Flexibilität hinsichtlich der Detaillierung zulässt. Das heißt, dass sowohl die Entwicklung vom Geschäftsmodell als auch vom Kernprodukt parallel erfolgen kann und bietet unter Einhaltung der Schnittstellen Flexibilität in der Gestaltung.

3.3.3 Vermarktungsansatz

Im Unterschied zum modularen Ansatz erfolgt hier die Beschäftigung mit dem Geschäftsmodell zu einem späteren Zeitpunkt. Da das Kernprodukt dabei schon weitgehend entwickelt ist, bekommt das Geschäftsmodell die Aufgabe, die Vermarktung des Kernproduktes bestmöglich ohne umfangreichere Änderungen zu unterstützen. Obwohl dieser Ansatz aus gestalterischer Sicht nicht optimal ist, ist er doch in der Praxis nicht unüblich. Sei es, weil zu Projektbeginn implizit die Fortführung des bestehenden Geschäftsmodells unterstellt wird oder erst in der Vermarktungsphase bzw. nach der Markteinführung das Erfordernis zur aktiven Bearbeitung/Veränderung des Geschäftsmodells erkannt wird.

3.4 Bedeutung unterschiedlicher Ausgangssituationen für die Geschäftsmodellentwicklung

Wie aus **Abbildung 3.1** und der dazu folgenden Beschreibung ersichtlich ist, sind auf Basis der jeweiligen Ausgangssituation die Rahmenbedingungen für die Ausgestaltung des Geschäftsmodelles unterschiedlich. Während beim integralen Ansatz die Leitfrage lautet, wie ein aus Kundensicht optimales Angebot erstellt werden kann und durch die enge Verschränkung zwischen Kernprodukt und Geschäftsmodell und der frühzeitigen Beschäftigung im Entwicklungsprozess hohe Freiheitsgrade vorhanden sind, sind diese im Falle des Vermarktungsansatzes stark eingeschränkt, weil das Kernprodukt ja bereits entwickelt ist und darauf aufbauend eine bestmögliche Unterstützung der Vermarktung erreicht werden soll.

3.5 Bausteine und Vorgehensmodell für die Entwicklung von Geschäftsmodellen

In der Beratungspraxis hat sich gezeigt, dass verfügbare Ansätze für die Entwicklung von Geschäftsmodellen von den Teilnehmern häufig als zu theoretisch und zu komplex wahrgenommen wurden. Gerade Unternehmer fordern schnelle erste Ergebnisse und gleichzeitig eine etablierte Logik für unterschiedliche Detaillierungsebenen der Entwicklung von Geschäftsmodellen. Aus diesem Grund wurden in einem zweistufigen Ansatz zunächst Bausteine für die Entwicklung eines Geschäftsmodells identifiziert und darauf aufbauend ein Vorgehensmodell definiert.

3.5.1 Bausteine

Abgeleitet aus dem Modell nach Gassmann wurden Kernfragen abgeleitet, die ein Geschäftsmodell mit Hilfe der Bausteine Zielkunden, Angebot, Differenzierung, Erlösmodell, Kernressourcen und Kernprozesse beschreiben (siehe **Abbildung 3.3**).

Abbildung 3.3   Kernfragen für die Entwicklung von Geschäftsmodellen

Kernelemente	Relevante Fragestellungen für das Geschäftsmodell-Design
Zielkunden	Welche Kundensegmente können abgeleitet werden? Wer ist unsere Zielkunde? Welche Kundenbedürfnisse liegen vor?
Angebot	Was bieten wir unseren Zielkunden in welcher Form an?
Differenzierung	Was ist der besondere Kundennutzen? Wie unterscheiden wir uns von den relevanten Mitbewerbern?
Erlösmodell	Wer zahlt für welche Leistung in welcher Form? Welche relevanten Kostentreiber liegen vor?
Kernressourcen	Welches spezifische Know-how, welche Wertschöpfungselemente, Beziehungen, materielle und immaterielle Ressourcen sind für die Angebotserstellung notwendig?
Kernprozesse	Welche Kernprozesse sind für eine erfolgreiche Umsetzung erforderlich? Wie sieht die Wertschöpfungskette aus?

Folgende Ansätze haben sich in der praktischen Anwendung als hilfreich herauskristallisiert:

- Das Angebot für den Kunden, welcher den eigentlichen Wert darstellt, wird auch gleich unter dem Gesichtspunkt der Differenzierung beleuchtet und schärft so auch das Profil des Geschäftsmodells.

- Die Wertschöpfung wird vorerst differenziert in die Kernressourcen, welche einerseits die internen und externen und andererseits die immateriellen und materiellen Ressourcen beschreiben. Den zweiten Part bilden die Kernprozesse.

- Das Erlösmodell beschreibt im Detail die Umsatzseite und damit die Leistungsverrechnung an Zielkunden mit definiertem Preis- und Mengengerüst (für eine schnelle Übersicht zu möglichen Erlösmodellen vgl. Kandolf 2013, S 88, der darin eine Vielzahl an möglichen Erlösmodellen beschrieben hat). Parallel dazu wird auch die Kostenseite betrachtet, um erste Abschätzungen hinsichtlich der Wirtschaftlichkeit zu erhalten. Somit stellt das Erlösmodell eine wichtige Brücke zu weiterführenden Ertragsrechnungen dar.

3.5.2   Vorgehensmodell

Aufbauend auf den identifizierten Bausteinen und den vorhandenen Anforderungen bzgl. Komplexität und Effizienz bei der Entwicklung von Geschäftsmodellen wurde das dargestellte Vorgehensmodell erarbeitet. Dazu wurden die identifizierten Bausteine um zwei Elemente erweitert, denen auf Basis der vorhandenen Erfahrung eine große Bedeutung zukommt: die explizite Definition von Rahmenbedingungen und die Betrachtung der Branchenwertschöpfungskette als Ausgangspunkt für die Entwicklung des Geschäftsmodells.

Im Zentrum dieses Ansatzes stehen die Zielkunden und das korrespondierende Angebot, die in gegenseitiger Wechselwirkung mit den jeweiligen Bausteinen stehen. Die vorgeschlagene Bearbeitungssequenz wird durch die Nummerierung wiedergegeben. Gute Erfahrungen wurden damit gemacht, zunächst keine aktive Festlegung der Zielkunden/des Angebots durchzuführen (obwohl auch diese Vorgehenslogik möglich ist), sondern deren Festlegung/Detaillierung auf Basis der Beschäftigung mit den jeweiligen Bausteinen durchzuführen. In diesem Zusammenhang wurde die Betrachtung der Branchenwertschöpfungskette als sehr hilfreich wahrgenommen, weil durch deren Diskussion auf effiziente Weise eine Identifikation von Zielkunden und korrespondierenden Angeboten möglich ist.

Im Folgenden werden die einzelnen Schritte des Vorgehensmodells näher beschrieben.

(1) Rahmenbedingungen

Wie beschrieben, sind unterschiedliche Ausgangssituationen für die Entwicklung von Geschäftsmodellen vorhanden, die unterschiedliche Freiheitsgrade für die Gestaltung von Geschäftsmodellen zur Folge haben. Darüber hinaus sind oftmals seitens der Auftraggeber nicht explizit kommunizierte K.O.-Kriterien vorhanden die in diesem Schritt transparent gemacht werden. Dies leistet eine wertvolle Orientierungshilfe in der operativen Arbeit. Obwohl eine Einengung des Gestaltungsspielraums für die Entwicklung von Geschäftsmodellen durch die Festlegung von Rahmenbedingungen im ersten Moment als kontraproduktiv empfunden werden kann wird dadurch die kreative Leistung gesteigert. Kriterien für die Beschreibung der Rahmenbedingungen sind z. B. der Ausschluss von Zielkundensegmenten oder Angebotsumfängen, die Dauer bis zur konkreten Umsetzung des Geschäftsmodells, der Finanzierungsrahmen etc.

(2) Positionierung in Branchenwertschöpfungskette

Welche Position und welchen Umfang ein Unternehmen in der Branchenwertschöpfungskette abdecken möchte ist von hoher strategischer Bedeutung und hat logischerweise große Auswirkungen auf die Zielkunden und das zu schnürende Angebot. Eine bewusste Entscheidung darüber gibt unmittelbar den Rahmen für die Festlegung der Zielkunden und die Ausgestaltung des dazu passenden Angebots vor. Der Start einer Diskussion auf Ebene der Wertschöpfungskette erlaubt auch den bewussten Ausschluss von möglichen Geschäftsmodellmustern zu Beginn oder das bewusste Erkunden von extremen Wertschöpfungspositionen/-umfängen.

(3) Differenzierung

Aufbauend auf der angestrebten Positionierung innerhalb der Branchenwertschöpfungskette und den dazu korrespondierenden Zielkunden können Mitbewerber und deren Angebote identifiziert und analysiert werden. Dies ermöglicht eine qualifizierte Diskussion über die Ausgestaltung des eigenen Angebots mit möglichen Differenzierungspotenzialen basierend auf Geschäftsmodellmustern.

(4) Kernressourcen und -prozesse

Bezugnehmend auf den identifizierten Geschäftsmodellansatz werden in diesem Schritt die dazu erforderlichen Kernressourcen wie z. B. Kompetenzen, Fähigkeiten, Partner und Kernprozesse identifiziert und beschrieben. Dies stellt die bewusste Auseinandersetzung sicher und erlaubt z. B. zeitliche oder finanzielle Aspekte explizit zu diskutieren und vor dem Hintergrund der definierten Rahmenbedingungen zu bewerten.

(5) Finanzielles Ergebnis

Unabdingbar ist eine Einschätzung des finanziellen Ergebnisses auf Basis der vorangegangenen Schritte. Hier hat sich ein sehr einfaches Schema im Sinne einer einfachen Erfolgsrechnung äußerst bewährt. Es ist für alles Teilnehmer schnell verständlich und braucht im Vergleich zu komplizierten Verfahren keine Erklärung. Auch stellt dieses Element eine umfassende Beschäftigung und Beschreibung des Geschäftsmodells sicher, da fehlende Inputfaktoren hier identifiziert werden. Um vorhandene Risiken proaktiv zu adressieren ist auch eine Ableitung in Szenarien z. B. wahrscheinlichster, bester, schlechtester Fall möglich.

Abbildung 3.4 Praktischer Ansatz für die Entwicklung von Geschäftsmodellen

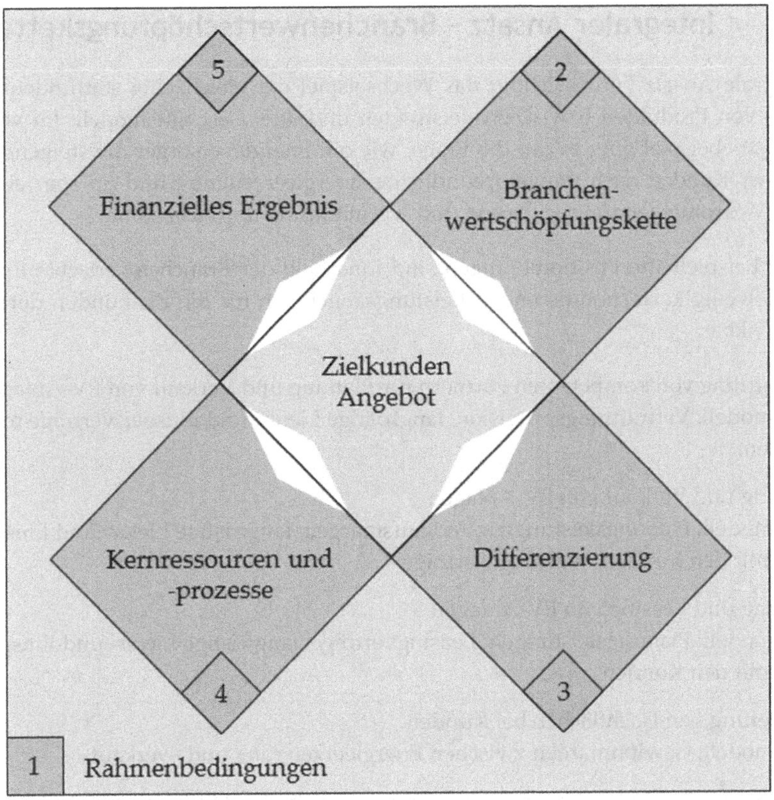

3.5.3 Workshopgestaltung

Da die Diskussion der Positionierung und des Umfangs in der Branchenwertschöpfungs-kette als Rahmen für die Entwicklung von Geschäftsmodellen von einer derart weitrei-chenden Bedeutung ist, hat es sich bewährt diesen Punkt zu Beginn eines Workshops in großer Runde mit allen Teilnehmern zu bearbeiten und mögliche Alternativen zu beschrei-ben. Durch die Teilnehmer des Workshops oder den Auftraggeber kann dann eine erste Selektion der zu verfolgenden Alternativen erfolgen. Idealerweise erfolgt die Erarbeitung von konkreten Geschäftsmodellvorschlägen in kleineren Gruppen, die sich durch Interdis-ziplinarität auszeichnen. Durch die gegenseitige Präsentation und Diskussion der Vor-schläge erfolgt eine vertiefte Auseinandersetzung, die wiederrum der Aufsetzpunkt für eine detaillierte Ausgestaltung in Folgeworkshops ist, in denen zwischenzeitlich erarbeitete Informationen berücksichtigt werden können.

3.6   Anwendungsbeispiele aus der Industrie

3.6.1   Integraler Ansatz - Branchenwertschöpfungskette

Der integrale Ansatz berücksichtigt das Wechselspiel der gleichzeitig stattfindenden Entwicklung von Produkten bzw. Dienstleistungen und dem Geschäftsmodell. Im vorliegenden Industriebeispiel ging es um die Frage, wie ein Energieversorger die steigende Nachfrage seiner Kunden nach umweltfreundlicher Energieerzeugung und im speziellen nach eigener PV-Stromerzeugung, -nutzung und -vermarktung umsetzen kann.

Folgende beispielhafte Positionierungen sind innerhalb der Branchenwertschöpfungskette mit den jeweilig korrespondierenden Leistungsangeboten für die Zielkunden der „Häuslbauer" denkbar:

■   Vermittlung von kompetenten Partnern für Planung und Verkauf von PV-Anlagen.
    Erlösmodell: Vermittlungsprovision, langfristige Liefer- und Einspeisverträge mit den
    Kunden.

■   Planung und Verkauf von PV-Anlagen.
    Erlösmodell: Planungsleistungen, Verkaufsmargen, langfristige Liefer- und Einspeisverträge mit den Kunden, Wartungsverträge.

■   Planung und Leasing von PV-Anlagen.
    Erlösmodell: Planungsleistungen, Leasingverträge, langfristige Liefer- und Einspeisverträge mit den Kunden

■   Anmietung von Dachflächen bei Kunden.
    Erlösmodell: Gewinnmargen zwischen Energieerzeugung und –verkauf.

Anhand dieses Beispiels sieht man die Komplexität bei der integralen Entwicklung von Geschäftsmodellen. Neben strategischen Leitlinien des Unternehmens, sind in weiterer Folge noch Differenzierungspotenziale gegenüber dem Mitbewerb, vorhandene Kernressourcen und -prozesse zu berücksichtigen.

3.6.2   Vermarktungsansatz - Rahmenbedingungen, Branchenwertschöpfungskette

In einem weiteren Industriebeispiel im Bereich Maschinen-/Anlagenbau war die Entwicklung eines physischen Kernproduktes bereits weit vorangeschritten. Die Verwendung des beschriebenen Vorgehensmodells erlaubte es in kurzer Zeit attraktive Geschäftsmodelloptionen zu ermitteln. Dabei hat sich auf Grund der Ausgangssituation und den damit vorhandenen Restriktionen Schritt 1 ebenso wie Schritt 2 als sehr nützlich erwiesen. Die Diskussion der Positionierung innerhalb der Branchenwertschöpfungskette erlaubte die Perspektive hinsichtlich vorhandener Optionen zu erweitern und unter Berücksichtigung der vorhandenen Rahmenbedingungen eine strukturierte Auswahl attraktiver Geschäftsmodellansätze, die in weiterer Folge ausgearbeitet wurden zu identifizieren. Die Detaillierung der Geschäftsmodelle wurde in einer Reihe von Workshops durchgeführt, um die Möglichkeit zu haben erforderliche aber noch zu ermittelnde Informationen in die Detaillierung der Geschäftsmodelle einfließen lassen zu können und dadurch eine Erhöhung des Reifegrades sicherzustellen.

3.7 Praxistipp

Die Wichtigkeit des Geschäftsmodells für den Erfolg von Angeboten nimmt enorm zu. Grundvoraussetzung für die erfolgreiche Bearbeitung von Geschäftsmodellen ist, dass sich die involvierten MitarbeiterInnen durch das gewählte Vorgehen gut aufgehoben fühlen und sowohl mit der Effizienz des Prozesses als auch den erzielten Ergebnissen zufrieden sind. Aus unserer Erfahrung hat sich gezeigt, dass dabei Pragmatismus ein unabdingbarer Erfolgsfaktor ist, der es in frühen Phasen ermöglicht auch MitarbeiterInnen ohne Vorkenntnisse in die Entwicklung von Geschäftsmodellen einzubinden. Dies soll am Beispiel der finanziellen Beurteilung von Geschäftsmodellen verdeutlicht werden. Für die Bearbeitung dieser Aufgabe steht eine breite Auswahl an Methoden mit unterschiedlicher Komplexität zu Verfügung. Während die Berücksichtigung des Zinses-Zins-Effektes als Quasi-Standard bezeichnet werden kann z. B. bei Einsatz der Kapitalwertmethode hat sich gezeigt, dass diese Methode für derartige Workshops hohe Komplexität bei vergleichsweise geringe Vorteilen im Vergleich zu einer einfachen Erfolgsrechnung aufweist.

3.8 Ausblick

Geschäftsmodelle sind mittlerweile ein fixer Bestandteil in der Entwicklung und Umsetzung von Zukunftsüberlegungen für Unternehmen. Es gibt in der Literatur vielfältige Definitionen und auch Ansätze zum Themengebiet. Mittlerweile liegen auch schon Ergebnisse und Weiterentwicklungen aus der betrieblichen Praxis vor. Wie bei vielen Trendthemen im Managementbereich ist auch aus der Praxisicht das Zusammenspiel eines Geschäftsmodells und dem etablierten Businessplan – welcher nach wie vor die Basis für ein Gespräch mit potenziellen Geschäftspartnern und Finanzgebern ist – noch zu gestalten. Darin erwarten wir noch einen spannenden Weiterentwicklungs- und Abstimmungsprozess zwischen Theorien aus der Wissenschaft und Bedarfs- und Anwendungsbereichen aus der Wirtschaft.

Literatur

Gassmann, O.; Frankenberger, K.; Csik, M.: Geschäftsmodelle entwickeln (2013): 55 innovative Konzepte mit dem St. Galler Business Model Navigator, Carl Hanser Verlag, München,

Granig, P.; Hartlieb, E. (2012): Von der Unternehmensstrategie zur Innovationsstrategie, in: Granig, P.; Hartlieb, E. (Hrsg.): Die Kunst der Innovation – Von der Idee zum Erfolg, Springer Verlag, Wiesbaden, S. 15 – 23

Hartlieb E., Posch S., Tuppinger J. (2009): IME – Innovation Model for Excellence, in: Deutsches Institut für Betriebswirtschaft GmbH (Hrsg.): Ideenmanagement – Zeitschrift für Vorschlagswesen und Verbesserungsprozesse, Jahrgang 35/Heft 1, Frankfurt am Main

Kandolf, T. (2014): Systematische Geschäftsmodellentwicklung, Hamburg

Osterwalder, A.; Pigneur, Y. (2011): Ein Handbuch für Visionäre, Spielveränderer und Herausforderer, Campus Verlag, Frankfurt am Main

Schallmo, D. (2013): Geschäftsmodelle erfolgreich entwickeln und implementieren, Berlin

Wirtz, B. W. (2011): Business Model Management, Design – Instrumente – Erfolgsfaktoren von Geschäftsmodellen, Wiesbaden

Dr. Peter Affenzeller

Leiter des Studiengangs Wirtschaftsingenieurwesen an der Fachhochschule Kufstein Tirol

Peter Affenzeller studierte Wirtschaftsingenieurwesen – Maschinenbau an der TU Graz. Er war Universitätsassistent am Institut für Betriebswirtschaftslehre und Betriebssoziologie der TU Graz mit den Schwerpunkten technologieorientiertes Marketing und Controlling. Danach war er zehneinhalb Jahre als Projektleiter und zuletzt Partner für zwei internationale Unternehmensberatungen in Europa und Asien mit dem Fokus Produktentstehung tätig. Schwerpunkte seiner Beratungstätigkeit waren Design, Steuerung und Management von Innovations- und Entwicklungsprojekten, Produktarchitekturen/Variantenmanagement, Cost Management und die Markteinführung/Vermarktung. Seit April 2014 ist Herr Affenzeller Studiengangsleiter für Wirtschaftsingenieurwesen an der Fachhochschule Kufstein Tirol und beschäftigt sich dort mit den frühen Phasen der Produktentstehung wie der Produktplanung und -konzipierung und Ansätzen wie Design-to-Value, Design-to-Cost, Produktarchitekturen /Variantenmanagement, Rapid Prototyping und Geschäftsmodellen.

Dipl.-Ing. Dr. Erich Hartlieb

Leiter des Studiengangs Wirtschaftsingenieurwesen und Professor für Innovations- und Technologiemanagement an der FH Kärnten

Dr. Erich Hartlieb, geb. 1969, ist seit 2009 Professor für Innovations- und Technologiemanagement an der FH Kärnten und leitet seit 2013 den Studiengang Wirtschaftsingenieurwesen. Nach der HTL für Maschinenbau in Klagenfurt hat er das Studium Wirtschaftsingenieurwesen für Maschinenbau an der TU Graz absolviert und war von 1997 – 2001 Universitätsassistent am Institut für Industriebetriebslehre und Innovationsforschung der TU Graz. Seine Dissertation hat er zum Thema Wissensmanagement verfasst, von 2001 – 2009 war er als selbstständiger Strategie- und Innovationsberater tätig. Er ist Gründungsmitglied und Beirat des Wissensmanagement Forum Graz, Vorstandsmitglied im Forum KVP & Innovation des ÖPWZ sowie Mitorganisator und wissenschaftlicher Beirat beim Innovationskongress. Seine aktuellen Forschungsschwerpunkte sind das strategische Innovationsmanagement, Business Development sowie Technologiemanagement. Er hat bereits zahlreiche Fachpublikationen und Vorträge zu den Themen Innovations- und Technologiemanagement verfasst.

Dipl.-Ing. Stefan Posch

Geschäftsführender Gesellschafter der ICG Integrated Consulting Group Innovation GmbH

Dipl.-Ing. Stefan Posch, geb. 1964, war nach seinem Studium Elektronik und Nachrichtentechnik an der TU Graz als Hardwareentwicklungsleiter bei Atronic Systems in Graz tätig. Von 1998 bis 2004 bei Philips Semiconductors, zuletzt als Director Produktmanagement; von 2004 bis 2008 Managing Partner einer Innovationsberatungsgruppe; 2008 Gründung von Innovation-Coaching; seit 2010 geschäftsführender Gesellschafter der ICG Integrated Consulting Group Innovation. Dipl.-Ing. Posch besitzt langjährige Erfahrung im Projekt- und Produktmanagement sowohl im Hochtechnologiesektor als auch in der Steuerung von Innovationsprozessen komplexer Produkte in der Halbleiterindustrie. Er entwickelt strukturierte Prozesse mit einer ausgewogenen Kombination von Kundeneinbindung, Kreativitätstechniken und erprobten Tools wie z. B. das QFD. 2002 wurde ihm der Innovationspreis von Philips Semiconductors verliehen. Seit vielen Jahren baut er seine Innovationsmethodik erfolgreich auf dem Fundament der TRIZ Denkschule auf. In seiner Arbeit betreut er überwiegend Firmen mit starkem Technologiebezug, mit dem Anspruch eine nachhaltige Stärkung ihrer Innovationskraft zu unterstützen.

4 Prozessmodell zur systematischen Geschäftsmodellinnovation

Univ.-Prof. DI Dr. Erich J. Schwarz, Dr. Ines Krajger, Mag. Patrick Holzmann

Abstract

Die Bedeutung innovativer Geschäftsmodelle für den langfristigen Unternehmenserfolg wird seit einigen Jahren sowohl in der Wissenschaft als auch der betrieblichen Praxis vermehrt erkannt. Wenig diskutiert werden dabei Modelle, die bei der Entwicklung innovativer Geschäftsmodelle unterstützen. Hier setzt dieser Beitrag an, in dem ein dreiphasiges Prozessmodell zur systematischen Innovation von Geschäftsmodellen vorgestellt wird.

4.1   Einleitung

Seit wenigen Jahren findet ein verstärkter Diskurs über die Bedeutung von Geschäftsmodellen und deren Innovationen statt. Das Thema wird sowohl von Seiten der Wissenschaft
als auch der betrieblichen Praxis intensiv diskutiert. Es wird argumentiert, dass Geschäftsmodellinnovationen sich positiv auf die Unternehmensperformance auswirken, sich zur
Abgrenzung vom Wettbewerb eignen, den nachhaltigen Unternehmensfortbestand sichern
und oftmals aufgrund hoher Komplexität nur schwer imitierbar sind. Diese Argumente
sind auch den CEOs renommierter global operierender Unternehmen nicht entgangen.
Immer mehr Unternehmen verlagern daher ihre Aktivitäten weg von klassischen Produkt-
und Prozessinnovationen hin zu Geschäftsmodellinnovationen. Ist dieser Schritt ökono-
misch sinnvoll? Sind Geschäftsmodelle und deren Innovationen wirklich „the next big
thing" im Bereich des betrieblichen Innovationsmanagements oder handelt es sich dabei
lediglich um einen „Modetrend" findiger Managementberater und Innovationsforscher, mit
dem versucht wird, „alten Wein in neuen Schläuchen" zu verkaufen?

Bei genauerer Betrachtung erscheint diese Annahme zumindest als nicht ganz unplausibel.
Analysiert man beispielsweise die Geschäftsmodellinnovation des erfolgreichen Schweizer
Unternehmens „blacksocks", zeigt sich, dass es sich dabei im Grunde um eine Kombination
von Produkt- und Prozessinnovationen handelt. Das Unternehmen vertreibt über seine
Homepage schwarze, rundgestrickte Socken in Abonnementform, die per Brief an Kunden
verschickt werden. Weder das Kernprodukt, die Socke, oder das Auslagern der Produktion
an externe Partner, der Direktvertrieb über das Internet und der Versand in Briefform noch
die wiederkehrenden Erlöse aus dem Abonnement stellen eine bahnbrechende Innovation
dar. Vielmehr werden alle Elemente dieses Geschäftsmodell in anderen Branchen mitunter
bereits seit Jahrzehnten praktiziert und doch hat es blacksocks geschafft, diese Einzelteile
zu etwas Neuem zu kombinieren.

Geschäftsmodellinnovationen als ein schlichtes Bündel von Produkt- und Prozessinnovationen anzusehen, stellt demnach eine zu oberflächliche Sichtweise dar. Der eigentliche
Neuheitsgrad von Geschäftsmodellen liegt in der Betrachtung von Produkten und Prozessen sowie deren Interdependenzen als Gesamtsystem. Unternehmen, die in Geschäftsmodellen denken, erkennen und berücksichtigen, dass Veränderungen von Produkten und
Prozessen weitreichende Konsequenzen haben können, die es zu antizipieren und systematisch zu analysieren gilt. Geschäftsmodellinnovationen führen demnach einzelne Produkt-
und Prozessinnovationen zu einem stimmigen Ganzen zusammen – vergleichbar etwa mit
einem Cuvée Wein, der zwei generische Ausgangsprodukte miteinander vereint. Das Verständnis Geschäftsmodelle auch als ein interdependentes Bündel von Produkten und Prozessen zu betrachten, legitimiert für deren Innovation auch den Einsatz etablierter Theorien, Methoden und Instrumenten aus dem Bereich des „klassischen" Innovationsmanagements. Der Fokus dieses Beitrags liegt auf der Gestaltung des Geschäftsmodells sowie dem
Prozess, der zur Geschäftsmodellinnovation führt.

4.2 Prozess der Geschäftsmodellentwicklung

Der vorgestellte Geschäftsmodellentwicklungsprozess umfasst drei Hauptphasen, siehe **Abbildung 4.1** und **Tabelle 4.1**, in denen das Geschäftsmodell sukzessive konkretisiert wird. Diese Phasen sind in weitere Teilphasen untergliedert, in denen Informationen gesammelt, Ideen generiert und bewertet werden. Jede Hauptphase schließt mit einem Meilenstein (M1 – M3) ab. An den jeweiligen Meilensteinen unterstützen Fragen die Entscheidung, ob der Prozess weiterverfolgt, abgebrochen oder modifiziert werden soll. Diese Entscheidungen werden von der Komplexität und vom Neuheitsgrad des Innovationsvorhabens geprägt.

Die Veränderung eines bestehenden Geschäftsmodells oder die Entwicklung eines komplett neuen Geschäftsmodells hat im Regelfall Auswirkungen auf alle Funktionsbereiche eines Unternehmens. Es ist daher empfehlenswert, diesen Prozess systematisch in Form eines Projektes durchzuführen. Die Einbindung von Mitarbeitern aus unterschiedlichen Funktionsbereichen fördert die Entwicklung kreativer, interdisziplinärer Ansätze und hilft Ängste und Widerstände im Unternehmen abzubauen. Weiter können Methoden des Projektmanagements die effiziente und effektive Abwicklung des Prozesses der Geschäftsmodellentwicklung unterstützen.

Abbildung 4.1   Haupt- und Teilphasen des Geschäftsmodellentwicklungsprozesses

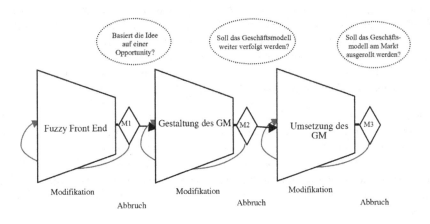

Tabelle 4.1   Haupt- und Teilphasen des Geschäftsmodellentwicklungsprozesses

Hauptphasen	Teilphasen					
Fuzzy Front End	1.	Opportunity Identifikation	2.	Ideengenerierung	3.	Potenzialabschätzung
Gestaltung des GM	1.	Ausarbeitung der Geschäftsmodellelemente	2.	Kombination der Teilelemente	3.	Geschäftsmodellbewertung
Umsetzung des GM	1.	Entwicklung des Businessplans	2.	Erprobung am Testmarkt und Evaluierung		

4.2.1   Fuzzy Front End

Analog zu Produktinnovationen steht auch am Beginn eines Prozesses zur Geschäftsmodellinnovation die Beobachtung der betrieblichen Umwelt sowie deren Veränderungen. Es gilt diese zu verstehen und deren Auswirkungen für das eigene Unternehmen abzuschätzen. Die systematische Beobachtung des Umfeldes hilft, Opportunities, die aus Marktveränderungen resultieren können, frühzeitig zu antizipieren. Ausgangspunkt für Marktveränderungen sind häufig neue Technologien, Gesetzesänderungen, politische Umbrüche oder Veränderungen der Konsumpräferenzen. Insbesondere die Identifikation sogenannter „schwacher Signale", beginnende Trends, deren Auswirkungen noch nicht abschätzbar sind, können das Konsumverhalten nachhaltig verändern und eröffnen Möglichkeiten für neue Geschäftsmodelle. Neben diesen Treibern ist es relevant, die eigene Branche zu verstehen und ändernde Branchenstrukturen zu erkennen. Weiter ist die Kenntnis der eigenen Kernkompetenzen sowie der Elemente und Mechanismen des eigenen Geschäftsmodells für den nachhaltigen Unternehmenserfolg Voraussetzung.

Am Beginn des Fuzzy Front End der Geschäftsmodellinnovation steht somit die *Identifikation von Opportunities*. Die erkannten Veränderungen im globalen Unternehmensumfeld gilt es in einem ersten Schritt soweit herunter zu brechen, dass eine Interpretation und Bewertung für die eigene Geschäftstätigkeit erfolgen kann. Danach ist das Unternehmen in der Lage zu entscheiden, ob die Opportunity mit einer „einfachen" Verbesserung von Produkten und/oder Prozessen realisiert werden kann oder ob es eines innovativen Geschäftsmodells bedarf.

Werden von der Unternehmensleitung Ressourcen für den weiteren Prozess zur Verfügung gestellt, so beginnt der Schritt der *Ideengenerierung*. Ist der Ausgangspunkt etwa eine neue Technologie, so ist es sinnvoll, potenzielle Anwendungsmöglichkeiten und Kundengruppen zu analysieren. Die generierten Ideen können sich auch auf die Prozesse im Unternehmen beziehen. Der Blick über die Grenzen der eigenen Branche und die Suche nach neuen Käufergruppen kann ein weiterer Ansatzpunkt für Innovationen sein. Bei der Entwicklung origineller Ideen ist es wichtig, sich von Bekanntem zu lösen und grundlegende Annahmen und Selbstverständlichkeiten in Frage zu stellen. Kreativitätstechniken können die systematische Ideengenerierung unterstützen. Am Ende dieses Teilschrittes sollten die generierten Ideen auf eine überschaubare Anzahl reduziert werden.

Im Rahmen der *Potenzialabschätzung* werden die verbleibenden Geschäftsmodellideen analysiert und grob bewertet. In diesem dritten Schritt wird überprüft, ob die Ideen aufgrund interner und externer Rahmenbedingungen attraktiv sind. Das Marktpotenzial für neue Produkte oder Dienstleistungen wird evaluiert. Die gewählten Technologien sind hinsichtlich ihrer Leistungsfähigkeit und des Anwendungspotenzials nochmals kritisch zu hinterfragen. Potenzielle Kundengruppen werden analysiert, um zu erkennen, ob eine ausreichend große Nachfrage vorhanden ist. Eine Analyse der Branche und insbesondere der wichtigsten Konkurrenten ist empfehlenswert, um die einzelnen Wettbewerbskräfte einschätzen zu können. Dieser Schritt ist mit hohem Arbeitsaufwand verbunden, ermöglicht Unternehmen aber bereits in einer frühen Phase eine fundierte Entscheidung.

Meilenstein 1: Um zu überprüfen, ob die Ideen weiterverfolgt werden sollen, sollten folgende Fragen beantwortet werden:

1. Gibt es Trends, die diese Geschäftsmodellideen unterstützen?

2. Ist der angestrebte Markt für diese Ideen attraktiv?

3. Sind die für die Umsetzung der Ideen benötigen Ressourcen (Technologien, Know-how) verfügbar?

4.2.2   Entwicklung neuer Geschäftsmodelle

Die konkrete Ausgestaltung des neuen Geschäftsmodells erfolgt nach positiver Beurteilung der Meilensteinfragen im Rahmen des Fuzzy Front End. Das Geschäftsmodell bildet in vereinfachter und abstrakter Form die zukünftige Geschäftstätigkeit ab. Den Eckstein eines jeden Geschäftsmodells stellt das Anbieten eines Nutzenversprechens an die Kunden dar. Mit Fragen zur Leistungserstellung beschäftigt sich das Element der Wertschöpfungsarchitektur. Im Rahmen der Kundenschnittstelle werden Überlegungen angestellt, wie die Leistungen vertrieben und kommuniziert werden. Auf Basis erwarteter Erlöse und Kosten definiert die Ertragsmechanik, wie der geschaffene Nutzen in Form von Erträgen wieder ins Unternehmen rückgeführt werden kann. Die gewonnenen Erkenntnisse aus dem Fuzzy Front End finden bei den Überlegungen zur Gestaltung der einzelnen Elemente Berücksichtigung.

In einem ersten Schritt erfolgt die *Ausarbeitung der einzelnen Elemente des Geschäftsmodells*. Die bereits im Fuzzy Front End entwickelten Ideen werden aufgriffen und gegebenenfalls ergänzt sowie weiterentwickelt. Sie liefern Impulse für die Ausgestaltung der einzelnen Geschäftsmodellelemente. Die Bandbreite der generierten Ideen kann von inkrementellen Verbesserungen bis zu radikalen Innovationen reichen. So können beispielsweise am Ende dieses Schrittes für das Nutzenversprechen fünf unterschiedliche Lösungsansätze vorliegen, im Bereich der Wertschöpfungsarchitektur drei Ideen und für die Kundenschnittstelle und das Ertragsmodell jeweils zwei Lösungen konkretisiert sein.

Im zweiten Schritt wird überprüft, ob die entstandenen *Ideen sinnvoll miteinander kombinierbar* sind. Erst durch die Kombination und Abstimmung der Teilkomponenten wird ersichtlich, ob ein Wettbewerbsvorteil generiert werden kann. Die Innovation kann in jedem dieser Teilelemente liegen. Häufig führt aber erst die Kombination der einzelnen Komponenten zu einem einzigartigen Geschäftsmodell, das aufgrund seiner Komplexität von der Konkurrenz nur schwer imitierbar ist. Ergebnis dieses Schrittes ist eine überschaubare Anzahl unterschiedlicher Geschäftsmodelle. Diese können kleine Verbesserungen des bestehenden Geschäftsmodells sein oder einen so hohen Innovationsgrad aufweisen, dass damit Branchenstrukturen verändert oder neue Märkte geschaffen werden können.

Im letzten Schritt der zweiten Hauptphase werden die generierten Geschäftsmodelle einer *systematischen Bewertung* unterzogen. Es ist zu überprüfen, ob das gewählte Geschäftsmodell für das Unternehmen vorteilhaft ist und vom Unternehmen umgesetzt werden kann. Die Umsetzbarkeit umfasst zwei Aspekte: Einerseits muss beurteilt werden, ob das Geschäftsmodell zur Vision, den Zielen und der Unternehmensstrategie passt und ob die erforderlichen Fähigkeiten und Ressourcen in der Organisation zur Verfügung stehen oder gegebenenfalls beschafft werden können. Andererseits muss das Geschäftsmodell auch für den Markt attraktiv sein.

Letztlich liegt es an der Unternehmensleitung zu entscheiden, ob nur eine Verbesserung des bestehenden Geschäftsmodells erwünscht ist oder eine radikale Geschäftsmodellinnovation angestrebt wird. Die Implementierung einer radikalen Geschäftsmodellinnovation ist mit hohem Marktrisiko und hoher Unsicherheit innerhalb der Organisation verbunden. Werden die generierten Geschäftsmodelle nicht umgesetzt, so können diese in einen Ideenspeicher abgelegt werden, da sie unter geänderten Bedingungen zu einem späteren Zeitpunkt relevant werden könnten. Ist das Geschäftsmodell inkompatibel mit der Strategie des Unternehmens, sollten andere Verwertungsmöglichkeiten (z. B. Verkauf der Ideen, Gründung eines Spin-off) in Erwägung gezogen werden.

Meilenstein 2: Um zu überprüfen, ob das Geschäftsmodell realisiert werden soll, sind folgende Fragen zu beantworten:

1. Sind einzelne Teile oder das gesamte Geschäftsmodell innovativ und ist das Modell in sich schlüssig?

2. Passt das Geschäftsmodell zum externen Umfeld?

3. Ist das Geschäftsmodell für das Unternehmen vorteilhaft und soll demnach umgesetzt werden?

4.2.3 Umsetzung des Geschäftsmodells

Bevor das Geschäftsmodell am Markt eingeführt wird, ist es sinnvoll mit der *Erstellung eines Business Plans* einen weiteren planerischen Schritt zu setzen. Der Businessplan veranschaulicht internen und externen Stakeholdern etwa, welche Entscheidungen zum Schutz des Produktes oder der Dienstleistung durch Patente oder Marken getroffen werden. Das Marktpotenzial des Geschäftsmodells ist unter Berücksichtigung relevanter Trends, der Branche und Konkurrenz nachvollziehbar darzulegen. Ein detailliertes Vermarktungskonzept ist für den Erfolg des Markteintrittes wesentlich. Besondere Aufmerksamkeit wird dabei der Markteinführung geschenkt. Die eigenen Fähigkeiten und Kompetenzen sowie die benötigten Ressourcen sind kritisch zu analysieren. In diesem Zusammenhang gilt es zu überlegen, welche Mitarbeiter mit welcher Qualifikation für die Umsetzung des Geschäftsmodells benötigt werden. Sind die benötigten Ressourcen nicht verfügbar oder die eigenen Kernkompetenzen für die Realisierung des Nutzenversprechens nicht ausreichend, müssen Strategien zu deren externer Beschaffung entwickelt werden. Weiter sind die Aufgaben und Rollen der Kooperationspartner festzulegen und Verträge über die gemeinsame Zusammenarbeit zu fixieren. Der Finanzplan gibt Auskunft über die wirtschaftliche Tragfähigkeit des Geschäftsmodells. Die Bestimmung der voraussichtlichen Umsätze, eine detaillierte Aufstellung der Kosten und erforderlichen Investitionen dient der Ermittlung des Kapital- und Finanzierungsbedarfs sowie der Abschätzung der zukünftigen Unternehmensergebnisse.

Vor der Implementierung des neuen Geschäftsmodells im eigenen Unternehmen ist zu prüfen, in welcher Beziehung (synergetisch, neutral oder konfliktär) das neue Geschäftsmodell zum bisherigen steht und welche Maßnahmen gegebenenfalls zu treffen sind. Es ist empfehlenswert, die Markteinführung des neuen Geschäftsmodells zweistufig zu gestalten, um die Risiken zu reduzieren. Zunächst gilt es, das Geschäftsmodell möglichst ressourcenschonend in einem klar *abgegrenzten Markt zu testen*. Die Erfahrungen der Pilotphase sind hilfreich, um die Elemente des Geschäftsmodells noch relativ kostengünstig zu modifizieren oder zu optimieren. Erste Reaktionen von Kunden können zur Verbesserung des Nutzenversprechens genutzt werden, damit dieses noch besser auf die Bedürfnisse der Kunden abgestimmt ist. Unternehmensprozesse und erste Erfahrungen mit Kooperationspartnern können reflektiert und optimiert werden. Weiter ist das Marketingkonzept kritisch zu evaluieren und wenn notwendig zu adaptieren. Nach dem Abschluss der Testphase kann entschieden werden, ob der Markt mit dem neuen Geschäftsmodell erschlossen wird.

Meilenstein 3: Die Beantwortung der folgenden Fragen, kann die Entscheidungsfindung unterstützen:

1. Ist der Businessplan schlüssig?

2. War der Markttest erfolgreich?

4.3   Gestaltung der Geschäftsmodellelemente

Aufgabe im Rahmen der Gestaltung des Geschäftsmodells ist es, dessen Bestandteile (Nutzenversprechen, Wertschöpfungsarchitektur, Kundenschnittstelle und Ertragsmechanik) möglichst stimmig und einzigartig miteinander zu kombinieren. Ein Geschäftsmodell stellt deshalb mehr als nur die Summe der einzelnen Teile dar.

Unternehmen, die nach einer Innovation ihres bestehenden Geschäftsmodells streben, können dies durch Veränderung einzelner oder aller Elemente realisieren. Geschäftsmodelle stellen komplexe Systeme dar, die starken Interdependenzen unterliegen, weshalb eine Veränderung eines einzelnen Elements häufig Adaptierungen in anderen Elementen erfordert. Auch wenn das Nutzenversprechen als zentraler Bestandteil eines Geschäftsmodells angesehen wird, muss eine erfolgreiche Geschäftsmodellinnovation nicht zwangsläufig von einer Veränderung des Nutzenversprechens ausgehen.

Abbildung 4.2   Das Geschäftsmodell und seine Elemente; Quelle: in Anlehnung an
              Schwarz et al. 2013

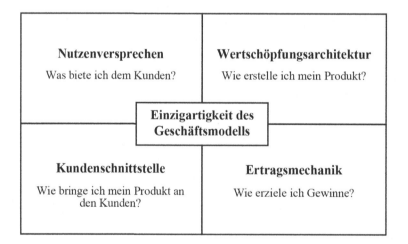

4.3.1   Nutzenversprechen

Bei der Gestaltung des Nutzenversprechens stehen der Kunde und dessen Bedürfnisse im Fokus. Die Leitfrage für die Erarbeitung des Nutzenversprechens lautet daher: „Was biete ich meinen Kunden bzw. welchen Nutzen bietet mein Produkt?" Um ein möglichst attraktives Nutzenversprechen abgeben zu können, ist es entscheidend, die Bedürfnisse der Kunden genau zu kennen.

Bei der Gestaltung eines innovativen Nutzenversprechens ist zu bedenken, dass der Kunde sich die Lösung eines bestehenden (und für ihn bedeutenden) Problems oder die Befriedigung von Bedürfnissen erwartet. Der Paradigmenwechsel weg vom Denken in Produkten hin zur Problemlösungsorientierung und Bedürfnisbefriedigung bildet die Basis vieler erfolgreicher Geschäftsmodelle (z. B. Hilti, Nespresso). Die kontinuierliche Analyse von Kundenbedürfnissen und das frühzeitige Erkennen von Veränderungen und Trends, vermindert die Gefahr am Kunden vorbei zu entwickeln. Zu beachten gilt: Je attraktiver das Nutzenversprechen für den Kunden erscheint, desto eher wird dieser (auch bei Vorhandensein als negativ empfundener Aspekte wie z. B. hoher Preis, lange Lieferzeit) gewillt sein, die Leistung vom Unternehmen zu beziehen.

Kunden stellen sowohl implizit vorhandene als auch explizit kommunizierte Anforderungen an ein Produkt oder eine Dienstleistung. Selbstverständliche Anforderungen, die vom Kunden nicht mehr geäußert werden, müssen vom Produkt ausnahmslos erfüllt werden, damit es der Kunde überhaupt als Option wahrnimmt. Solche Anforderungen werden Basisanforderungen genannt. Neben den Basisanforderungen gibt es auch die sogenannten Leistungsanforderungen, die vom Kunden explizit artikuliert werden und anhand derer Kunden die Produkte der einzelnen Anbieter miteinander vergleichen und bewerten. Leistungsanforderungen können durch Kundenbefragungen und Analysen des Konkurrenzangebots relativ leicht erhoben werden. Neben implizit vorhandenen und explizit geäußerten Anforderungen existieren aber auch latente Faktoren, die in der Lage sind den Kunden zu begeistern, diesem aber noch gar nicht bewusst sind. Gelingt es einem Unternehmen solche Begeisterungsanforderungen zu erfüllen, kann es sich in positiver Weise vom Wettbewerb abheben und dadurch Wettbewerbsvorteile schaffen (vgl. Sauerwein 2000). Für die Gestaltung innovativer Nutzenversprechen ist das Vorhandensein von Begeisterungsanforderungen unumgänglich. Dem Cirque du Soleil gelang es für Erwachsene interessant zu werden, indem Shows entwickelt wurden, die so amüsant wie ein Zirkusbesuch sind und sich gleichzeitig durch intellektuelle und künstlerische Finessen des Theaters auszeichnen.

4.3.2 Wertschöpfungsarchitektur

Die Gestaltung der Wertschöpfungsarchitektur widmet sich der Fragestellung, wie das abgegebene Nutzenversprechen in Form von Produkten oder Dienstleistungen vom Unternehmen erstellt werden soll. Um das Nutzenversprechen einlösen zu können, benötigen Unternehmen in der Regel eine Vielzahl unterschiedlicher Ressourcen. Diese können in immaterielle und materielle Ressourcen unterschieden werden. Materielle Ressourcen sind finanzielle Ressourcen (Eigen- und Fremdkapital) und physische Ressourcen (Anlagen, Gebäude, Maschinen, Rohstoffe). Neben Patenten, Marken und Netzwerken gehören zu den immateriellen Ressourcen auch Humanressourcen (Qualifikationen der Mitarbeiter) und kulturelle Ressourcen (Unternehmenskultur). Es ist zu beachten, dass Ressourcen nicht immer vom Unternehmen besessen werden müssen. Oftmals ist es effektiver und effizienter für die Leistungserstellung relevante Ressourcen zu mieten, zu leasen oder von Kooperationspartnern abdecken zu lassen.

Bei der Entscheidung, welche Ressourcen im Unternehmen selbst gehalten bzw. aufgebaut werden sollen, sind auch die im Unternehmen vorhandenen Kompetenzen und Fähigkeiten zu berücksichtigen. Jedes Unternehmen stellt ein einzigartiges Bündel von Erfahrungen, Fähigkeiten, Kenntnissen und technologischem Know-how dar. Daraus entstehen die unternehmensindividuellen Kernkompetenzen, die sich zur Abgrenzung gegenüber dem Mitbewerb eignen. Unternehmen stehen vor der Herausforderung ihre unternehmenseigenen Kernkompetenzen zu erkennen und sich darauf zu konzentrieren. Aktivitäten, die nicht unter die Kernkompetenzen eines Unternehmens fallen, stellen ein Potenzial zur Auslagerung an externe Kooperationspartner mit eben diesen Kernkompetenzen dar. Dies kann zu Vorteilen im Hinblick auf Qualität und Kosten führen. Als potenzielle Kooperationspartner können, neben Lieferanten, Wettbewerbern und Anbietern komplementärer Produkte, auch Kunden fungieren.

Unternehmen, die ihre Wertschöpfungsarchitektur innovieren möchten, müssen zunächst die Funktionsweisen des Markts verstehen. Häufig bildet sich bei den Wettbewerbern ein gemeinsames Verständnis darüber aus, wie der eigene Markt funktioniert. Diese dominante Branchenlogik führt dazu, dass Unternehmen ihre Wertschöpfung aneinander angleichen und über kurz oder lang nur die effizientesten Unternehmen überleben. Um sich dem Wettbewerb einer Branche zu entziehen und eigene Märkte schaffen zu können, ist es für Unternehmen entscheidend Wege zu finden, diese dominante Branchenlogik zu durchbrechen. Hierfür können Unternehmen die wertschöpfenden Aktivitäten reduzieren, indem sie etwa Einzel- und Zwischenhändler ausschalten. Möglich ist aber auch eine Expansion. In diesem Fall werden neue, branchenfremde Aktivitäten in die Wertschöpfung integriert. Die radikalste Form, die Wertschöpfung zu innovieren, stellt eine vollkommene Neugestaltung der Wertschöpfung dar (vgl. Müller-Stewens und Lechner 2011). Dem kalifornischen Unternehmen Apple gelang etwa eine vollkommene Neugestaltung der Wertschöpfungsarchitektur in der Musikindustrie durch die Einführung der Musikplattform iTunes. Apple kombinierte sein Hardwareprodukt iPod bzw. iPhone mit der Software iTunes, die erstmals einen unkomplizierten und schnellen Download legal erworbener digitaler Musikstücke ermöglichte.

4.3.3   Kundenschnittstelle

Im Rahmen der Kundenschnittstelle wird festgelegt, wie Kommunikation und Vertrieb der Leistungen erfolgen sollen. Die Leitfrage bei der Erarbeitung der Kundenschnittstellte lautet: „Wie kommt das Produkt an den Kunden?" und beinhaltet sowohl vertriebsrelevante Aspekte als auch Überlegungen hinsichtlich der Kommunikationskanäle. Letztere werden einerseits benötigt, damit der Kunde überhaupt erst von der Existenz des neuen Angebots und dessen Vorzügen erfährt und determinieren andererseits für das Unternehmen die Art und Intensität der Kundenbeziehungen.

Grundsätzlich können Unternehmen Produkte direkt oder indirekt vertreiben, wobei zu beachten ist, dass immer mehr Unternehmen sich für eine duale oder mehrkanalige Absatzstrategie entscheiden, wodurch viele Kunden erreicht werden können. Unternehmen, die diesen Weg beschreiten müssen beachten, dass sich die einzelnen Kanäle nicht gegenseitig kannibalisieren. So darf etwa ein Produkt bei parallelem Direktvertrieb über die Unternehmenshomepage nicht deutlich günstiger sein als im indirekten Vertrieb im Handel. Direkter Vertrieb bietet durch das Fehlen von Zwischenhändlern die Vorteile höherer Gewinnspannen und unmittelbaren Kontakt zum Kunden, jedoch fehlt dem Unternehmen das Know-how des Zwischenhändlers. Unternehmen müssen sich bewusst sein, dass der Aufbau eines eigenen Vertriebsnetzes ein langwieriger Prozess und mit hohen Kosten verbunden ist.

Bei der Auswahl der Kommunikationskanäle ist ein Fit mit den Präferenzen der Zielgruppe notwendig. So eignen sich beispielsweise Social Media Kampagnen nur begrenzt, um die Zielgruppe 65+ über neue Produktangebote zu informieren. Inserate in Tageszeitungen werden wiederum von jüngeren Kunden immer weniger oft wahrgenommen. Eingeschränkt wird die Wahl der Kommunikationskanäle zudem auch von den präferierten Vertriebskanälen. Übernehmen Zwischenhändler oder Intermediäre den Vertrieb, läuft die Kommunikation mit den Kunden auch primär über diese. Für das Unternehmen bedeutet dies, dass es durch den fehlenden direkten Kontakt schwieriger wird, Informationen über den Kunden und den Markt zu erhalten. Das Schweizer Unternehmen Blacksocks vertreibt schwarze, rundgestrickte Socken in Abonnementsform. Zu den Kunden zählen hauptsächlich Business Manager. Das Unternehmen hat seine Kanäle auf diese abgestimmt. E-Mails werden, wie in Geschäftskreisen üblich, binnen weniger Stunden beantwortet und die Lieferung erfolgt zeitsparend und bequem per Brief nach Hause.

4.3.4   Ertragsmechanik

Bei der Gestaltung der Ertragsmechanik steht die Frage im Fokus, wie der beim Kunden geschaffene Wert in Form von Erträgen wieder in das Unternehmen rückgeführt werden kann. Für das Unternehmen ist die Ertragsmechanik ein zentrales Element des Geschäftsmodells, da es den nachhaltigen Unternehmensfortbestand sichert. Die erwirtschafteten Erträge ergeben sich aus einer Multiplikation des Verkaufspreises mit der abgesetzten Menge. Unternehmen stehen grundsätzlich zwei Strategien zur Verfügung: Sie können sich als Qualitätsführer positionieren und dabei einen höheren Preis bei geringeren Absatzzahlen erzielen oder als Kostenführer einen größeren Markt zu niedrigeren Preisen bedienen.

Für die optimale Preisgestaltung, ist es zunächst notwendig, sämtliche fixen und variablen Kosten, die mit der Realisierung des Geschäftsmodells anfallen, zu identifizieren und zumindest grob abzuschätzen. Danach werden Überlegungen angestellt, wie Erträge ins Unternehmen „fließen" können. Hierfür steht Unternehmen grundsätzlich ein breites Spektrum an Möglichkeiten zur Verfügung. Möglich ist etwa das Produkt nicht zu verkaufen, sondern gegen laufendes Entgelt zur Nutzung zu überlassen. Das Unternehmen kann dem Kunden auch die Möglichkeit einräumen, nicht den vollen Kaufpreis sofort zu bezahlen, sondern eine Form von Ratenzahlung anzubieten. Ebenso kann überlegt werden, ob der Kunde für das Produkt im Voraus oder erst nach Erhalt der Leistung bezahlt (vgl. Bieger und Reinhold 2011).

Bei der Wahl des Ertragsmodells sind neben den entstehenden Kosten immer auch die Präferenzen und Möglichkeiten des Kunden zu berücksichtigen. Dabei wird sich ein Unternehmen selten nur auf eine Ertragsquelle beschränken. In der Regel wird versucht werden Interdependenzen zwischen den einzelnen Quellen optimal auszunutzen, indem zwei oder mehr Quellen simultan genutzt werden, um dadurch die Erträge zu maximieren. Die Pay-as-You-Drive Autoversicherung des amerikanischen Unternehmens Progressive errechnet beispielsweise für jeden Kunden einen individuellen Versicherungsbeitrag auf Basis des mittels GPS aufgezeichneten Nutzungsverhaltens. Klassische Berechnungsfaktoren wie Alter, Geschlecht und Familienstand werden hingegen nur mehr mit 25 Prozent gewichtet.

4.3.5   USP des Geschäftsmodells

Geschäftsmodelle sind als solche nicht patentierbar und bieten daher faktisch auch keinen Schutz gegen Imitation. Um das eigene Geschäftsmodell dennoch bestmöglich gegen Nachahmer schützen zu können, ist ein USP des gesamten Geschäftsmodells erforderlich. Ein USP wird erreicht, wenn die vier Geschäftsmodellelemente zueinander passen und ein stimmiges Gesamtmodell ergeben. Metaphorisch gesprochen fungieren Nutzenversprechen, Wertschöpfungsarchitektur, Kundenschnittstelle und Ertragsmechanik wie Zahnräder einer Maschine, die nur dann optimal funktioniert, wenn auch die einzelnen Räder optimal ineinander greifen. Schafft es das Unternehmen einen Fit zwischen den einzelnen Elementen herzustellen und im besten Fall sogar sich selbstverstärkende Kreisläufe zu schaffen, so hat es einen USP geschaffen. Die von außen sichtbaren Details des Geschäftsmodells sind dann zwar von Nachahmern imitierbar, die entscheidenden dem Modell zugrunde liegenden Schnittstellen bleiben jedoch im Verborgenen.

Literatur

Bieger, T. & Reinhold, S. (2011). Das wertbasierte Geschäftsmodell. Ein aktualisierter Strukturansatz. In T. Bieger, D. zu Knyphausen-Aufseß und C. Krys (Hrsg.), *Innovative Geschäftsmodelle: Konzeptionelle Grundlagen, Gestaltungsfelder und unternehmerische Praxis* (S. 13-70). Heidelberg et al.

Müller-Stewens, G. & Lechner, C. (2011). *Strategisches Management. Wie strategische Initiativen zum Wandel führen* (4. Überarbeitete Auflage). Stuttgart.

Sauerwein, E. (2000). *Das Kano-Modell der Kundenzufriedenheit. Reliabilität und Validität einer Methode zur Klassifizierung von Produkteigenschaften.* Wiesbaden.

Schwarz, E.J., Krajger, I. & Dummer, R. (2013). *Von der Geschäftsidee zum Markterfolg. Das Management von Innovationen in Gründungs- und Wachstumsunternehmen* (2., überarbeitete und erweiterte Ausgabe). Wien.

Univ.-Prof. DI Dr. Erich J. Schwarz
Universitätsprofessor, Institutsvorstand, Dekan

Univ.-Prof. Dipl.-Ing. Dr. Erich J. Schwarz ist Vorstand des Instituts für Innovationsmanagement und Unternehmensgründung sowie Dekan der Fakultät für Wirtschaftswissenschaften an der Alpen-Adria-Universität Klagenfurt. Seit 2013 ist er stellvertretender Vorsitzender des Wirtschaftspolitischen Beirats des Landes Kärnten und seit 2014 Vorsitzender des Kärntner Kulturgremiums. Als Vorstandsmitglied der Plattform für Innovationsmanagement (PFI), Beiratsvorsitzender des akademischen Gründerzentrums build!, bei dessen Gründung im Jahr 2002 er maßgeblich beteiligt war, als Lehrbeauftragter postgradualer MBA Programmen (MCI und AAU) sowie als Berater insbesondere junger innovativer Unternehmen kooperiert er auch mit der betrieblichen Praxis. Seine Forschungsschwerpunkte liegen in den Bereichen Innovation, Entrepreneurship, Technologie- und Umweltmanagement.

Dr. Ines Krajger, MA
Senior Scientist

Dr. Ines Krajger ist ausgebildete Wirtschaftstrainerin und seit 2002 Mitarbeiterin am Institut für Innovationsmanagement und Unternehmensgründung an der Alpen-Adria-Universität Klagenfurt mit den Forschungsschwerpunkten: Integration von Kunden in den Innovationsprozess, Einsatz von Instrumenten und Methoden in der Produktentwicklung –und Geschäftsmodellentwicklung. Weitere Schwerpunkte liegen im Bereich der frühen Phasen des Innovations- und Gründungsprozesses sowie im Gründungsmarketing. Sie ist als Trainerin in Universitätslehrgängen und Workshops tätig. Zu den Trainingsschwerpunkte zählen: Geschäftsmodellentwicklung, Instrumente und Methoden des Innovationsmanagements, Businessplanung, Projektmanagement. Als Beraterin unterstützt sie Start-ups bei der Ideenkonkretisierung, Geschäftsmodell- und Businessplanentwicklung.

Mag. Patrick Holzmann, Bakk.
Senior Scientist

Mag. Patrick Holzmann, Bakk. ist Senior Scientist am Institut für Innovationsmanagement und Unternehmensgründung an der Alpen-Adria-Universität Klagenfurt. Er absolvierte das Bachelorstudium Wirtschaft und Recht und das Masterstudium Angewandte Betriebswirtschaft an der Alpen-Adria-Universität. Zu seinen aktuellen Forschungsschwerpunkten zählen Geschäftsmodelle und Geschäftsmodellinnovationen, die auch im Zentrum seiner Dissertation stehen. Darüber hinaus beschäftigt er sich intensiv mit Fragestellungen zu erneuerbaren Energien und 3D-Druck.

5 Geschäftsmodellentwicklung für Start-up Unternehmen

Wie Start-up Unternehmen ein nachhaltiges Geschäftsmodell entwickeln

Thomas Kandolf, MA

Abstract

In innovativen Gründungsvorhaben ist eine Auseinandersetzung mit dem Thema Geschäftsmodell und dessen Entwicklung nicht mehr wegzudenken. Viele der heutigen GründerInnen nützen das Geschäftsmodell als Methodik, um eine unternehmerische Gelegenheit bzw. eine neue Geschäftsidee schnell und ganzheitlich durchdenken zu können. Doch viele der GründerInnen beschäftigen sich zu oberflächlich mit den Bestandteilen bzw. Inhalten von Geschäftsmodellen. Das Resultat daraus sind meist optimistisch befüllte Geschäftsmodelle, die aus kreativen Entwicklungsphasen entsprungen sind und oft nur wenig Bezug zur nachhaltigen Umsetzung der Geschäftsidee am Markt besitzen. Durch das hier vorgestellte, strukturierte Vorgehensmodell soll es GründerInnen erleichtert werden ein marktfähiges und umsetzbares Geschäftsmodell zu entwickeln. „In sieben Schritten zum marktfähigen Geschäftsmodell" lautet die Devise!

Keywords:
Geschäftsmodellentwicklung, Business Development, Entrepreneurship, Start-up Unternehmen

5.1   Geschäftsmodelle verändern Märkte

In den vergangenen Jahren haben sich die Zahlen von erfolgreichen „Regelbrechern" ge-
häuft, die durch eine bewusste Veränderung ihrer Geschäftsmodelle die vorherrschende
Branchenlogik in Frage gestellt und eine neue Geschäftslogik erfolgreich am Markt eingeführt haben. Diese erfolgreichen Beispiele ziehen sich durch viele Branchen, wie beispielsweise der Luftfahrt (Ryan Air), den Buchhandel (Amazon), der Kreuzfahrt (Aida), den
Kaffeehandel (Nespresso), das Bankgeschäft (Cortal Consors) und viele weitere mehr. Eines
haben diese erfolgreichen Beispiele jedoch gemeinsam – ein innovatives, neuartiges Geschäftsmodell.

Wie alle Unternehmer haben auch die GründerInnen dieser erfolgreichen Beispiele ganz
von vorne starten müssen – vielfach war es alles andere als ein leichter Start. Am Beginn
einer Geschäftstätigkeit steht die Wahrnehmung einer neuen unternehmerischen Gelegenheit am Markt. Eine solche zu finden bzw. zu erkennen ist nicht einfach und kann auf verschiedenste Ursachen zurückgeführt werden. Neben technologischen Entwicklungen sind
vor allem sich ändernde Kundenwünsche und -bedürfnisse entsprechende Auslöser für
neue (Nischen-)Anbieter am Markt. Um eine identifizierte unternehmerische Gelegenheit
bzw. eine Geschäftsidee in einem frühen Stadium weiter zu detaillieren und auszuarbeiten,
greifen Start-up Unternehmen vermehrt auf die Entwicklung eines Geschäftsmodells zurück. In den vergangenen Jahren wurden mehrere Ansätze von renommierten Autoren im
Bereich Innovationsmanagement und Entrepreneurship veröffentlicht, die vor allem GründerInnen bei der Planung der zukünftigen Geschäftstätigkeit unterstützen sollen. Diese
Methode hat den erfolgreichen Einzug in die Start-up Szene geschafft.

5.2   Dilemma der Geschäftsmodellentwicklung bei
Start-up Unternehmen

Durch die Ausarbeitung eines Geschäftsmodells beschäftigen sich die GründerInnen zumindest mit den für Geschäftsmodelle typischen Kernelementen bzw. -bereichen:

- Nutzenversprechen bzw. Wertangebot

- Wertschöpfungskette

- Kundenschnittstelle

- Ertragsmodell (vgl. Schwarz et al. 2007, S. 61)

Die Arbeit mit Start-up Unternehmen aus unterschiedlichen Branchen und Bildungshinter-
gründen hat gezeigt, dass die eben genannten Geschäftsmodellbereiche zwar sehr umfang-
reich ausgearbeitet werden, meist aber nur auf Annahmen und Einschätzungen der GründerInnen selbst beruhen. Diese Informationen entspringen meist kreativen Entwicklungsphasen, die diese GründerInnen durchlaufen. Durch gezielte Fragestellungen werden sie
dazu angehalten über die entsprechenden Felder nachzudenken und ihre Lösungen ent-

sprechend in die richtigen Geschäftsmodellbereiche einzutragen. Das ist eine gute Methode um die Komplexität, vor allem für GründerInnen ohne betriebswirtschaftliche Grundkenntnisse, herauszunehmen und eben dieser Personengruppe die Erarbeitung eines Geschäftsmodells zu ermöglichen. Beispielsweise wechseln die GründerInnen für die Beantwortung kundenorientierter Fragestellungen die Perspektive und nehmen die Haltung der potenziellen Kunden ein, ohne diese aber wirklich im Detail zu kennen. Hierbei entstehen unumstritten viele Ideen für das zukünftige Geschäftsmodell und lässt eine erste Grobabschätzung hinsichtlich der Umsetzbarkeit der Geschäftsidee zu. Viele der potenziellen UnternehmerInnen können aber zu einem derartig frühen Zeitpunkt oft nicht einmal exakt ihre Kunden und deren Bedürfnisse beschreiben, schnüren aber Wertangebote für eben jene Kunden und definieren darauf aufbauende Ertragsmodelle und Absatzkanäle.

Auf diese kreative Entwicklungsphase der Geschäftsmodellinhalte sollte eine weiterführende, marktnahe Verdichtung der Ideen folgen. GründerInnen stehen ansonsten meist vor einer der folgenden zwei Herausforderungen:

- **Quantität vor Qualität**

  In der kreativen Entwicklungsphase wurden möglichst alle Annahmen berücksichtigt und darauf aufbauend viele Ideen für das zukünftige Geschäftsmodell identifiziert. Eine richtige Spezialisierung fällt den GründerInnen in dieser Lage äußerst schwer, da sie durch die Berücksichtigung aller Eventualitäten versuchen das Marktrisiko zu verringern. Hierbei treten sie zudem ungewollt in Konkurrenz mit bestehenden (Gesamt-)Anbietern und haben es äußerst schwer sich am Markt zu beweisen.

- **Oberflächliche Ausarbeitung**

  Durch die Beantwortung von oberflächlichen Fragestellungen werden Informationen in das Geschäftsmodell eingetragen, ohne sich wirklich mit den Erfolgskriterien, Angriffspunkten und Zielkunden des Geschäftsmodells intensiv auseinander gesetzt zu haben. Oft wird auf diese Ersteinschätzungen und Annahmen aufgebaut und es erfolgt eine Einführung am Markt ohne vorherigen Markttest. Viele dieser GründerInnen merken erst zu einem späteren Zeitpunkt, dass die von ihnen identifizierten Kundensegmente nicht korrekt sind. Damit fällt aber nicht einfach nur eine Zielgruppe weg, sondern beispielsweise auch spezifische Wertangebote, Vertriebskanäle, Kundenbindungsmaßnahmen und Erlösmodelle, die für die entsprechende Zielgruppe oft mühevoll aufgebaut wurden.

In beiden Fällen wird seitens der GründerInnen häufig nicht dem Geschäftsmodell die Schuld für den Misserfolg bzw. der Umsatzflaute zugeschrieben, sondern anderen wirtschaftlichen Umständen und „speziellen" entgegenwirkenden Situationen. Das selbst entwickelte Geschäftsmodell wird vehement auf dessen innovativen Charakter hin verteidigt und einer Fehleinschätzung meist nicht einfach zugestimmt.

Der intensiven Beschäftigung mit dem Geschäftsmodell, vor allem in den frühen Phasen der Unternehmensgründung, ist eine hohe Bedeutung beizumessen. Das im nachfolgenden Abschnitt vorgestellte Vorgehensmodell soll eine Orientierungshilfe bieten, um ein Geschäftsmodell nach der kreativen Erstentstehung zu validieren und entsprechend weiterzuentwickeln.

5.3   Entwicklung neuer Geschäftsmodelle

Das in diesem Abschnitt vorgestellte Vorgehensmodell zur Geschäftsmodellentwicklung soll GründerInnen eine Hilfestellung bei der Weiterentwicklung bzw. Fokussierung eines Geschäftsmodells bieten. Als Geschäftsmodellnotation wird auf das Business Modell Canvas (vgl. Osterwalder und Pigneuer 2011, S. 22ff.) von Osterwalder/Pigneur zurückgegriffen, da es mit neun Feldern detaillierter ist als andere mit bspw. vier Feldern. Zudem wurde dieses Geschäftsmodell mit einer Vielzahl von ExpertInnen aus der ganzen Welt entwickelt und geprüft.

Das in **Abbildung 5.1** dargestellte generelle Vorgehen in drei Ebenen wird zur Geschäftsmodellentwicklung empfohlen.

Abbildung 5.1   Ebenenmodell der Geschäftsmodellentwicklung

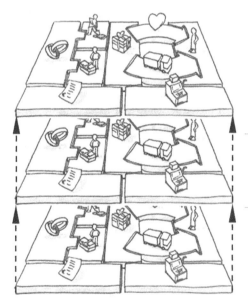

Schritt 3: *Einarbeitung von Kundenfeedback und Finalisierung des umsetzbaren Geschäftsmodells*

Schritt 2: *Fokussierung durch systematische Entwicklungsphase mittels Vorgehensmodell und Lead-User Tests*

Schritt 1: *Kreative Entwicklungsphase für Geschäftsmodellinhalte*

In einem ersten Schritt werden die neun Geschäftsmodellbausteine bzw. -felder mittels ersten Ideen, welche die Geschäftsidee ausführlich beschreiben, ausgearbeitet. Kreativitätsmethoden stehen in diesem Schritt im Fokus sowie erste Grobrecherchen und Kundenmeinungen rund um die Geschäftsidee. In dieser Phase werden in der Regel viele Ideen und potenzielle Geschäftsfelder für die zukünftige Geschäftstätigkeit identifiziert.

Der darauf aufbauende zweite Schritt ist wichtig, um die entstandenen Ideen und potenziellen Geschäftsfelder schrittweise zu konkretisieren sowie auf deren Korrektheit zu überprüfen. Für diesen Schritt kann das im nachfolgenden Abschnitt vorgestellte Vorgehensmodell herangezogen werden, welches durch sieben Schritte Systematik in die Geschäftsmodellentwicklung bringt.

5.4 Vorgehensmodell für die systematische Entwicklungsphase

Das nachfolgende Vorgehensmodell soll eine strukturierte Anleitung für die detailliertere Ausarbeitung erfolgsrelevanter Merkmale von Geschäftsmodellen darstellen. Das Vorgehensmodell beginnt nach der erstmaligen Groberstellung des Geschäftsmodells bzw. nach durchlaufen der kreativen Entwicklungsphase und endet mit der Validierung des überarbeiteten Geschäftsmodells mit ersten Kunden (Lead-Usern).

Das in der **Abbildung 5.2** beschriebene Vorgehensmodell beinhaltet neben den thematischen Feldern auch eine Empfehlung für jeweils ein strategisches Tool, das GründerInnen dabei unterstützen kann relevante Informationen auszuarbeiten. Für GründerInnen, die über kein ausführliches betriebswirtschaftliches Hintergrundwissen verfügen, ist es hilfreich sich anhand von abgeleiteten Fragestellungen durch die entsprechenden strategischen Tools führen zu lassen, da hierdurch die Komplexität verringert und die Ergebnisqualität gesteigert werden kann (eine entsprechende Aufbereitung der Tools in Form von Fragestellungen ist auf der Webseite www.startupgenerator.at abrufbar).

Abbildung 5.2   Vorgehensmodell zur systematischen Entwicklung von Geschäftsmodellen

🛒 Markt kennen lernen

In einem ersten Schritt identifizieren die Gründer/innen die potenzielle Branche, in der sie zukünftig aktiv werden und eintreten wollen. Sollte es eine solche Branche jedoch noch nicht geben, können eventuell ähnliche, bereits bestehende Branchen, als Erfahrungswert herangezogen werden. Die von Porter entwickelte Branchenstrukturanalyse (5-Forces; vgl. Porter 1984, S. 26) kann einen detaillierteren Blick auf die Wettbewerber (in der Branche) und deren Rivalität, Zulieferer, Endkunden, Ersatzprodukte und neue Anbieter geben. Die Durchführung einer solchen Analyse kann schlussendlich Aufschluss über die Attraktivität einer Branche sowie einen Überblick über die wichtigsten Marktkräfte und deren Zusammenspiel geben.

👥 Zielgruppe identifizieren

Für eine konkrete Zielgruppenbestimmung kann ein „Kundenprofiling" hilfreich sein. In einem ersten Schritt werden Segmentierungskriterien bzw. Parameter und deren Ausprägungen festgelegt. In **Abbildung 5.3** sind gängige Segmentierungskriterien zusammengefasst und mit entsprechenden Ausprägungen weiterentwickelt worden. Eine Auswahl von Segmentierungskriterien gibt bereits ein erstes klares Bild über die zukünftige Zielgruppe ab. Für spezifische Anforderungen können weitere Kriterien hinzugefügt werden oder, wenn keine Aussagen über die angeführten Parameter möglich sind, entfernt werden.

Abbildung 5.3   Morphologischer Kasten der Zielgruppenbestimmung für B2C

Kriterien	Ausprägungen				
	1	2	3	4	5
Alter [in Jahren]	0-20	20-40	40-60	60-80	über 80
Jahreseinkommen [in €]	0 - 5.000	5.000 - 15.000	15.000 - 30.000	30.000 - 50.000	über 50.000
Frauenorientierung	Sehr niedrig	Niedrig	Mittel	Hoch	Sehr hoch
Männerorientierung	Sehr niedrig	Niedrig	Mittel	Hoch	Sehr hoch
Ausbildung	keine Ausbildung	Pflichtschule	Lehrabschluss	Berufsbildende Schue	Hochschulabschluss
Wohnumfeld	Land	Ländlich	Vorstadt	Kleinstadt	Großstadt
Haushaltsgröße [in Pers.]	1	2	3	4	≥5
Familienstruktur	Single	Single mit Kind	Pärchen	Kleinfamilie	Großfamilie
Konsumverhalten	Nur bei aktuellen Bedarf	Selten	Normal	Regelmäßig	Überdurchschnittlich
Sicherheitsbewusstsein	Sehr niedrig	Niedrig	Mittel	Hoch	Sehr hoch
Dominazausprägung	Sehr niedrig	Niedrig	Mittel	Hoch	Sehr hoch
Stimulanzausprägung	Sehr niedrig	Niedrig	Mittel	Hoch	Sehr hoch
Preisbewusstsein	Kein Preisbewusstsein	Niedrig	Mittel	Hoch	Sehr hoch
Qualitätsbewusstsein	Keine Qualitätsansprüche	Durchschnitt. Qualität	Überdurchschnitt. Qualität	Hohe Qualität	Allerbeste Qualität
Kundenbeziehung	Keine Kundenbeziehung	Niedrig	Mittel	Hoch	Sehr hoch
...					

Am Beispiel eines Mobiltelefonherstellers für Seniorenhandys soll dessen Zielgruppe anhand **Abbildung 5.4** veranschaulicht werden. Die Segmentierung besteht aus einer Kernzielgruppe und einer erweiterten Zielgruppe, die das Unternehmen mit ihren Produkten bedienen will. Die Differenz der beiden Zielgruppenausprägungen soll hierbei den Zielkundenbereich darstellen, da die Kernzielgruppe, vor allem in sehr frühen Phasen, nicht immer eindeutig bestimmbar ist.

Sind die Kunden nun durch die Beschreibung der erweiterte Zielgruppe und der Kernzielgruppe näher spezifiziert, kann eine darauf aufbauende Recherche in Bezug auf entsprechende statistische Daten durchgeführt werden. Damit lässt sich beispielsweise eine Aussage über die Anzahl potenzieller Kunden ableiten, die später für eine Wirtschaftlichkeitsrechnung herangezogen werden kann. Darüber hinaus ist es in einer nachgelagerten Phase hilfreich die entsprechenden potenziellen Kunden, die dem identifizierten Profil entsprechen, einem Validierungsprozess zu unterziehen. Dazu werden die Kunden eingeladen und deren Bedürfnisse in Form von Interviews und Produkttests erhoben bzw. näher beschrieben.

Für den Geschäftskundenbereich kann der morphologische Kasten aus dem B2C Geschäft wie folgt adaptiert werden, um eine entsprechende B2B Zielgruppenbestimmung durchzuführen (vgl. **Abbildung 5.5**).

Abbildung 5.4   Kundenprofiling am Beispiel eines Mobiltelefonherstellers für Senioren

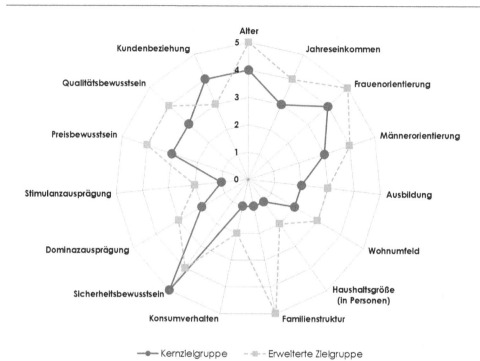

——●—— Kernzielgruppe   - -■- - Erweiterte Zielgruppe

Abbildung 5.5   Morphologischer Kasten für Zielgruppenbestimmung für B2B

Kriterien	Ausprägungen				
	1	2	3	4	5
Unternehmenstyp	EPU	Start-UP	Familienbetrieb	KMU	Großunternehmen
Umsatz [in €]	0 - 10.000	10.000 - 50.000	50.000 - 250.000	250.000 - 1 Mio.	Über 1 Mio.
Unternehmensgröße in [MA-Anzahl]	1-10	10-50	50-250	250-500	Über 500
Unternehmensstandort	Land	Ländlich	Vorstadt	Innenstadt	In Kaufhaus
Produktorientierung	Keine	Niedrig	Mittel	Hoch	Ausschließlich
Dienstleistungsorientierung	Keine	Niedrig	Mittel	Hoch	Ausschließlich
Beschaffungsverhalten	JIT	Bei Bedarf	Selten	Regelmäßig	Überdurchschnittlich
Unternehmenshistorie	In Planung/Gründung	< 1 Jahr am Markt	≥ 1 Jahr am Markt	≥ 3 Jahre am Markt	≥ 5 Jahr am Markt
Risikobereitschaft	Risikoavers	Sicherheitsbedacht	Wenig Risiko	Kalkulierbares Risiko	Hohes Risiko
Preisbewusstsein	Kein Preisbewusstsein	Niedrig	Mittel	Hoch	Sehr hoch
Qualitätsbewusstsein	Keine Qualitätsansprüche	Durchschnitt. Qualität	Überdurchschnitt. Qualität	Hohe Qualität	Allerbeste Qualität
Kundenbeziehung	Keine Kundenbeziehung	Niedrig	Mittel	Hoch	Sehr hoch
...					

In einem nachgereihten Schritt können nach der Zielgruppenbeschreibung auch entsprechende Fokusgruppeninterviews mit potenziellen Kunden durchgeführt werden, um deren spezifische Bedürfnisse genauer erfassen zu können. Eine solche Erfassung von Kundenbedürfnissen spielt eine wichtige Rolle für die Schaffung eines entsprechenden Wertangebots, das den Nutzen für die Kunden darstellt.

Wertangebot schaffen

In diesem Schritt sollen die Leistungen, die GründerInnen ihren Kunden anbieten, genauer spezifiziert werden. Mithilfe des „9 Windows Operator" (vgl. Mann 2001, o. S.), auch „9 View Screen" genannt, kann der einschränkende Blick der GründerInnen auf ihre eigene Idee verlassen werden und es ergibt sich durch die Separation der Dimensionen Raum und Zeit eine breitere Sichtweise. In dieser mit neuen Feldern (3x3 Felder) bestückten Matrix wird auf der Ordinate die räumliche Separation und auf der Abszisse die zeitliche Separation aufgetragen. Die räumliche Separation, die alle wichtigen Komponenten der Leistung in einer Darstellung vereint, geschieht in den drei Ebenen Subsystem (Komponenten der Leistung), System (die Leistung an sich) und Supersystem (das Obersystem bzw. der Benutzer). Hinzu kommt noch eine Separation in der Zeit, die von der Vergangenheit über die Gegenwart bis in die Zukunft reicht.

Die Hilfestellung dieser Vorgehensweise besteht darin, ein Produkt oder eine Dienstleitung in neun Felder zu unterteilen. Hierbei kann die angebotene Leistung zuerst im mittleren Feld der Matrix im gegenwärtigen Zustand als Produkt oder Leistung beschrieben werden. Wird eine von diesem Feld ausgehende Bewegung in der Dimension Raum vorgenommen, kann in das System hineingezoomt (Subsystem-Ebene) werden bzw. auch eine „Helikopterperspektive" (Supersystem-Ebene) eingenommen werden, die es ermöglicht sich von dem eigentlichen Produkt zu lösen und die Funktion bzw. den Wert für die Umgebung zu erkennen. Nach Abschluss dieser Betrachtungsweise bewegt man sich durch die zeitliche Dimension in die Vergangenheit (vorgelagerte Aktion) und in die Zukunft (nachgelagerte Aktion) in den jeweiligen drei räumlichen Ebenen. Aus den neuen Betrachtungsperspektiven gelingt es den Nutzen eines Produktes für seine Umwelt zu erkennen und lässt die Entwicklung neuer Ideen zu. Ein detailliertes Beispiel zur Erklärung sowie weiterführende Leitfragen befinden sich ebenfalls auf der Website www.startupgenerator.at.

 Wertschöpfung planen

Wenn das Wertangebot für die Kunden erarbeitet ist und erste Lieferanten in der Branchenstrukturanalyse identifiziert wurden, kann die Planung einer entsprechenden Wertschöpfungskette folgen. Die ursprünglich von Porter entwickelte Wertschöpfungskette (vgl. Homburg und Krohmer 2003, S. 396) enthält fünf Primäraktivitäten, die den Wertschöpfungsprozess im eigentlichen Sinne beschreiben und Gegenstand einer detaillierten Betrachtung in diesem Schritt sein sollen. Die Primäraktivitäten beinhalten die interne Logistik, Produktion, externe Logistik, Marketing & Verkauf sowie (Kunden-)Service. Die Prozesskette enthält alle unmittelbaren Prozessschritte für den Gründer, die für die Herstellung und den Absatz seiner Leistung relevant sind. Zudem ergänzen die fünf Unterstützungsaktivitäten Unternehmensinfrastruktur, Personalmanagement, Technologieentwicklung, Beschaffung und Finanzen/Controlling den Wertschöpfungsprozess. Diese sollten ebenfalls in diesem Schritt mit betrachtet werden, jedoch nicht in der Intensität wie die primären Aktivitäten. Abschließend wird die Gewinnspanne erfasst, die sich aus der Differenz zwischen geschaffenem Wertangebot und anfallenden Kosten ergibt. Dadurch kann eine erste Aussage über die Wirtschaftlichkeit der Geschäftsidee gemacht werden. Jede

Unternehmensaktivität stellt hierbei einen Ansatzpunkt zur Differenzierung dar und kann einen Beitrag zur relativen Kostenstellung des Unternehmens im Wettbewerb leisten bzw. dessen Positionierungsstrategie (wie im nachfolgenden Schritt näher erläutert).

 Positionierung schaffen

In einem weiterführenden Schritt soll eine herausragende Positionierung im Vergleich zur bestehenden Konkurrenz erarbeitet werden. Anhand der angestrebten Ausprägung folgender drei Parameter kann eine Positionierung definiert werden (vgl. Treacy und Wiersema 1993, S. 85ff.):

- Qualität der Produkte/DL

- Preis des Produktes/DL

- Beziehung zum Kunden

Auf einer Skala von 0 bis 10 kann die angestrebte Ausprägung der jeweiligen drei Parameter von den GründerInnen definiert werden, wobei der Wert 0 für „keine angestrebte Ausprägung" und 10 für „Überragende Ausführung dieser Ausprägung" stehen kann. Eine Ausprägung von 10 auf jeder Achse wird für Gründungsunternehmen ein unrealistischer Wert sein, da nicht gleichzeitig an allen drei Dimensionen ein Bestwert erzielt werden kann. Gerade Start-up Unternehmen können mit besserer Kundenbeziehung oder Qualitätseigenschaften für eine spezielle Kundengruppe punkten. Die bereits identifizierte, bestehende Konkurrenz (aus der Branchenstrukturanalyse) kann auch anhand dieser drei Segmentierungsmerkmale entsprechend dargestellt werden. Durch dieses Vorgehen können „Weiße Flecken" identifiziert werden, die später Platz zu einer einzigartigen Positionierung des Wertangebots im Markt führen können. Um die Positionierung im Markt erfolgreich durchzusetzen, bedarf es einer entsprechenden Marketing- und Vertriebsstrategie, die im nachfolgenden Schritt genauer beschrieben wird.

 Marketingkonzept erarbeiten

Um eine neue Marke aufzubauen und Leistungen erfolgreich im Markt einzuführen bedarf es einer geeigneten Marketing- und Vertriebsstrategie. Durch die intensive Auseinandersetzung mit dem Marketing Mix (vgl. Homburg und Krohmer 2003, S. 14f.) und dessen Elementen Produkt-, Preis-, Kommunikations- und Distributionspolitik kann eine solche Strategie systematisch ausgearbeitet werden. Die Produktpolitik beschreibt alle marktgerechten Leistungsmerkmale und USP's der angebotenen Produkte/Leistungen für die Kunden. Bei der Kommunikationspolitik dreht sich alles um die Kommunikation von Informationen über das Unternehmen am Zielmarkt. Diesem Schritt sollte eine Definition der Kommunikationsziele, der Zielgruppe für die Kommunikation und die Höhe des Kommunikationsbudgets voran gehen. Im Rahmen der Distributionspolitik werden akquisitorische sowie vertriebslogistische Aktivitäten geplant und ausgearbeitet. Die Preispolitik umfasst alle Entscheidungen über das vom Kunden zu entrichtende Entgelt für die vom Gründer angebotenen Leistungen (siehe dazu nächsten Arbeitsschritt).

Erlösmodelle finden

Nicht nur mit der Leistung, im Sinne eines verkaufbaren Produktes oder Service, kann Kapital erwirtschaftet werden. Aus diesem Grund können Zusatzverkäufe, die entweder im Zusammenhang mit der Leistung stehen bzw. nicht unmittelbar etwas mit der Leistung zu tun haben, einen weiteren Beitrag für den Unternehmenserfolg leisten. Abb. 5.6 stellt eine Übersicht verschiedener Erlösmodelle dar und soll den GründerInnen die Auswahl eines oder mehrerer geeigneter Ertragsmodelle ermöglichen. Die einzelnen Erlösmodelle sind in der Übersicht in größere zusammengehörige Kategorien unterteilt und durch wenige, zentrale Fragestellungen geführt. Durch die Schaffung neuer Erlösmodelle, die bisher in der Branche noch nicht verwendet wurden, kann ein für die Kunden neues Wertangebot entstehen, welches potenzielle Kunden bzw. Kundensegmente besser anspricht als bestehende Branchenlösungen. Vor allem, wenn unterschiedliche Kundensegmente mit dem Leistungsangebot angesprochen werden sollen, empfiehlt es sich unterschiedliche Erlösmodelle, die für die jeweilige Zielgruppe stimmig sind, anzubieten. Beispielsweise werden erwachsene Personen und Senioren eher die Barzahlung eines Produktes bevorzugen als Schüler oder Studenten, für die eine zinsfreie Teilzahlung sinnvoller sein kann, um ein kostenintensiveres Produkt oder einen Service finanzieren zu können.

Nach dem erfolgreichen Durchlauf der Arbeitsschritte des Vorgehensmodells werden die erarbeiteten Ergebnisse entsprechend in die Bausteine des Business Model Canvas übertragen. Das somit adaptierte und verbesserte Geschäftsmodell sollte auf jeden Fall mit entsprechenden Lead-Usern in einer Testphase erprobt werden (Schritt 2 im Ebenenmodell). Das aus diesen Tests erhalte Feedback bzw. die identifizierten Schwachstellen des Geschäftsmodells sollen in einem nachfolgenden Schritt nochmals verbessert und in das Geschäftsmodell entsprechend eingearbeitet werden (Schritt 3 im Ebenenmodell). Als Resultat erhält man ein validiertes Geschäftsmodell, welches nun am Markt eingeführt werden kann.

Ein Geschäftsmodell darf nicht „statisch" einmal am Anfang der Geschäftstätigkeit entwickelt werden, um dann in den Geschäftsunterlagen zu verschwinden und in Vergessenheit zu geraten. Auch wenn ein Geschäftsmodell erfolgreich am Markt eingeführt wurde, ist das noch keine Garantie, dass das weiterhin so bleibt. Um erfolgreich am Markt bestehen zu können bedarf es einer ständigen Weiterentwicklung und Anpassung des Geschäftsmodells.

Abbildung 5.6   Cash-In-Toolbox; Quelle: Kandolf 2014, S. 88

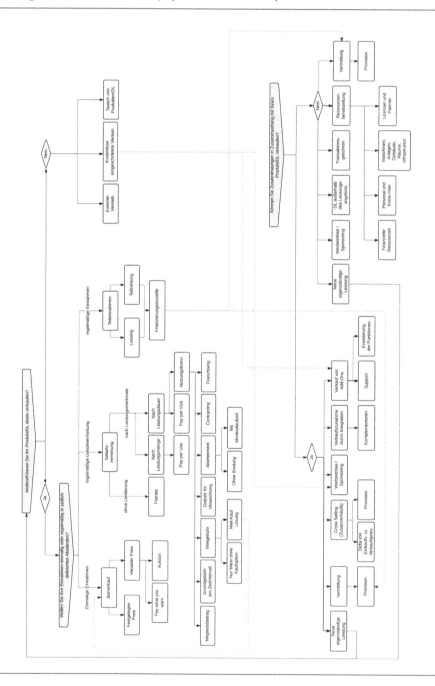

Literatur

Homburg, Christian/Krohmer, Harley (2003): Marketingmanagement. Strategie-Instrumente-Umsetzung-Unternehmensführung, Gabler Verlag, Wiesbaden

Kandolf, Thomas (2014): Systematische Geschäftsmodellentwicklung. Der Weg zum marktfähigen Geschäftsmodell, Disserta Verlag, Hamburg

Mann, Darell (2001): System Operator Tutorial. 9-Windows On The World, URL: http://www.triz-journal.com/archives/2001/09/c/index.htm

Osterwalder, Alexander/Pigneur, Yves (2011): Business Model Generation. Ein Handbuch für Visionäre, Spielveränderer und Herausforderer, Campus Verlag, Frankfurt

Porter, Michael E. (1984): Wettbewerbsstrategie: Methoden zur Analyse von Branchen und Konkurrenten, 2. Auflage, Campus-Verlag, Frankfurt am Main

Schwarz, Erich J.; Dummer, Rita; Krajger, Ines (2007): Von der Geschäftsidee zum Markterfolg. Marktorientierte Produktentwicklung für innovative Gründer und Jungunternehmer, Linde Verlag, Wien

Treacy, Michael; Wiersema, Fred (1993): Customer intimacy and other value disciplines. In: Harvard Business Review, Ausgabe January-February 1993, Harvard Business School Publishing, Boston

Thomas Kandolf, MA

Junior Researcher am Studiengang Wirtschaftsingenieurwesen und Programmleiter der Initiative Start UP an der Fachhochschule Kärnten

Thomas Kandolf wurde 1989 in St. Veit a. d. Glan in Österreich geboren. Nach einer technischen Ausbildung im Bereich Fertigungstechnik an der HTBLVA Ferlach folgte ein betriebswirtschaftliches Bachelorstudium im Bereich Business Management an der Fachhochschule Kärnten, welches er mit Auszeichnung im Jahre 2009 neben seiner Berufstätigkeit als Sales Assistent bei dem Möbelkonzern IKEA abschloss. Nach dem Abschluss in Kärnten folgte ein berufsbegleitendes Masterstudium im Bereich Innovationsmanagement an der Fachhochschule der Wirtschaft – Campus 02 in Graz. Bereits während der Hochschulausbildung sammelte der Autor umfassende praktische Erfahrungen im Rahmen von Unternehmensprojekten und fachspezifischen Praktika im Bereich Innovationsmanagement und Business Development. Nun arbeitet der Autor als Researcher im Bereich Innovations- und Technologiemanagement an der Fachhochschule Kärnten und engagiert sich als Programmleiter der Initiative Start UP für das Thema Entrepreneurship und coacht zahlreiche technologieorientierte Start-up Unternehmen.

Teil 2: Strategische Aspekte für innovative Geschäftsmodelle

6 Customer Centered Innovation: Einbeziehung von Kunden in den Innovationsprozess

FH-Prof. Dr. Alexander Schwarz-Musch

Abstract

Unabhängig von der Branche sind Kunden die wichtigste Informationsquelle für die Entwicklung neuer Produkte und Prozesse. Um dieses Potenzial systematisch für den eigenen Innovationserfolg nutzen zu können, müssen Unternehmen einen kundenzentrierten Innovationsprozess aufsetzen. In diesem kommt insbesondere der systematischen Identifizierung und Bewertung von Kundenproblemen eine zentrale Rolle zu.

Keywords:
Kundenzentrierte Innovation, Phasenmodell, Aufgabenfelder

6.1 Integration von Kunden in den Innovationsprozess

Die Bedeutung von Kooperationen mit Kunden, Lieferanten, Forschungseinrichtungen oder auch Wettbewerbern wurde bereits in den 1980er Jahren von verschiedenen Autoren herausgearbeitet (vgl. Rosenberg 1982, von Hippel 1986 und Lundvall 1988), in der jüngeren Literatur zum Innovationsmanagement wird die Öffnung des Innovationsprozesses unter dem Begriff der Open Innovation diskutiert (vgl. stellvertretend Gassmann und Enkel 2006, S. 132ff. und Lichtenthaler 2011, S. 75ff.). Chesbrough, auf den das Konzept der Open Innovation zurückgeht, argumentiert, dass es für Unternehmen aufgrund von Änderungen in der Unternehmensumwelt nicht mehr sinnvoll ist, alle Aufgaben im Innovationsprozess selbst zu übernehmen (vgl. Chesborough 2003). Nicht zuletzt sprechen hohe Misserfolgsraten und steigende F&E-Kosten für eine stärkere Nutzung externer Quellen für den Innovationsprozess. So werden in der Literatur Flopraten bei der Einführung innovativer Produkte zwischen 35 und 60 Prozent auf Konsumgütermärkten und zwischen 25 und 40 Prozent auf Industriegütermärkten beobachtet (vgl. Lüthje 2007, S. 41).

In der Unternehmenspraxis stellt sich dabei die Frage, ob sich durch die Einbindung von Kunden in den Innovationsprozess die Erfolgswahrscheinlichkeit neuer Produkte erhöht. In der Forschung zum Innovationsmanagement ist dieser Aspekt eher unterrepräsentiert, auch führen die Studien zu teilweise widersprüchlichen Ergebnissen (vgl. Rohrbeck et al. 2010, S. 119). Die Integration von Kunden kann sich demzufolge nicht nur positiv auswirken, es bestehen auch vielfältige Risiken (vgl. Wecht 2005, S. 19 (online) und Enkel 2006, S. 180). Diese lassen sich zu mehreren Problemfeldern zusammenfassen, die von Unternehmen für erfolgreiche Kooperationsprojekte gelöst werden müssen:

■ Problemfeld 1: Auswahl der Kunden

Der Auswahl der „richtigen" Kunden kommt zentrale Bedeutung zu. Von Hippel hat hier den Begriff der „Lead User" geprägt, bei denen es sich um besonders visionäre und innovative Kunden handelt, die eine für einen größeren Kundenkreis typische Problemstruktur aufweisen (vgl. Schneider 2002, S. 137). Werden Kunden ausgewählt, die diese Anforderungen erfüllen, kann vermieden werden, dass die gemeinsame Entwicklung lediglich auf einem Nischenmarkt abgesetzt werden kann.

■ Problemfeld 2: Schutz des eigenen Know-hows

Kooperationsprojekte bergen bezüglich des Know-hows zwei konkrete Risiken: (a) Konflikte hinsichtlich der Frage, wem das erarbeitete Wissen gehört und (b) den Abfluss des Know-hows zu Mitbewerbern durch die Informationsweitergabe durch illoyale Kunden.

Handelt es sich um eine Entwicklungsarbeit für den Kunden, werden Exklusivitätsansprüche des Kunden in der Regel kein Problem darstellen. Anders ist das in jenen Fällen, in den mit Kunden im Sinne des Lead-User-Konzepts gearbeitet wird. Hier sollte die Frage bereits zu Beginn offen angesprochen und über Alternativen diskutiert werden – z. B. kann die Exklusivität auf eine bestimmte Branche, einen Zeitraum oder ein geographisches Absatzgebiet begrenzt werden. Für den Fall, dass keine Einigung erzielt werden kann, besteht gerade zu Beginn der Kooperation noch am ehesten die Möglichkeit, einen alternativen Kunden mit ähnlichem Wissen und Fähigkeiten zu suchen (vgl. Enkel 2006, S. 175f.).

Auch wenn sich das Risiko des Wissensabflusses durch illoyale Kunden nicht ganz vermeiden lässt, bestehen doch Möglichkeiten, dessen Wahrscheinlichkeit zu verringern. Ein Lösungsvorschlag ist hier die Beschränkung auf vertrauenswürdige Kunden, mit denen man bereits in der Vergangenheit gute Erfahrungen gemacht hat; ebenso kann eine spätere Integration von Kunden in den Entwicklungsprozess Vorteile bringen, da hier weniger strategisch relevantes Wissen ausgetauscht werden muss (vgl. Enkel 2006, S. 183).

■ Problemfeld 3: Nutzung von Kunden-Inputs

Enkel weist darauf hin, dass im Laufe der Zusammenarbeit oft wichtige Kundeninputs „verschwinden" – entweder durch Missverständnisse, weil Kunden Bedürfnisse nicht adäquat formulieren können oder weil der Input im Unternehmen nicht an die richtigen Stellen weitertransportiert wird (vgl. Enkel 2006, S. 183). Darüber hinaus kann es auch im eigenen Unternehmen Widerstände gegen die Kooperation mit Kunden bzw. die Nutzung externer Ideen geben (Not-Invented-Here-Syndrom; vgl. hierzu ausführlich Mehrwald 1999). Neben der Auswahl der „richtigen" Kunden kommt hier einer innovationsfreundlichen Unternehmenskultur eine zentrale Rolle zu. Sie ist Grundvoraussetzung dafür, dass externe Inputs als Chance erkannt und Kundeninputs im Unternehmen auch weitergeleitet und in geeigneten Datenbanken gespeichert werden. Nur so kann sichergestellt werden, dass diese Informationen allen am Prozess beteiligten Mitarbeitern zur Verfügung stehen.

Bei den hier skizzierten Problemfeldern handelt es sich um spezifische Herausforderungen, die für eine erfolgreiche Kundenintegration in den Innovationsprozess berücksichtigt werden müssen. Sie können als zusätzliche Anforderungen zu jenen Erfolgsfaktoren betrachtet werden, die für den Neuproduktentwicklungsprozess im Allgemeinen gelten:

■ die Qualität der Prozesse vor Beginn der Neuproduktentwicklung (z. B. die Auswahl der „richtigen" Idee oder die Durchführung von technischen und marktbezogenen Machbarkeitsstudien),

■ die Schaffung der organisatorischen Voraussetzungen (z. B. die Schaffung eines funktionsübergreifenden Projektteams),

■ die Unterstützung durch das Top-Management und

■ die Schaffung einer innovationsfreundlichen Unternehmenskultur (vgl. Ernst 2002, S. 31ff.).

Unter Berücksichtigung dieser Anforderungen ist ein Prozess zu definieren, wie die Integration von Kunden in der Unternehmenspraxis erfolgen kann. Ein entsprechendes phasenspezifisches Modell der Kundenintegration wird im nachfolgenden Abschnitt dargestellt.

6.2   Phasenmodell der kundenzentrierten Innovation im Überblick

Um den Prozess einer kundenzentrierten Innovation darstellen zu können, bietet es sich an, die generellen Phasen eines Innovationsprozesses herauszuarbeiten, wie sie in den unterschiedlichen Modellen zur Reichweite des Innovationsprozesses in der Literatur beschrieben werden.

In der Regel wird zwischen dem Entstehungs- und dem Marktzyklus einer Innovation unterschieden. Die Entstehungsphase unterteilt sich in die Inventions- und Innovationsphase, welche gemeinsam den „Innovationsprozess im weiteren Sinne" beschreiben. Im Gegensatz dazu umfasst der „Innovationsprozess im engeren Sinne" lediglich die Markteinführung und erstmalige Nutzung einer Innovation. Berücksichtigt man zusätzlich zur Inventions- und Innovationsphase auch die Diffusions- und Verbreitungsphase, dann wird vom „Innovationsprozess im weitesten Sinne" gesprochen (vgl. hierzu stellvertretend Gerpott 1999, S. 49 sowie die dort angeführten Quellen).

Die Definition der Aufgabenfelder einer kundenzentrierten Innovation orientiert sich an diesen Abgrenzungen (vgl. **Abbildung 6.1**).

Abbildung 6.1   Aufgabenfelder der kundenzentrierten Innovation

---

Entstehungszyklus		Marktzyklus
Inventionsphase	Innovationsphase	Diffusionsphase

Als Hauptaufgabe der Inventionsphase kann im Rahmen einer kundenzentrierten Innovation die Identifikation der Kundenprobleme angesehen werden. Der Entwicklungsprozess (Innovationsphase) umfasst die Planung und Umsetzung von Innovationsprojekten. Bei der Diffusionsphase muss unterschieden werden, ob die Zielsetzung des Projekts die Entwicklung von neuen Produkten bzw. Prozessen für ein konkretes Kundenunternehmen darstellte, oder ob Kunden lediglich einen Beitrag geleistet haben, Produkte oder Verfahren von Unternehmen (weiterzu-)entwickeln. Im ersten Fall beschränkt sich die Diffusionsphase auf die Übernahme des neuen Produktes oder Prozesses durch den Kunden. Als wichtig erweist sich jedoch in beiden Fällen die Frage des internen Projektabschlusses, bei der es unter anderem um die Frage der internen Nutzung des Know-hows geht.

6.3   Phase 1: Identifikation von Kundenproblemen

Der Identifikation von Kundenproblemen kommt eine Schlüsselrolle in einem kunden-zentrierten Innovationsprozess zu. Dabei ist zwischen zwei Teilaufgaben zu unterscheiden: der Generierung von Ideen und deren Beurteilung.

6.3.1   Ideengenerierung

Bei der Ideengenerierung kann sowohl das Unternehmen aktiv werden (aktive Suche nach Kundenproblemen), als auch auf Anfragen potenzieller und bestehender Kunden reagieren (reagieren auf Anfragen).

Um auf **Kundenanfragen** adäquat reagieren zu können, muss zunächst sichergestellt wer-den, dass solche Anfragen nicht in der Organisation „verloren" gehen. Deshalb ist in orga-nisatorischer Hinsicht zu klären, wer im Unternehmen als Ansprechpartner für Kundenan-fragen verantwortlich ist. Speziell für potenzielle Kunden, die noch über keine Kontakte zum Unternehmen verfügen, ist es wichtig, klar definierte und von ihnen leicht zu identifi-zierende Ansprechpartner zu haben. Die Anfragen sollten sinnvollerweise zentral erfasst und eine Erst-Priorisierung im Hinblick auf die Wertigkeit für das Unternehmen vorge-nommen werden.

Die **aktive Suche nach Kundenproblemen** bietet ein weites Betätigungsfeld; zur besseren Übersichtlichkeit werden die möglichen Analyseebenen, -felder, -methoden und zeitliche Aspekte graphisch zusammengefasst (vgl. **Abbildung 6.2**).

Abbildung 6.2   Ansatzpunkte zur Identifikation von Kundenproblemen

Identifikation von Kundenproblemen		Entwicklungsprozess		Markteinführung

Ideen-generierung	Ideen-beurteilung	Projektplanung	Projektumsetzung	Projektabschluss

Aktive Suche	Reagieren auf Anfragen	Interne Evaluation	Klärung der Rahmenbedingungen	Definition Anforderungsprofil	Zusammensetzung der Projektteams	Technische Realisierung	Laufende Kommunikation mit Kunden	Übernahme des Produktes/Verfahrens durch Kunden	Interne Nutzung des neuen Know-hows

Hier zeigt sich, dass Unternehmen grundsätzlich in Branchen, in denen sie bereits aktuell tätig sind, nach Ansatzpunkten für Innovationen suchen können, oder auch neue Branchen in ihre Analyse einbeziehen können. Die Analyse kann sich dabei auf die Untersuchung von Problemen bestehender Kunden beschränken bzw. auch Probleme potenzieller Kunden berücksichtigen. In zeitlicher Hinsicht können diese Analysen punktuell bzw. anlassbezogen erfolgen, oder in Form eines regelmäßigen Monitorings betrieben werden.

Berücksichtigt man die **Analysefelder**, so sind ebenso unterschiedliche Entwicklungsstufen denkbar: als Mindestanforderung kann dabei die Analyse bestehender technischer Probleme von Kundenunternehmen betrachtet werden. Jedoch auch in jenen Fällen, in denen es keine akuten Probleme auf Kundenseite gibt, kann aktiv nach technischen Verbesserungspotenzialen gesucht werden. Das Analysefeld erweitert sich zusätzlich, wenn auch nach wirtschaftlichen Verbesserungspotenzialen gesucht wird. Einen wertvollen Beitrag kann zudem eine Berücksichtigung der Anforderungen nachgelagerter Wirtschaftsstufen leisten.

Hinsichtlich der zur Verfügung stehenden **Methoden** liefern persönliche Gespräche mit Mitarbeitern des Kunden und Kundenkontakte eigener Verkaufs- oder Servicemitarbeiter wertvolle Informationen. Darüber hinaus sind unterschiedliche Methoden der Sekundärmarktforschung (z. B. Patentanalysen, Zukauf externer Studien) und der Primärmarktforschung (z. B. Experteninterviews, Workshops mit Kunden, Messebesuche) einsetzbar.

6.3.2   Ideenbeurteilung

Da die Kapazitäten für die Entwicklung neuer Produkte oder Prozesse in der Unternehmenspraxis beschränkt sind, ist es erforderlich, im Rahmen der Ideenbeurteilung mögliche Innovationsprojekte auf deren Umsetzbarkeit und Sinnhaftigkeit zu überprüfen. Sinnvollerweise ist hier zwischen einer internen Evaluation und einer Klärung der externen Rahmenbedingungen zu unterscheiden.

Im Rahmen der **internen Evaluation** ist zunächst in strategischer Hinsicht zu klären, welche Bedeutung die angestrebte Innovation und der Kunde für das eigene Unternehmen haben. In technologischer Hinsicht sind die für die Innovation erforderlichen technologischen Kompetenzen zu identifizieren, das für die Realisierung erforderliche technologische Niveau einzuschätzen und der „Fit" zu den bestehenden technologischen Kompetenzen im Unternehmen zu überprüfen. In organisatorischer Hinsicht ist der Aufwand zur Realisierung der Innovation abzuschätzen und zu klären, ob die erforderlichen internen Ressourcen zur Verfügung stehen. Ebenso ist eine grobe zeitliche Planung des Innovationsvorhabens vorzunehmen. Die Ergebnisse der organisatorischen Evaluation stellen die Grundlage für eine Beurteilung des Projekts in wirtschaftlicher Hinsicht dar. Auf der Basis der Abschätzung des organisatorischen und technischen Aufwands wird es möglich, die mit dem Projekt verbundenen Kosten einzuschätzen und den voraussichtlich erzielbaren Erlösen gegenüberzustellen. Neben den Kosten und Erlösen sind auch nicht-monetäre wirtschaftliche Vorteile des Projekts (z. B. positive Imageeffekte) zu berücksichtigen.

Während die oben genannten Evaluationspunkte in erster Linie auf interne Aspekte abzielen, sind bei der Klärung der **Rahmenbedingungen** auch externe Einflussgrößen zu berücksichtigen. Zentrale Fragestellungen betreffen hier die Beziehungen zum Kunden und das rechtliche Umfeld. Beide Bereiche sind über die Frage der Nutzungsrechte bzw. eventueller Exklusivitätsansprüche miteinander verbunden. Unternehmen sollten in die Entscheidung, ob eine Projektidee aufgegriffen wird, eine Beurteilung des Verhältnisses zum Kunden einfließen lassen. Zusätzlich bietet es sich an, Anforderungen nachgelagerter Wirtschaftsstufen (d.h., Anforderungen, die Kunden der eigenen Kunden stellen) und Lösungen von Mitbewerbern der Kunden zu berücksichtigen. Gelingt es, mit dem zu entwickelnden neuen Produkt oder Verfahren Probleme nachgelagerter Wirtschaftsstufen (Probleme von „Kunden der Kunden") besser zu lösen, als mit Angeboten der Mitbewerber? In diesem Fall kann eher davon ausgegangen werden, dass die mit dem Kunden entwickelte Innovation große Marktchancen hat.

Auf Basis der so geschaffenen Informationsgrundlagen wird es für Unternehmen wahrscheinlicher, dass nur jene Kundenanfragen oder Projektideen in einen Entwicklungsprozess überführt werden, die

■ in strategischer und technologischer Hinsicht zum Unternehmen passen,

■ in organisatorischer Hinsicht im vorgegebenen Zeitrahmen abgewickelt werden können und

■ in wirtschaftlicher Hinsicht rentabel sind.

6.4   Phase 2: Entwicklungsprozess

Der Entwicklungsprozess lässt sich gedanklich in zwei Schritte unterteilen – die Projektplanung und die Projektumsetzung. Die Projektplanung beinhaltet die Definition des Anforderungsprofils und Zusammensetzung des Projektteams, im Rahmen der Projektumsetzung steht neben der technischen Realisierung die laufende Kommunikation mit dem Kunden im Mittelpunkt der Betrachtung.

6.4.1   Projektplanung

Im Rahmen der Projektplanung ist zunächst das **Anforderungsprofil** zu definieren; dieses ist entweder vom Kunden bereits vorgegeben, oder wird gemeinsam mit ihm erarbeitet. Neben den technischen Anforderungen, die in der Regel in einem Pflichtenheft dargestellt werden, sollten auch die wirtschaftlichen Anforderungen festgehalten werden. Diese können sich auf unterschiedliche Größen beziehen wie z. B. die zulässigen Kosten des Produktes oder Verfahrens oder die zulässigen Projektgesamtkosten.

Ein weiterer wichtiger Punkt in der Planungsphase ist die Zusammensetzung des Projektteams bei beiden Partnern. Je nach Projektumfang sollten neben technisch ausgebildeten Mitarbeitern auch Mitarbeiter aus kaufmännischen Funktionen eingesetzt werden (z. B. Marketing, Controlling, Einkauf).

6.4.2   Projektumsetzung

Bei der Projektumsetzung ist neben der technischen Realisierung vor allem auch die laufende Kommunikation mit dem Kunden zu berücksichtigen.

Die **technische Realisierung** des Innovationsprojekts wird von unterschiedlichen Faktoren beeinflusst. So hängen die Prozessplanung und –steuerung eng mit der Art des Innovationsprojekts (z. B. im Hinblick auf den Neuigkeitsgrad), Branchencharakteristika (z. B. Anforderungen und Standards) oder Unternehmenscharakteristika (z. B. Ausmaß der Standardisierung von Tätigkeiten im Innovationsprozess) ab. Die Prozessplanung selbst kann über Ergebnisvorgaben (Zwischen- und Endergebnisse, Kontrollpunkte), Terminvorgaben, Ressourcenvorgaben (Partial- und Globalbudgets) sowie Ablaufvorgaben (z. B. Reihenfolgen, parallele Bearbeitung von Arbeitsschritten) erfolgen. Zusammenhängend mit der Prozessplanung ist die Prozesssteuerung zu sehen, bei der die Dokumentation der Entwicklungsschritte in unterschiedlichem Ausmaß formal vorgegeben sein kann (z. B. Projektberichtswesen, erforderliche Dokumentationsschritte).

Im laufenden Entwicklungsprozess ist es erforderlich, die **Kommunikation mit dem Kunden** sicherzustellen. Neben der formellen Kommunikation auf der Sachebene (z. B. im Rahmen von Arbeitssitzungen) ist insbesondere auch die informelle Kommunikation zwischen den Mitgliedern der einzelnen Projektteams bedeutsam. Durch Kontakte zwischen den einzelnen Teammitgliedern beider Projektteams lassen sich Fragen schneller und effizienter lösen, als im Falle einer zentralisierten Kommunikation, die ausschließlich über die Projektleiter abgewickelt wird.

6.5   Phase 3: Markteinführung

Den Abschluss von Innovationsprojekten bildet die Einführung der Innovation am Markt (Diffusionsphase). Werden Produkte oder Prozesse für Kunden entwickelt, so bildet die Übernahme des Produktes oder Verfahrens beim Kunden den externen Projektabschluss.

Je nach Branche, der die Kunden zuzuordnen sind, werden an den Projektabschluss unterschiedliche Anforderungen gestellt. So kann der Projektabschluss durch eine Abnahme des Produkts oder Verfahrens durch den Kunden beendet werden, bei der die Erfüllung der im Pflichtenheft definierten Anforderungen überprüft wird. In einzelnen Branchen, wie z. B. der Automobilindustrie, wird nicht nur das entwickelte Produkt, sondern auch der dahinterstehende Fertigungsprozess abgenommen.

Zusätzliche Aufgaben, die im Rahmen des Projektabschlusses zu erfüllen sind, wären die Implementierung des neu entwickelten Verfahrens beim Kunden oder auch die Sicherstellung des erforderlichen Wissenstransfers (z. B. Schulungen, Dokumentationsunterlagen u.ä.).

Nach der Abnahme des Produkts oder Verfahrens durch den Kunden ist auch ein **interner Projektabschluss** durchzuführen. Im Mittelpunkt stehen hier die Projektevaluation und die Sicherstellung des Wissenstransfers. Im Rahmen der Projektevaluation werden unterschiedliche Aspekte beurteilt, z. B.

- Prozessbezogene Parameter (z. B. Projektverlauf),

- Ergebnisbezogene Parameter (z. B. Projektergebnis, Innovationserfolg),

- Potenzialbezogene Parameter (z. B. Personalbeurteilung),

- Ressourcenbezogene Parameter (z. B. Einhaltung von Kostenvorgaben).

Um sicherzustellen, dass das im Entwicklungsprozess gewonnene Know-how auch künftig im Unternehmen verfügbar ist, stellt die Dokumentation der Ergebnisse und deren Kommunikation im Haus eine wichtige Voraussetzung dar.

6.6   Resümee

Um das Potenzial ungelöster Kundenprobleme für das eigene Innovationsmanagement nutzen zu können, müssen diese systematisch in den gesamten Innovationsprozess eingebunden werden. Besonderes Augenmerk ist dabei der aktiven Suche nach Innovationsideen zu widmen, in die nicht nur bestehende Kunden, sondern auch potenzielle Kunden einzubeziehen sind. Gleichzeitig sollte sich die Suche nicht nur auf technische Probleme bestehender Produkte und Prozesse beschränken, sondern auch technische und wirtschaftliche Verbesserungsmöglichkeiten berücksichtigen. Um die begrenzten Ressourcen zielgerichtet einsetzen zu können, ist es erforderlich, aus den so identifizierten Ideen die erfolgversprechendsten auszuwählen. Dabei sind sowohl interne Faktoren (strategisch, technisch, organisatorisch, wirtschaftlich), als auch externe Rahmenbedingungen (Beziehung zum Kunden, rechtliches Umfeld, Absatzmärkte, Konkurrenzumfeld) zu berücksichtigen. Im Rahmen der Projektdurchführung kommt dann der laufenden Kommunikation mit dem Kunden eine zentrale Rolle zu. Um die Lernerfahrung und Ergebnisse des Projekts auch in Nachfolgeprojekten nutzen zu können, ist ein interner Projektabschluss erforderlich. Bei diesem steht die Projektevaluation und die Sicherstellung des internen Wissenstransfers im Mittelpunkt.

Literatur

Chesbrough, H. (2003): Open Innovation. The New Imparative for Creating and Profiting from Technology, Harvard Business School Press, Boston

Enkel, E. (2006): Chancen und Risiken der Kundenintegration, in: Gassmann, O./Kobe, C. (Hrsg.) (2006): Management von Innovationen und Risiko. Quantensprünge in der Entwicklung erfolgreich managen, 2. Auflage, Springer Verlag, Heidelberg, S. 171 – 186

Ernst, H. (2002): Success factors of new product development: a review of the empirical literatur, in: International Journal of Management Review, 4 (1), S. 1 – 40

Gassmann, O.; Enkel, E. (2006): Open Innovation. Die Öffnung des Innovationsprozesses erhöht das Innovationspotenzial, in: Zeitschrift für Führung und Organisation, 75 (3), S. 132 – 138

Gerpott, T. (1999): Strategisches Technologie- und Innovationsmanagement, Schäffer Poeschel, Stuttgart

Hippel, E. v. (1986): Lead Users: a Source of Novel Product Concpts, in: Management Science, 32, S. 791 – 805

Lichtenthaler, U. (2011): Open Innovation: Past Research, Current Debates, and Future Directions, in: Academy of Management Perspectives, 25 (1), S. 75 – 93

Lundvall, B. (1988): Innovation as an Interactive Process: from User-Producer Interaction to the National System of Innovation, in: Dosi, G. et al. (Hrsg.) (1988): Technical Change and Economy Theory, Pinter, London et al., S. 348 – 369

Lüthje, C. (2007): Methoden zur Sicherstellung von Kundenorientierung in den frühen Phasen des Innovationsprozesses, in: Herstatt, C./Verworn, B. (Hrsg.) (2007): Management der frühen Innovationsphasen, 2. Auflage, Gabler Verlag, Wiesbaden, S. 39 – 60

Mehrwald, H. (1999): Das „Not-Invented-Here"-Syndrom in Forschung und Entwicklung, Gabler Verlag, Wiesbaden

Wecht, Chr. (2005): Frühe aktive Kundenintegration in den Innovationsprozess. Dissertation der Universität St. Gallen – Hochschule für Wirtschafts-, Rechts- und Sozialwissenschaften, verfügbar unter: http://verdi.unisg.ch/www/edis.nsf/wwwDisplayIdentifier/3117/$FILE/dis3117.pdf

Rohrbeck, R./Steinhoff, F./Perder, F. (2010): Sourcing innovations from your customer: how multinational enterprises use Web platforms for virtual customer integration, in: Technology Analysis & Strategic Management, 22 (2), S. 117 – 131

Rosenberg, N. (1982): Inside the Black Box: Technology and Economics, Cambridge University Press, Cambridge

Schneider, D.J.G. (2002): Einführung in das Technologiemarketing, Oldenbourg, München – Wien

FH-Prof. Dr. Alexander Schwarz-Musch

Professur für Marketing und Marktforschung an der FH Kärnten, Studienbereich Wirtschaft & Management, Programmleitung Business Management

Alexander Schwarz Musch (geb. 20.03.1969) ist Professor am Studienbereich Wirtschaft & Management der FH Kärnten. Studium der Betriebswirtschaftslehre und Tätigkeit als Universitätsassistent am Lehrstuhl für Marketing und Internationales Management der Alpen Adria Universität Klagenfurt. Langjährige Tätigkeiten in den Bereichen Marketing und Marktforschung. Seit 2002 Vortragender in unterschiedlichen Managementlehrgängen (MAS, MBA). Seit 2004 wissenschaftliche Leitung der MKG GmbH, ein auf Marketing- und Marktforschungsprojekte spezialisiertes Beratungsunternehmen.

7 Open Innovation - ein Erfahrungsbericht

Wie das Schweizer Traditionsunternehmen SSM im Bewusstsein eigener Stärken, mit der Kreativität Vieler und einer gehörigen Portion Mut neue Wachstumsräume (er-)findet.

Dr. Stephan Friedrich von den Eichen, Dipl. Kfm. Niels Cotiaux, Dr. Klaus Wildhirt

Abstract

Genua, 1492: Christoph Columbus macht sich auf, die „Neue Welt" zu entdecken. Gut 500 Jahre später (und gerüstet mit einem ähnlich langen Erfahrungswissen) will man es dem italienischen Seefahrer am Schweizer Firmensitz der SSM Schärer Schweiter Mettler AG in Horgen gleichtun. „Auf zu neuen Ufern – zu Ufern außerhalb der Textilwirtschaft!", lautet die Devise der Wachstumsinitiative „Columbus", die gemeinsam mit der Managementberatung IMP verfolgt wird. Der Entdecker machte sich aus freien Stücken auf den Weg – mit der Absicht, den Seeweg nach Ostasien zu finden. SSM hingegen nimmt nicht ganz freiwillig neuen Kurs auf. Es ist die Reaktion auf den erheblichen Kostendruck asiatischer Hersteller und die anhaltende Schrumpfung des Marktes. Das Ziel: profitables Wachstum. Wachstum außerhalb der Begrenzungen und der Zyklizität des Kernmarkts, aber getragen von den eigenen Kernkompetenzen.

Keywords:
Wachstum, Open Innovation, Innovationsstrategie, Kernkompetenzen, Lead User, Innovationsmanagement, Ideation, Mobilisierung im Sinne der Innovation

Eine Diversifikation außerhalb des Kerngeschäfts wird dort zur Überlebensfrage, wo Märkte unwiderruflich schrumpfen – so auch für SSM. Die Schärer Schweiter Mettler AG, eines der ältesten Unternehmen der Schweiz, konnte sich über Dekaden hinweg in der Textilwirtschaft durch Innovationen im internationalen Wettbewerb behaupten. Zuletzt sah man sich aber mit anhaltender Marktschrumpfung konfrontiert. Vor diesem Hintergrund stellt sich die Frage: „Wie kann der erfolgreiche Sprung in ein anderes Marktsegmente gelingen?"

Das Gelingen einer „Entdeckungsreise" hat vor allem mit dem Bewusstsein eigener Stärken und der strukturierten Einbindung von Wissen und der Kreativität vieler zu tun – und letztlich auch mit Mut, wie wir von Ernesto Maurer, CEO der SSM AG, erfahren. Im Gespräch mit IMP lässt er nochmals die Initiative COLUMBUS Revue passieren. Insbesondere

- die generelle Wachstumslogik von SSM,

- Open Innovation als Wachstumspfad sowie

- Vorbereitungen und Wegmarken auf einer Reise zu neuen Ufern.

7.1   Über bisherige und künftige Reiserouten

IMP: Initiativen wie COLUMBUS richtig anzugehen heißt ja immer auch den jeweiligen Kontext zu begreifen: Was hat sich in den letzten Jahren bzw. Jahrzehnten in der Textilwirtschaft getan und wohin geht die Reise?

Maurer: Bis Ende der 1980er-Jahre war das Zentrum der Textilmaschinenherstellung in Europa. Etwa 40 bis 50 Prozent der europäischen Maschinen wurden an den amerikanischen und europäischen Markt geliefert – bis hin zur Türkei. Doch die Nachfrage in Amerika reduzierte sich drastisch. Neue Märkte mussten gefunden werden. So gelangten wir nach China und Indien. Ungeachtet der Marktveränderungen gelang SSM gleichzeitig ein technologischer Sprung: Zum ersten Mal war es möglich Spulen nicht nur zylinderförmig herzustellen, sondern auch mit abgeschrägten Ebenen – mit den sogenannten „Shims". Damit wurde das Unternehmen an die Weltspitze katapultiert. Und doch schrumpfte der Markt der Textilmaschinen insgesamt. Bessere Technologien machten die Maschinen immer schneller und verringerten den Bedarf um mehr als die Hälfte. Die Herstellung von Chemiefasern markierte einen weiteren Bruch. Dazu muss man wissen: Der Naturfaseranteil (Baumwolle) sinkt, während der Anteil an Chemiefasern steigt. Baumwolle steuert auf einen ähnlichen Status zu wie Seide – teuer und nur für wenige erschwinglich. Die großen Volumina müssen durch Chemiefasern abgedeckt werden. Spätestens hier kommt das „Texturieren" ins Spiel – was zugleich eines der drei Standbeine von SSM ist. Beim Texturieren werden mittels einer Luftdüse Garne verwirbelt. Dadurch entsteht ein widerstandsfähiges Garn mit natürlichem Aussehen. Diese Garne finden aufgrund ihrer Eigenschaften ihren Einsatz im Heimtextil-, Sportswear- und Automotive-Bereich Anwendung. Hier stimmt für uns auch die Marge, da die Maschinen mit einer hochwertigen Software ausgestattet werden müssen.

Und dennoch schrumpfen die Märkte, in denen wir uns bewegen. Sie schrumpfen im Jahr um drei bis fünf Prozent. Um unsere Position zu halten, bedarf es einer Kompensation. Wir müssen gegen die anderen Wettbewerber wachsen. Damit ist aber noch gar kein zusätzliches Volumen aufgebaut: Erst bei einem Wachstum ab fünf Prozent wachsen wir wirklich. Und genau darum geht es bei COLUMBUS.

IMP: Wachstum ist für SSM also ein wichtiges Ziel. Welcher Wachstumslogik folgt man in Horgen?

Maurer: Hier kommt meine „Lieblingsmatrix" ins Spiel, die mittlerweile auch unsere Mitarbeiter gut kennen.

Abbildung 7.1   SSM-Entscheidungsmatrix – Wachstum im Spannungsfeld von Marktnähe und Technologieverwandtschaft

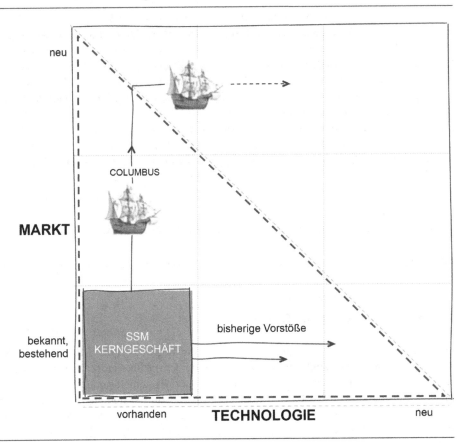

Maurer: Es geht einerseits um Technologien, andererseits um Märkte. Entlang dieser beiden Achsen kann man sein Spiel aufziehen. Meine Erfahrung lehrt: Man sollte sich in jene Felder begeben, in denen man zumindest eine der Achsen beherrscht. Entweder man kennt die Technologie oder den Markt. Andernfalls geht man ein hohes Risiko ein. Demzufolge kann man sich entlang der Ordinate oder entlang der Abszisse bewegen – innerhalb dieses Dreiecks spielt sich alles ab. Immer wieder stellen wir uns die Frage: Was macht wirklich Sinn? Bis heute haben wir uns eigentlich stets an neuen Technologien im bestehenden Markt versucht. Das hat insgesamt gut funktioniert. Was aber bleibt, sind die Limitationen der Textilwirtschaft. Wer wirkliches Wachstum will, muss außerhalb des Systems suchen. Und genau das war auch der Kernauftrag für COLUMBUS: Es ging um eine Identifikation kompetenzbasierter Wachstumsräume außerhalb unseres Kernmarktes.

IMP: COLUMBUS ist nicht der erste Versuch von SSM, neue Ufer zu erkunden: Was hat bislang nicht funktioniert?

Maurer: Wir kochten im eigenen Saft. Wir sahen zeitweise den Wald vor lauter Bäumen nicht und es fehlte bisweilen auch an Struktur. Was ich rückblickend spüre, ist folgendes Dilemma: Ein Unternehmen, das sich derart lange an der technologischen Spitze halten kann, schafft das nur über spezifische Kompetenzen. Diese sind aber Fluch und Segen zugleich! Denn alles, was wir entwickelt haben, fiel immer wieder in dieselbe Ackerfurche zurück. Hier kannten wir uns aus, hier fühlten wir uns sicher. Stellenweise fehlte uns auch die Vorstellungskraft, die Kreativität. Bisweilen verließ uns aber einfach auch der Mut, auszubrechen. Am Ende haben wir zumeist etwas gefunden, aber das Neue drehte sich immer nur um ein bisschen mehr oder um ein bisschen schneller. Grundlegend anders waren die Ideen eigentlich nie. Ich will die Vergangenheit nicht schlechtreden, aber: „A little bit more of the same" hilft in unserer Situation einfach nicht weiter!

7.2   Über Columbus und seine Schritte

IMP: Jede Reise beginnt mit einem ersten Schritt. Was stand am Anfang der Initiative CO-LUMBUS?

7.2.1   Schritt 1: Reflektieren

Maurer: Der erste Schritt war genau genommen ein Schritt zurück: Selbstreflexion. Möglicherweise war es aber zugleich der entscheidende Schritt überhaupt. Wir gestanden uns ein, dass wir blinde Flecken haben. Und wir kamen zu der gemeinsamen Erkenntnis, dieses Mal die Reise anders aufzusetzen zu müssen: offener und systematischer. Dazu gehörte auch eine Art Lotsen mit an Bord zu nehmen. Der sich mit dem Metier auskennt, der sicherstellt, dass wir uns nicht verlaufen, der gewährleistet, dass wir zusätzliche Perspektiven einfangen, die wir selbst nicht einnehmen können und uns den Zugang zu Wissen legt, das sich für unser Vorhaben als nützlich erweist.

IMP: SSM strebt also nach „Competence-driven Innovation". Hatten Sie und Ihre Kollegen die Kompetenzen vor Augen, die in anderen Märkten greifen sollen?

Abbildung 7.2   Die SSM-Schrittlogik - Wegmarken zu kompetenzbasiertem Wachstum

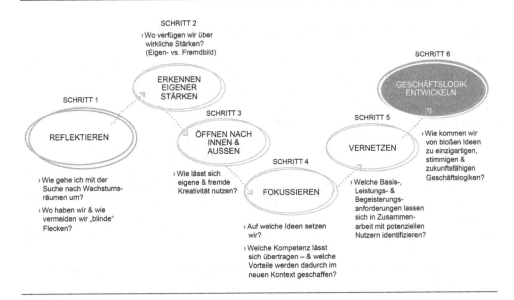

7.2.2   Schritt 2: Erkennen von eigenen Stärken

Maurer: Wie schon gesagt: Ein Unternehmen, das sich schon derart lange an der Technologiespitze hält, verfügt über spezifische Kompetenzen. Da waren wir uns sicher. Was ich wollte, war aber kein (zu) euphorisches Bild unserer Kompetenzen, sondern (a) ein realistisches und (b) ein gemeinsames Bild. Begonnen hat es damit, dass wir im Führungskreis unsere Bilder über die Fertigkeiten und Fähigkeiten der SSM aneinanderlegten. Dabei gab es zwar Differenzen, im Großen und Ganzen stimmten die Bilder aber überein. Das war IMP jedoch zu wenig! Zusätzliche Reflexionen wurden gefordert: Reflexion von innen und Reflexion von außen. Wir teilten daraufhin unsere Einschätzung mit weiten Teilen der Organisation. Schließlich teilten wir das mittlerweile erheblich differenziertere Eigenbild auch noch mit Externen: Ausgewählte Kunden, Lieferanten und Industrieexperten beurteilten aus ihrem Blickwinkel das SSM-Kompetenzprofil. Das Ergebnis war auf jeden Fall erhellend, stellenweise aber auch ernüchternd. Angenommene Stärken zerfielen. Umgekehrt gab es offensichtlich Fertigkeiten und Fähigkeiten von SSM, denen wir bisher im Führungskreis keine Beachtung geschenkt hatten, die nun jedoch Gestalt und Gewicht bekamen. Es wurde viel diskutiert, was ich einerseits begrüßte, was aber auch die Komplexität spürbar erhöhte und zur Entschleunigung unseres Vorhabens beitrug. So dachte ich zumindest seinerzeit. Heute sehe ich in intensiven Diskussionen einen wichtigen Grundstein für unsere Reise, weil das Verständnis unserer Fähigkeiten an Tiefe gewann, vor allem aber, weil es von der Organisation geteilt wurde.

IMP: Reisen – zumindest längere – erfolgen gewöhnlich in Etappen: Welche weiteren Schritte sind aus Ihrer Sicht wichtige Wegmarken auf dem Weg zu neuen Ufern?

7.2.3   Schritt 3: Öffnen nach innen und außen

Maurer: Der angeführten Reflexion und dem Erkennen der eigenen Stärken folgte die bewusste Öffnung. Ehrlich gesagt: Bis zu dieser Wegmarke hatten wir uns bei den vorherigen „Reisen" noch niemals vorgewagt. Im Kern ging es darum, ausgehend von unserem „neuen" Kompetenzverständnis lateral zu denken – und auch denken zu lassen. Beim (Er-) Finden von neuen Wachstumsräumen wollten (und durften) wir uns nicht auf unsere eigene Kreativität verlassen – und schon gar nicht auf ein rein technologisches Weltbild. Dazu galt zunächst, innerhalb der Organisation möglichst viele Perspektiven einzufangen – natürlich die technologische, aber auch die produktionsnahe, das Supply-Chain-Denken, sowie auch die Markt- und Kundensicht. Und obwohl das schon herausfordernd war, war es erst die „halbe Miete". Die Wegmarke „Öffnung" ist dann – und nur dann – erfolgreich gemeistert, wenn neben den internen auch externe Sichtweisen eingebunden werden: Open Innovation alive! Zugegebenermaßen waren wir skeptisch. Wer ist das nicht, wenn man gemeinsam mit Dritten über die eigene Zukunft nachdenken soll – mit Leuten, die eine ganz andere Sprache sprechen und nur wenig über die SSM und unsere bisherigen Heldentaten wissen? Aber darauf kommt es nicht an, wie wir heute wissen. IMP, als unser externer Begleiter, wurde nimmer müde, uns die Scheu mit folgenden Hinweisen zu nehmen: „Trust our process, trust our network". In der Tat hat sich ihr Netzwerk als ein entscheidender Faktor erwiesen. Sie brachten uns innerhalb kürzester Zeit mit Leuten und Blickwinkeln zusammen, von denen wir vorher nicht einmal wussten, dass es sie gab. Und sie brachten sie sogar an unsere Tische in Horgen. Faszinierend, was sich in den zweitägigen Offshore-Sessions abspielte! Jede Sitzung wurde von Industriedesignern begleitet, die wichtige Erkenntnisse und Ideen sofort visualisierten. So entstanden gemeinsame Bilder und über diese Bilder Wachstumsräume, die wir (a) bislang nicht auf dem Schirm hatten und bei denen wir uns (b) zunächst nur schwer vorstellen konnten, dass unserer Kompetenzen hier eine Rolle spielen. Das Resultat dieser Phase: zehn kompetenzverwandte Wachstumsräume und über 150 Ideenkeime. Ein gutes Ergebnis, da waren wir uns einig. Aber mit Abstand betrachtet, mutete so manches recht phantastisch an. Weit, weit weg von der vertrauten SSM-Welt – die Geister, die man rief ... Dem „Encouraging wild ideas" musste eine Fokussierung folgen, was der Prozess aber auch vorsah. Eine Fokussierung, die zugleich eine Erdung bringen sollte.

7.2.4   Schritt 4: Fokussieren

Maurer: Mit eben dieser Fokussierung taten wir uns anfangs nicht leicht. Es galt, Ideen zu verwerfen, von denen man eigentlich noch viel zu wenig wusste: Es hätte ja auch gerade die eine Idee darunter sein können ... Nach und nach entstand aber eine Arbeitsroutine. Immer besser vermochten wir zwischen Kreativität und Handwerk zu unterscheiden. Mit „Handwerk" meine ich, wie man Ideen anpackt, zusätzliche Erkenntnisse gewinnt und Ideen verdichtet. Die handwerklichen Phasen kann man aufteilen und delegieren, nicht aber die Reflexion und Fokussierung. Aus meiner Sicht ist es entscheidend, hier das gesamte Führungsteam einzubinden. Das ist zwar ein hohes Investment, aber nur so hält man das Momentum, nur so bewegt man sich als Gremium von Wegmarke zu Wegmarke. Und nur so schafft man die notwendige Verbindlichkeit in Bezug auf Prozess und Resultat.

Inhaltlich beruhte die Fokussierung auf einer ersten Analyse der hinter der jeweiligen Idee liegenden Logik:

- Worum geht es im Kern?

- Auf welche Spieler treffen wir?

- Welche Rolle können wir im jeweiligen Spiel einnehmen?

- Welche Rollen und Aktivitäten bringen wie viel ein?

- Wo helfen unsere heutigen Kompetenzen wirklich weiter?

Entscheidend bei der Fokussierung sind nicht die Attraktivität des Wachstumsraumes und das Potenzial einer Idee. Vielmehr muss man verstehen, wo in den einzelnen Wachstumsräumen die individuell geprägten Chancen liegen.

7.2.5   Schritte 5 und 6: Vernetzen & Geschäftslogik entwickeln

Maurer: Der Öffnung folgte also die Fokussierung. Mit einer deutlich reduzierten Anzahl an Optionen bewegten wir uns nun auf den nächsten Meilenstein zu. Ich nenne ihn Vernetzung, denn es ging darum, gemeinsam mit potenziellen Anwendern mehr über jene Basis-, Leistungs- und Begeisterungsanforderungen zu erfahren, denen wir uns in den jeweiligen Segmenten zu stellen haben. Vernetzung meint auch wieder Öffnung. Open Innovation, die zweite! Diesmal aber mit ganz anderen Leuten und mit einem ganz anderen Ziel. Die Herausforderung lag darin, potenzielle Nutzer und Industrieexperten zu identifizieren, die unser Verständnis über Marktdynamiken und Kundennutzen schärften. Dabei muss man „vom Ende her" denken: Wer sind die Endkunden, die dann möglicherweise Kunden unserer Kunden sind und welche Bedürfnisse haben sie?

Der Vernetzung folgte abermals eine Fokussierung. Mittlerweile war unser Bild schärfer geworden: Die Wachstumsräume waren uns vertraut, die Ideenkeime mehrfach reflektiert, einzelne Wertschöpfungslandkarten gezeichnet und die Vorstellung, was unsere Rolle sein könnte, geschärft. Was wir hatten, war weit mehr als eine Idee, aber längst noch keine tragfähige Geschäftslogik. Hierfür galt es, Schritt für Schritt jene Dimensionen abzuarbeiten, die es braucht, um von einer einzigartigen, stimmigen und zukunftsfähigen Geschäftslogik zu sprechen. Also klare Vorstellungen über

- die POSITIONIERUNG: „Für was genau stehen wir in dem Marktsegment?",

- unser ANGEBOT: „Was genau wollen wir anbieten?",

- die dahinterliegende WERTSCHÖPFUNGSLOGIK: „Was tun wir selbst, wo brauchen wir Partner?",

- den MARKTANGANG: „Über welche Nische finden wir unseren Weg in den Markt?", aber auch über

- die ERLÖSLOGIK: „Wie können wir damit Geld verdienen?".

7.3 Über mehr Fahrtwind durch Impulse von außen

IMP: Sie betonen die Kreativität und das Wissen von außen. Wie erreicht man, dass Gedanken von außen auch innen Gehör finden?

Maurer: Impulse von außen sind keine Gefahr, sondern eine Bereicherung. Viele neue Ideen sind von außen gekommen. Eigene Ideen haben durch die zusätzliche Reflexion von außen an Tiefe gewonnen. Insofern war die Öffnung nach außen für SSM nützlich und wichtig. Aber es gab auch Vorbehalte, sich Dritten gegenüber zu öffnen, über die eigene Zukunft zu sprechen und den Rat von außen anzunehmen. Für Open Innovation hängt vieles, wenn nicht alles, von Überzeugungen und dem Vorleben an der Spitze des Unternehmens ab. Fehlt der Geist an der Spitze, macht es meiner Erfahrung nach auch keinen Sinn, sich auf der Arbeitsebene öffnen und vernetzen zu wollen. Zudem setzen Öffnung und Vernetzung nach außen Vernetzung und Öffnung nach innen voraus. Der Erfolg von Open Innovation ist damit getrieben von der Vernetzung nach innen.

IMP: Wir wissen, Reisen ist bisweilen beschwerlich. Haben Sie unterwegs auch mal an Umkehr gedacht?

Maurer: Einer ersten Phase der Euphorie folgte eine gewisse Ernüchterung. Wir merkten, wie mühsam es ist, wie schwer man sich tut, die Dinge richtig einzuschätzen und wie viele Ressourcen es (neben dem Tagesgeschäft) braucht, den Prozess am Laufen zu halten. Mit jedem Schritt, den wir taten, rückte das Ziel wieder ein Stück zurück. Das drückt auf's Gemüt und man stellt sich die Frage, ob man die Zeit nicht doch lieber ins bestehende Geschäft hätte investieren sollen. Aber schon der zweite Gedanke sagte mir: „Es gibt keine Alternative. Inkrementelle Verbesserungen verlängern höchstens unseren Kampf, bringen aber niemals die Lösung." Und da hilft dann auch wieder der externe Lotse. Sprich: ein Berater, der den Kurs hält und der nicht müde wird, an das Wesen von Disruptionen und der damit verbundenen Unsicherheit, aber auch der gewaltigen Chancen zu erinnern. Hier hat sich die Expertise von IMP und auch ihr Zugang zu externen Netzwerken voll ausgezahlt.

Als klassischer Maschinenbauer, der seit Jahrhunderten – um nicht zu sagen seit Ewigkeiten – davon gelebt hat, Maschinen zu entwickeln, zu bauen und anschließend zu verkaufen, tut man sich anfangs enorm schwer mit der Vorstellung am Ende vielleicht gar keine Maschinen, sondern Produkte und/oder Dienstleistungen zu verkaufen – und damit vielleicht sogar den eigenen Kunden Konkurrenz zu machen. Aber die Angst vor der eigenen Courage darf kein Grund zur Umkehr sein. Und je mehr das Ganze Konturen annimmt, umso größer die Vorfreude, Neues zu entdecken und für das eigene Unternehmen zu erschließen.

7.4 Zum Schluss noch ein paar Reisetipps ...

IMP: Angenommen, andere packt auch der „Entdeckungsdrang": Welche Botschaften geben Sie den Reiselustigen mit auf den Weg?

Maurer: Dazu kann ich Folgendes sagen:

■ Bleiben Sie nicht bei Ideen stehen – es geht um tragfähige Geschäftslogiken. Wir haben diesen Part „spielend" gelöst. Mit spielend meine ich nicht „leicht", sondern im Zuge eines „Business Logic Contest", zu dem wir Kollegen aus unterschiedlichsten Bereichen geladen haben. Alle Perspektiven (Marketing, Vertrieb, Produktmanagement, Produktion, Controlling) sollten eingebunden sein. Für mich ist es ein bleibender Eindruck, wie im Rahmen eines Spiels aus einzelnen Kollegen „Teams" und aus diesen Teams „Unternehmer" wurden, die für ihre Ideen kämpften. Ergebnis waren nicht bloße Ideenkeime, sondern durchdachte und detaillierte Konzepte rund um die angestrebte Positionierung, die anzubietenden Leistungen, die dahinter liegenden Prozesse, das Finden der Eintrittsnische, wie auch eine mögliche Erlöslogik.

Abbildung 7.3   IMP Geschäftslogikspiel: Bleibende Eindrücke & messbare Resultate

Ernesto Maurer
CEO
SSM Schärer Schweiter Mettler AG

„Uns war es wichtig, nicht bei der Idee stehen zu bleiben, sondern eine tragfähige Geschäftslogik zu entwickeln. Wir haben diesen Part "spielend" gelöst. Mit spielend meine ich nicht "leicht", sondern im Zuge eines "Business Logic Contest", zu dem wir Kollegen aus unterschiedlichen Bereichen geladen haben. Für mich ist es ein bleibender Eindruck, wie im Rahmen eines Spiels aus einzelnen Kollegen "Teams" - und aus diesen Teams "Unternehmer" wurden, die für ihre Ideen kämpften. Ergebnis waren nicht bloße Ideenkeime, sondern durchdachte und detaillierte Konzepte rund um die angestrebte Positionierung, die anzubindende Leistungen, die dahinter liegenden Prozesse, das Finden der Eintrittsnische wie auch eine mögliche Erlöslogik."

- Überdenken Sie Ihre Aufstellung – und passen Sie diese gegebenenfalls an. Die zentrale Frage lautet: Kann sich die Idee bzw. die daraus entwickelte Geschäftslogik im Rahmen der bestehenden Strukturen wirklich entfalten? Geben Sie dem Neuen entsprechend Raum – die Idee wird es Ihnen danken.

- Nutzen Sie Netzwerke – eigene und fremde. Ohne Zugriff auf und die Einbindung von externen Wissensträgern ist das Validieren und Schärfen der Konzepte nicht darstellbar. Zudem bringen Netzwerke (trotz anfänglicher Verzögerung) einen enormen Zeitgewinn. Auch an dieser Stelle kann ein externer Begleiter – sofern er über Zugänge verfügt – ein entscheidender Erfolgsfaktor sein. IMP war es!

- Nehmen Sie sich die Zeit und die Ressourcen – auch wenn es viel davon in Anspruch nimmt. Nicht selten werden beim Durchforsten Ihres Unternehmens nach Kraftlinien und Kernkompetenzen Dinge zum Vorschein kommen, an die man ursprünglich nicht dachte. Hier tun sich ungeahnte Chancen auf.

- Das Neue fällt nicht vom Himmel – es bedarf guter Vorbereitung und erfordert viel Energie. Wenn Sie sich dazu entschließen, den Weg zu gehen, dann mit voller Energie – oder man lässt es lieber gleich bleiben. Halbe Kraft bedeutet nicht halbe Ergebnisse, sondern keines!

IMP: Herr Maurer, vielen Dank für das inspirierende Gespräch. Wir wünschen Ihnen weiterhin viel Erfolg – auf dass die SSM ihre Reiselust behält!

Literatur

Christensen, C. M., Matzler, K., Friedrich von den Eichen, S. A. 2011. Innovator's Dilemma: Warum etablierte Unternehmen den Wettbewerb um bahnbrechende Innovationen verlieren. Vahlen Verlag, München

Friedrich von den Eichen, S. (2010 a): Geschäftslogik als Bezugspunkt der Strategiearbeit, IMP Perspectives, 2: 35-51

Friedrich von den Eichen, S. (2010 b): Zum (richtigen) Umgang mit dem Kommenden, Interview mit Tom Sommerlatte, in: IMP Perspectives, 2: 19-26

Friedrich von den Eichen, S./Matzler, K. (2012): Disruptive Innovationen erfolgreich managen, Symposion Publishing, Düsseldorf

Friedrich von den Eichen, S., Labriola, F., Wasner, R. (2007): Wann sich Innovationen lohnen, Harvard Business Manager, Dezember: 44–55

Matzler, K. Bailom, F., Friedrich von den Eichen, S., Thomas Kohler (2013): Business Model Innovation: Coffee Triumphs for Nespresso, in: Journal of Business Strategy (in Druck)

Dr. Stephan Friedrich von den Eichen

Sprecher der Geschäftsleitung Innovative Management Partner (IMP)

Dr. Stephan Friedrich von den Eichen hat Wirtschaftsingenieurwesen und Betriebswirtschaftslehre an den Universitäten Karlsruhe und Mannheim studiert; Doktorat im Bereich strategische Unternehmensführung; Forschungsaufenthalte an den Universitäten St. Gallen, Innsbruck und an der University of California, Berkeley. 20 Jahre Managementberatung; u.a. Partner und Leiter Geschäftsbereich „Strategy & Organization" bei Arthur D. Little sowie Partner und Mitglied der Geschäftsleitung am Malik Management Zentrum, St. Gallen; Lehrbeauftragter an der Universität Bremen und im Executive Master of Business Innovation an der European Business School, Oestrich-Winkel. Autor von zahlreichen Buch- und Aufsatzpublikationen; Vortragender auf Konferenzen und Firmenanlässen. Als Managing Partner der Managementberatung IMP (Innovative Management Partner) mit Sitz in München, Innsbruck, Zürich, St. Gallen, Bratislava und Williamsburg (USA) begleitet er heute Führungskräfte und führende Unternehmen bei der Strategieformulierung, dem Abgleich zwischen Strategie und Innovation, dem Aufbau von wirksamen Innovationssystemen und der Mobilisierung von Organisationen im Sinne der Innovation.

Dipl. Kfm. Niels Cotiaux

Project Manager Innovative Management Partner (IMP)

Niels Cotiaux hat Betriebswirtschaftslehre an den Universitäten München und Montreal studiert. fünf Jahre Praxiserfahrung als Market Researcher, Robert Bosch GmbH, Tokio (Japan), Vorstandsassistent Marketing & Vertrieb, Willy Bogner GmbH, München sowie Head of Promotion & Sponsoring, Willy Bogner GmbH, München. vier Jahre Innovationsberatung bei Innovative Management Partner in München mit dem Fokus auf (kompetenzbasierte) Identifikation neuer Wachstumsfelder mittels unterschiedlichster Kreativitätstechniken – basierend auf dem Design Thinking-Gedanken – und der anschließenden Überführung in tragfähige und nachhaltige Geschäftslogiken.

Dr. Klaus Wildhirt

Project Manager Innovative Management Partner (IMP)

Dr. Klaus Wildhirt hat Wirtschaftswissenschaften und Betriebswirtschaftslehre an der Ruhr-Universität Bochum und der Ludwig-
Maximilians-Universität München studiert; Promotion im Bereich
Innovations- und Wissensmanagement an der Universität zu Köln
und Aufenthalt an der RWTH Aachen. Unternehmensgründer und
langjährige Tätigkeit in der Managementberatung. Autor von
zahlreichen Buch- und Aufsatzpublikationen und Vortragender auf Konferenzen. Als Pro-
jektmanager der Managementberatung IMP (Innovative Management Partner) mit Sitz in
München, Innsbruck, Zürich, St. Gallen, Bratislava und Williamsburg (USA) begleitet er
heute Führungskräfte und führende Unternehmen bei der Strategieformulierung, dem
Abgleich zwischen Strategie und Innovation, dem Aufbau von wirksamen Innovations-
und Wissensmanagementsystemen und der Mobilisierung von Organisationen im Sinne
der Innovation.

8 Collaborative Consumption: Teilen statt Besitzen

Wie Unternehmen das Phänomen der Sharing Economy für sich nutzen können

Univ.-Prof. Dr. Kurt Matzler, Viktoria Veider, Wolfgang Kathan

Abstract

„Teilen ist postmodern und cool, Besitz hingegen ein Auslaufmodell", meinen Rachel Botsman und Roo Rogers und deuten dabei einen gesellschaftlichen Wandel an, der nicht zuletzt durch die steigende Präsenz des World Wide Web an Bedeutung gewinnt. Die sogenannte „Sharing Economy" ist dabei nicht nur ein digitales Phänomen. Immer mehr Menschen erkennen den gesteigerten Wert, sich von den Lasten des Besitzes zu verabschieden und Dinge nur dann zu nutzen, wenn sie auch wirklich gebraucht werden. Das Phänomen des „Co-Konsums", wie es auch genannt wird, erweitert in enormer Geschwindigkeit seine globale Präsenz, verändert dabei nicht nur radikal das Verhalten von Konsumenten, sondern stellt folglich eine große Herausforderung für traditionelle Geschäftsmodelle dar. Trotz der Gefahren bietet diese disruptive Art des Konsums jedoch zugleich neue Wege für Geschäftsmodellinnovation.

Keywords:
Sharing Economy, Co-Konsum, Geschäftsmodellinnovation

8.1 Einleitung

Alternative Formen des Konsums sind grundsätzlich keine Neuerscheinung. Bereits die Grundformen des menschlichen Handelns basierten auf dem Austausch von Waren und Dienstleistungen. Und genau diese Art des Nutzens von Gütern ist es, die traditionellen Marktformen in Zukunft wieder in die Quere zu kommen scheint. Was sich geändert hat ist die Effizienz und Einfachheit, mit der Besitzer und Benützer Gebrauchsgüter heutzutage an den Mann bringen. Mithilfe sozialer Medien und dem Internet ist es ein Leichtes, alternative Konsumformen traditionellem Besitz vorzuziehen. Die Frage, die sich stellt, ist, wie es Unternehmen schaffen „Teilen statt Kaufen" für sich zu nutzen, anstatt diesen Trend als Bedrohung anzusehen.

8.1.1 Problemstellung

Die Rahmenbedingungen, unter denen Unternehmen in der „Sharing Economy" operieren, unterscheiden sich radikal von herkömmlichen Formen des Wirtschaftens. Kaufen und Besitzen werden immer mehr von Verleihsystemen abgelöst. Organisationen sind angehalten Wege zu finden, die es ihnen ermöglichen von diesem Trend zu profitieren, anstatt von ihm verdrängt zu werden.

8.1.2 Ziel

Anhand der vorliegenden Untersuchung soll gezeigt werden, welche Möglichkeiten Unternehmen haben, die Sharing Economy nicht nur als Bedrohung sondern viel mehr als Chance zu sehen, um zukünftig von alternativen Konsumformen profitieren zu können. Anhand der Ergebnisse einer empirischen Studie sollen Einblicke in bestehendes und zukünftiges Co-Konsumverhalten gegeben werden, um das Potenzial der Sharing Economy aufzuzeigen. Unter Verwendung von Fallbeispielen wird anschließend aufgezeigt, wie bereits bestehende Lösungen auch für etablierte Unternehmen anwendbar sind.

8.1.3 Methode:

Die Sharing Economy bedarf eines Umdenkens. Wir untersuchen, welche Konsequenzen dieser Trend für Unternehmen mit sich bringt und wie sich Aktivitäten und Konsumentenbeziehungen dadurch verändern.

8.2 Warum Besitz an Attraktivität verliert

Alternative Formen des Besitzes halten bereits seit längerem Einzug in unser Konsumverhalten und rücken Eigentum, die dominierende Form Produkteigenschaften zu nutzen, in den Hintergrund (vgl. Lamberton und Rose 2012). Anstatt Produkte zu kaufen und den alleinigen Besitz für sich zu beanspruchen, kann eine steigende Präferenz des Kunden hin zu temporären Formen der Nutzung beobachtet werden (vgl. Chen 2009 und Marx 2011). Die Reichweite dieser neuen Art des Konsums kennt hierbei keine Grenzen. So werden Gebrauchsgüter gemeinsam gekauft und/oder genutzt, oder auch temporär verliehen. Getauscht werden kann hierbei sowohl digital, als auch in reeller Form. Von der gemeinsamen Nutzung von Musik und Software, bis hin zum Verleihen von Autos, dem Teilen von Land, oder dem Vermieten von kurzfristig freien Arbeitsplätzen – Sharing ermöglicht eine große Bandbreite an Tauschaktivitäten und stellt vor allem durch die Organisation über das Internet ein nicht vernachlässigbares Phänomen dar. Ganz im Gegenteil: bereits im Jahr 2010 wurde das wirtschaftliche Potenzial des Teilens auf über 100 Milliarden US-Dollar jährlich geschätzt, Tendenz steigend (vgl. Sacks 2010).

8.2.1 Entwicklung des Sharings

Wie bereits erwähnt, wird Teilen vor allem durch technologische Errungenschaften, und die Entwicklungen des Web 2.0 ermöglicht (vgl. Anderson 2013). Die Evolution wird in vier Phasen geteilt:

- Open Source Bewegung,

- Web 2.0,

- Soziale Netzwerke und

- Co-Konsum (vgl. Botsman und Rogers 2011).

Während sich in Generation 1, auch Open Source Bewegung genannt, vor allem die gemeinschaftliche Entwicklung von Programmiercodes vorantrieb, integrierten Web 2.0 Funktionalitäten auch den gewöhnlichen Internet-Endanwender in die Aktivitäten und Interaktionen des World Wide Webs. Via Foren und anderen Formen dynamisch veränderbarer Inhalte, konnte sich ein breites Spektrum der Gesellschaft erstmals aktiv einbringen. Dies stellt auch die Voraussetzung für die Geburt der sozialen Netzwerke dar, in denen auf digitaler Basis eine Vernetzung von Personen erfolgte, die das Teilen von Inhalten wie Aktivitäten, Bildern, Videos und Lebenssituationen ermöglicht. Generation vier baut zwar auf diesen technologischen und digitalen Entwicklungen auf, der Kern der Aktivitäten passiert jedoch in der realen Welt. Die Idee des Co-Konsums, das Teilen und gemeinschaftliche Benützen von Gebrauchsgütern, ist dabei simpler Natur. Ressourcen, die nicht vom Eigentümer genutzt werden, stellen vergeudetes Potenzial dar, das durch gemeinschaftliche Nutzung oder Verleihen des Gutes wieder an Mehrwert gewinnt (vgl. Chesborough 2010).

Obgleich diese soziale Form des Konsums eine positive Entwicklung im Sinne des Gemeinwohls darstellt, bedeutet sie für Unternehmen gleichzeitig eine immense Bedrohung für vorhandene Geschäftsmodelle. Gleichzeitig zeigt die Geschwindigkeit, in der sich gemeinschaftliches Teilen entwickelt und organisiert, wie wichtig eine Beachtung dieses Trends für zukünftige Entscheidungen und Aktivitäten darstellt. Unternehmen sind angehalten die Vorteile des Sharings in Form von reduzierten Kosten bei gleichzeitiger Erhöhung von Komfort und Umweltbewusstsein so für sich zu nutzen, dass Sharing nicht mehr eine Bedrohung, sondern vielmehr eine Chance für zukünftige Aktivitäten darstellt.

8.2.2 Sharing als attraktive Alternative zu herkömmlichem Besitz

Besitz und Eigentum stellen im traditionellen Werteverstehen das normative Ideal des Konsums dar, da es die günstigste und sicherste Form der Kapitalakkumulation darstellte (vgl. Bardhi und Eckhardt 2012). Die Modalitäten des Sharings eröffnen jedoch Möglichkeiten für den Konsumenten, die die Stigmatisierung des Teilens als mindere Art der Güternutzung immer mehr verblassen lassen. Zentral für diesen Umschwung im soziopolitischen Umfeld des Konsums ist dabei auch der Konsument selbst. Eigentum scheint immer unwichtiger für die eigene Identität zu werden und verliert daher an Wert für den Besitzer. Der Grund hierfür liegt darin, dass viele Dinge die heutzutage als wertvoll angesehen werden, nicht unbedingt physischer sondern vielmehr virtueller Natur sind, wie beispielsweise Reputation oder Wissen (vgl. Garcia 2013). Auch der Trend hin zu flexibleren und anpassungsfähigen Lifestyles, sowie einer Re-Urbanisierungstendenz sind nicht zuletzt ein Grund, warum Besitz immer mehr an Attraktivität verliert (vgl. Cheshire et al. 2010). Letztlich ist es auch die Konfluenz einer Reihe von ökonomischen Einbrüchen, welche die Kosten von Eigentum in die Höhe treibt.

Das Bespiel des gewöhnlichen Autobesitzes zeigt, wie hoch die Diskrepanz zwischen aktueller Nutzung eines Fahrzeuges und den tatsächlich entstehenden Kosten ist. Chesbrough (2010) zeigt z. B., dass ein durchschnittlicher PKW-Besitzer sein Kraftfahrzeug im Jahr rund 400 Stunden benützt. Auf ein Jahr, mit seinen 8.760 Stunden, ergibt das eine Auslastungsrate von 4,6 Prozent. Das ungenützte Potenzial eines Kraftfahrzeugs beträgt somit im Durchschnitt über 95 Prozent, wobei weitere Kosten des PKW-Eigentums, wie z. B. Versicherungen, Parken und Reparaturen, noch nicht berücksichtigt sind. Das Kosten-Auslastungsverhältnis in Betracht ziehend, ist Eigentum in diesem Fall nicht nur unwirtschaftlich, sondern stellt teilweise sogar einen Störfaktor dar. Als Folge wird Co-Konsum von Gebrauchsgütern immer mehr mit einem „intelligenten und flexiblen Konsumenten" assoziiert, welcher nicht nur die konventionellen Nachteile des Eigentums eliminiert, sondern diesen Personen auch ermöglicht, ideologische Motive, wie Umweltbewusstsein und der Teilhabe an einer Gemeinschaft, mit rationalen Motiven wie Kostenreduktion und flexibler Nutzung, zu verbinden (vgl. Devinney et al. 2010).

8.2.3 Formen des Sharings

Sharing oder Co-Konsum, also die Zugänglichkeit zu Gebrauchsgegenständen ohne sie zu besitzen, wird in drei große Bereiche gegliedert:

■ Produkt-Service Systeme

- Re-Distributionsmärkte

- Lifestyle-Kollaborationen (vgl. Botsman und Rogers 2011)

Produkt-Service Systeme ermöglichen Mitgliedern Produkte von Unternehmen, als auch von Privatpersonen zu nutzen. Beispiele sind konventionelle Autovermietungen sowie Peer-to-Peer Tauschplattformen, bei denen Eigentum entweder geteilt, oder eine temporäre Nutzung ermöglicht wird. Der zweite Bereich, *Re-Distribution*, bezeichnet alle Vorgänge, in denen Eigentum und nicht nur die Nutzungsmöglichkeit übertragen wird. Gerade Plattformen in sozialen Netzwerken erlauben die Verknüpfung von Eigentümern, deren Gegenstände Wert und Nutzen für sie verloren haben, mit jenen, deren Bedürfnisse genau jene Güter beinhalten. Die dritte Sharing-Kategorie – *Lifestyle-Kollaborationen* – beinhaltet alle Aktivitäten, in denen Personen ähnliche Interessen teilen und sich gegenseitig Ressourcen wie Geld, Raum oder Zeit zur Verfügung stellen. Lifestyle-Kollaborationen reichen dabei von der gemeinschaftlichen Nutzung von Garten und Land, bis hin zum Teilen und Zurverfügungstellung von besonderen Kenntnissen oder Fertigkeiten.

Gerade bei Re-Distributionsmärkten sowie Lifestyle-Kollaborationen wird der Konsum, der vorher vom Markt mediiert wurde, durch marktfreies und kollaboratives Teilen ersetzt. Produkt-Service Systeme sind jedoch nicht unbedingt sozial und altruistisch, sondern basieren oft auf rein rationalen und wirtschaftlichen Motiven (vgl. Belk 2010). Genau in diesem Bereich des Co-Konsums eröffnen sich für Unternehmen neue Möglichkeiten an der Sharing Economy teilzuhaben.

8.3 Empirische Studie

Im August 2013 führte ein Projektteam des Instituts für Strategisches Management der Universität Innsbruck im Auftrag der Tiroler Sparkasse eine Erhebung zum Thema „Sharing Economy" durch. Hierbei wurden 429 Personen in allen Bezirken Tirols befragt, die hinsichtlich ihres Alters, Geschlechts und Bildungsstands einen repräsentativen Querschnitt der Tiroler Bevölkerung darstellen. Mangels wissenschaftlicher Erhebungen zu diesem Thema, zielte das Projekt darauf ab, das bisherige und zukünftige Potenzial von Co-Konsum Aktivitäten zu ermitteln.

8.3.1 Teilen von Online Inhalten

In einem ersten Schritt wurde das Nutzungsverhalten der Studienteilnehmer hinsichtlich des Teilens von virtuellen Inhalten untersucht. Präziser wurde gefragt, welche der vorgegebenen Möglichkeiten des Teilens von Online-Inhalten (wie z. B. dem Verfassen von Produktrezensionen oder Reiseerfahrungen) innerhalb des letzten Jahres genutzt wurden. Die Ergebnisse, die nach zwei Altersgruppen aufgeteilt wurden, sind in **Abbildung 8.1** dargestellt.

Abbildung 8.1   Sharing Verhalten von Onlineinhalten nach Altersgruppen

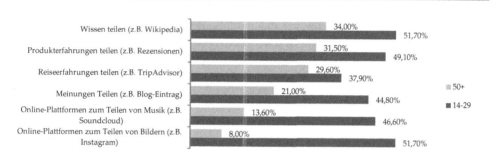

Zwar liegt die jüngere Gruppe der 14- bis 29-Jährigen, die auch als „Digital Natives" (vgl. Prensky 2001) bezeichnet wird, bei ihrer Nutzung der Online-Sharing Plattformen deutlich über der älteren Gruppe, dennoch ist das Nutzungsverhalten der älteren Gruppe überraschend hoch. Während das Teilen von Wissen bei beiden Gruppen gleichermaßen beliebt ist, unterscheiden sich die Generationen am deutlichsten, wenn es um das Teilen von Bildern geht (hier stehen 51,7 Prozent der jüngeren Gruppe, acht Prozent der älteren Gruppe gegenüber). Das Teilen von Inhalten im World Wide Web scheint für einen großen Teil der Bevölkerung bereits zum Alltag des „Surfens" zu gehören.

8.3.2   Mieten und Leihen anstatt zu Kaufen

Wie verhält sich das Offline Verhalten der Teilnehmer hinsichtlich dem Mieten und Leihen von Objekten? Hierfür wurden die Teilnehmer befragt, welche kommerziellen Verleih- bzw. Mietangebote innerhalb des letzten Jahres genutzt wurden, bzw. bei welchen man sich vorstellen konnte, diese in Zukunft vermehrt zu nutzen. Die Ergebnisse zeigen das Nutzungsverhalten des letztens Jahres hinsichtlich verschiedener Leih- und Mietangebote, respektive die zukünftige Bereitschaft hierfür, die wiederum in allen Fällen deutlich über dem bisherigen Nutzungsverhalten liegt (Fünf-Punkte-Skala; Prozentsatz der Befragten, die mit „ja, sicher" und „eher ja" geantwortet haben).

Abbildung 8.2   Leihen und mieten anstatt zu kaufen

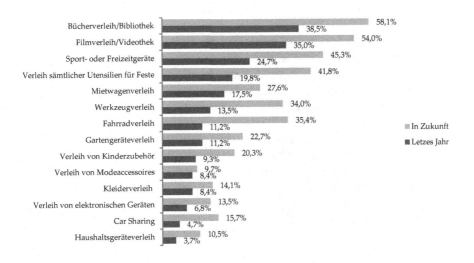

Klassische Leihobjekte wie Bücher oder Filme, die in konventionellen Bibliotheken und Videotheken geliehen werden können, stellen auch in Zeiten von E-Books und Streaming Diensten die verbreitetsten Leih- und Mietobjekte dar. Die bisherige Nutzung von Carsharing Angeboten liegt mit 4,7 Prozent im untersten Bereich, jedoch weist Carsharing die prozentual höchste Steigerung für potenzielles zukünftiges Nutzen (15,7 Prozent) auf, gefolgt vom Verleih von Fahrrad- und Haushaltsgeräten. Bei Hinzunahme des Bildungsniveaus der Befragten zeigt die Auswertung, dass Konsumenten mit höherem Bildungsabschluss eine größere Tendenz aufweisen. „Höherer Bildungsabschluss" inkludiert alle Befragten, die mindestens eine höhere Schulausbildung (z. B. Abitur/Matura) abgeschlossen haben. Die Betrachtung des Alters der Befragten hinsichtlich der Leih- und Mietpräfenzen zeigt, dass diese Bereitschaft mit steigendem Alter tendenziell eher abnimmt.

8.3.3   Peer-to-Peer Sharing

In einem letzten Schritt wurde die Einstellung hinsichtlich des Ein- bzw. Verkaufs von Gütern zwischen Privatpersonen über Online Plattformen untersucht. Hierfür wurden die Teilnehmer der Studie befragt, welche der aufgelisteten Produkte in Zukunft möglicherweise von Privatpersonen (gebraucht oder neuwertig) über Online-Plattformen erworben werden. Die Ergebnisse, aufgeteilt nach zwei Altersgruppen, sind in **Abbildung 8.3** aufgelistet.

Abbildung 8.3　　Potenzieller zukünftiger Kauf und Verkauf zwischen Privatpersonen nach Altersgruppen

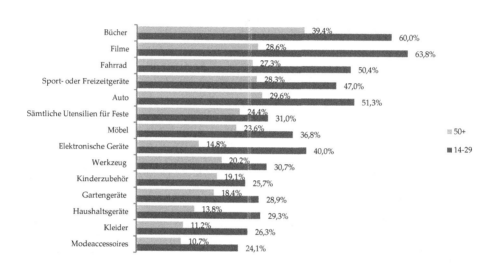

Die Altersgruppe der 14- bis 29-Jährigen ist, wie zu erwarten, wesentlich gewillter, zukünftig Güter über Online-Plattformen von oder an Privatpersonen zu kaufen oder zu verkaufen. Wenn auch in unterschiedlicher Reihenfolge, sind Bücher, Filme und Autos für beide Altersgruppen die Objekte, die am ehesten für Peer-to-Peer Sharing in Frage kommen. Am wenigsten unterscheiden sich die beiden Gruppen bei Kinderzubehör, Utensilien für Feste, Gartengeräte oder Werkzeuge.

8.4　　Implikationen

Basierend auf dem steigenden Interesse Sharing für sich zu nutzen, stellt sich die Frage, inwieweit Unternehmen das Potenzial des Co-Konsum in traditionelle Geschäftsmodelle integrieren können. Anhand der folgenden Fallbeispiele soll aufgezeigt werden, wie etablierte Unternehmen die Bedrohung der Sharing Economy als Chance für neue Geschäftsaktivitäten nutzen.

8.4.1　　Nutzen statt Verkaufen

Konventionelle Geschäftsmodelle basieren meist auf der Veräußerung von Gütern. Wie bereits erläutert basiert der Grundgedanke der Share Economy jedoch unter anderem darauf, Güter zu nutzen anstatt sie zu besitzen.

Fallbeispiel:

Mit der Gründung des Carsharing-Services „Car2Go" zeigte Daimler als etablierter Fahrzeughersteller, wie der Nutzen eines Produkts und nicht das Produkt selbst – in diesem Falle das Auto – verkauft werden kann. Gestartet im Jahr 2008, kann Car2Go 2014 bereits 600.000 Kunden und 10.500 Fahrzeuge in 26 Städten in Europa und Nordamerika aufweisen (vgl. Daimler 2014). Der Einstieg weiterer großer Autohersteller wie BMW oder Peugeot in den Carsharingmarkt zeigt, dass die Integration von Co-Konsum in das Geschäftsmodell, eine vielversprechende Idee scheint.

8.4.2   Kunden im Wiederverkauf unterstützen

Mit der Redistribution von Gütern, bei der nicht mehr benötigte Produkte zwischen den Teilnehmern des Systems getauscht oder verkauft werden, widerspricht dieser Sharing Economy Ansatz zunächst den klassischen Vorstellungen eines produzierenden Unternehmens, welches im Normalfall darauf bedacht ist, möglichst viele seiner Produkte zu verkaufen. Jedoch zeigt sich, dass hierbei vielleicht ein gewisses Umdenken nötig ist, um langfristig wettbewerbsfähig zu bleiben.

Fallbeispiel:

2011 startete der Funktionskleidungshersteller Patagonia eine Kampagne Namens „Common Threads Partnership" (vgl. Patagonia 2014), bei der dessen Kunden dazu aufgerufen sind, ihre Patagonia Produkte auf der Plattform wiederzuverkaufen, was auf den ersten Blick potenzielle Kunden wegzunehmen scheint. Neben Beweggründen des Marketings und Corporate Social Responsibility, nutzt diese Kampagne jedoch die Gedanken des Co-Konsums, in dem es Kunden erleichtert ihre hochwertigen Produkte weiterzuverkaufen, um dadurch Liquidität für neue Patagonia Produkte zu schaffen.

8.4.3   Ressourcen und Kapazitäten nutzen

Co-Konsum kann helfen Ressourcen und Kapazitäten effizienter auszunutzen. Dies gilt nicht nur für die Endnutzer sondern auch für die Unternehmen selbst.

Fallbeispiel:

Online Plattformen wie „Liquidspace" ermöglichen es Unternehmern die Planung der Arbeitsplatz ihrer Mitarbeiter flexibler zu gestalten, indem überschüssige Arbeitsplätze an externe Liquidspace Nutzer vermietet werden oder mangelnde Arbeitsplätze bei anderen Unternehmen gemietet werden können (vgl. Liquidspace.com). Vergleichbar mit AirBnB, bei dem zwischen privaten Nutzern Übernachtungskapazitäten vermittelt werden, können im B2B Bereich bei steigender Mitarbeiterflexibilität zugleich Kosten gespart werden.

8.4.4 Potenzial von Reparatur- und Wartungsangeboten erkennen

Das Angebot von Produkt-Service-Systemen stellte neue Anforderungen, aber auch gleichzeitig Möglichkeiten dar. So bringt die Mehrfachnutzung und höhere Auslastung von Produkten eine höhere Nachfrage an Reparatur und Instandhaltungsdienstleistungen mit sich, die für Unternehmen wiederum eine Chance der Umsatzgenerierung darstellen können.

Fallbeispiel:

Ein Beispiel für die Erweiterung um eine Wartungs- und Servicesparte ist der US-amerikanische Unterhaltungselektronik-Händler „Best Buy" und seine Tochter „Geek Squad" (vgl. Gansky 2010). Geek Squad betreut mit seinen ca. 20.000 technischen Servicemitarbeitern nicht nur Best Buy Kunden. Im Gegenteil, Best Buy hat die Bedeutung von Serviceleistungen zur Erhaltung von Produkten erkannt und verbindet dies geschickt mit dem Verkauf zusätzlicher Dienstleistungen und Upgrades.

8.4.5 Neukunden durch Co-Konsum generieren

Auch durch indirekte Maßnahmen können Unternehmen von der Sharing Economy profitieren. So stellen die verschiedenen Formen des Co-Konsums auch ein großes Potenzial für Marketing Aktivitäten und Kundenakquise dar.

Fallbeispiel:

Der Getränke und Lebensmittelhersteller PepsiCo nutzte für eine Werbekampagne seines Produktes „Pepsi Next" die Co-Konsum Plattform „TaskRabbit", die es ihren Mitgliedern ermöglicht, gegenseitig entgeltlich verschiedene Dienstleistungen anzubieten. Mit ihrer „Extra hour" Kampagne verloste Pepsi unter mehreren Teilnehmern eines Gewinnspiels die symbolische 25. Stunde des Tages in Form einer Stunde, die bei TaskRabbit eingelöst werden kann (vgl. Taskrabbit 2012) und verknüpft somit gekonnt ihr Produkt mit dem Co-Konsum Trend, um die passende Zielgruppe anzusprechen.

8.4.6 Co-Konsum als Chance für die Entwicklung innovativer Geschäftsmodelle

Das letzte Beispiel zeigt wie Unternehmen ihr Geschäftsmodell in der Sharing Economy radikal umstellen können, um zu bestehen oder zu wachsen.

Fallbeispiel:

Ein Schweizer Bergbauer kam 1998 auf die Idee seine Kühe an Privatpersonen zu verleasen, um im sich verändernden Markt bestehen zu können (vgl. Schwegler 2011). Dieser Ansatz, der inzwischen dazu führt, dass all seine 150 Kühe an Kunden weltweit vermietet sind, bringt dem Betreiber zum einen, garantieren direkten Absatz durch die Mindestabnahme an Käse pro Kuh, zum anderen bescheren weitere neue Dienstleistungen des Leasingangebots zusätzliche Einnahmen. Dies zeigt, dass Kunden bereit sind, für das Erlebnis des Nutzens eines Gutes und des daraus entstehenden Produkts, das sie im Normal nicht besitzen können, einen entsprechenden Preis zu bezahlen.

8.5   Fazit

Sowohl die Ergebnisse der Studie, als auch die präsentieren Fallbeispiele zeigen das Potential und verschiedene Möglichkeiten auf, die sich durch einen Trend der Veränderung des Konsums hin zum Teilen eröffnen. Die Fallbeispiele etablierter Unternehmen zeigen, dass selbst Firmen, die ihre Prozesse und Geschäftsmodelle nicht direkt an die Share Economy anpassen können, die Möglichkeit haben, neue Geschäftsbereiche oder Spin-Offs (siehe Daimler und Car2Go) zu gründen, welche auf innovativen Geschäftslogiken basieren und sogar bestehenden Geschäftsmodellen entgegengesetzt sein können.

Literatur

Anderson, G. (2013). Co-Konsum. *Financial Management (14719185)*, 42(3), 13. URL: http://search.ebscohost.com/login.aspx?direct=true&db=buh&AN=87074880&site=ehost-live

Belk, R. W. (2010). Sharing. *Journal of Consumer Research, 36*(5), 715–734

Bardhi, F., & Eckhardt, G. M. (2012). Access-Based Consumption: The Case of Car Sharing. *Journal of Consumer Research, 39*(4), 881–898

Botsman, R., & Rogers, R. (2011). What's mine is yours: How Co-Konsum is changing the way we live. London: Collins.

Chen, Y. (2009). Possession and Access: Consumer Desires and Value Perceptions Regarding Contemporary Art Collection and Exhibit Visits. *Journal of Consumer Research, 35*(6), 925–940

Chesbrough, H. (2010). Open services innovation: Rethinking your business to grow and compete in a new era: John Wiley & Sons.

Cheshire, L., Walters, P., & Rosenblatt, T. (2010). The Politics of Housing Consumption: Renters as Flawed Consumers on a Master Planned Estate. *Urban Studies, 47*(12), 2597–2614

Daimler (2014). Ciao Roma! car2go startet in Rom. URL: http://media.daimler.com/ dcmedia/0-921-614319-49-1679715-1-0-0-0-0-1-0-1549054-0-1-0-0-0-0-0.html

Devinney, T. M., Auger, P., & Eckhardt, G. M. (2010). *The Myth of the Ethical Consumer Hardback with DVD*. Cambridge: Cambridge University Press.

Gansky, L. (2010). The mesh: Why the future of business is sharing. Penguin.

Garcia, H. (2013). Consumption 2.0. *Futurist, 47*(1), 6–8. URL: http://search.ebscohost.com/login.aspx?direct=true&db=buh&AN=84022839&site=ehost-live

Lamberton, C. P., & Rose, R. L. (2012). When Is Ours Better Than Mine? A Framework for Understanding and Altering Participation in Commercial Sharing Systems. *Journal of Marketing, 76*(4), 109–125

Marx, P. (2011). *The Borrowers: Why buy when you can rent?* URL: http://www.newyorker.com/reporting/2011/01/31/110131fa_fact_marx

Patagonia (2014). Common Threads Partnership. URL: http://www.patagonia.com/us/common-threads/

Prensky, M. (2001). Digital Natives, Digital Immigrants Part 1. *On the Horizon, 9*(5), 1–6.

Sacks, D. (2011). The Sharing Economy. *Fast Company,* (155), 88–131. URL: http://search.ebscohost.com/login.aspx?direct=true&db=buh&AN=60036724&site=ehost-live

Schwegler, D. (2011). Kuhleasing Eine Kuh für Fr. 380.-. URL: http://www.beobachter.ch/natur/flora-fauna/rubriken/landwirtschaft/artikel/kuhleasing_eine-kuh-fuer-fr-380/

Taskrabbit (2012). The Pepsi Next Extra Hour. URL: http://blog.taskrabbit.com/2012/10/16/the-pepsi-next-extra-hour-sweepstakes-powered-by-taskrabbit/

Univ.-Prof. Dr. Kurt Matzler

Universitätsprofessor, wissenschaftlicher Leiter des Executive MBA-Programmes des MCI in Innsbruck und Partner der Beratung IMP

Kurt Matzler ist Professor für Strategisches Management an der Universität Innsbruck. Seine Forschungsschwerpunkte liegen in den Bereichen Strategie, Innovation, Co-Creation, Open Strategy, Sharing Economy und M&A. Er weist Gastprofessuren bzw. Forschungsaufenthalte an der Wharton School, University of Pennsylvania, Fairfield University Connecticut, Southeast Missouri State University und Bocconi Universität Mailand auf. Er ist Autor bzw. Herausgeber von mehr als 20 Büchern und Verfasser von über 200 wissenschaftlichen Aufsätzen, unter anderem in Zeitschriften wie Strategic Management Journal, MIS Quarterly, Journal of Product Innovation Management, MIT Sloan Management Review, Marketing Letters, Industrial Marketing Management, usw. Kurt Matzler gehört, gemessen an seinen Forschungsleistung, laut einer aktuellen Studie (Schmalenbach Business Review, Meyer et al. 2012) zu den besten drei Marketingprofessoren des deutschsprachigen Raumes.

Viktoria Veider, M.Sc., B.Sc., B.Sc.

Universitätsassistentin am Institut für Strategisches Management der Universität Innsbruck

Viktoria Veider ist seit Oktober 2012 wissenschaftliche Universitätsassistentin am Institut für Strategisches Management der Universität Innsbruck. Neben ihren betriebswirtschaftlichen Bachelor- und Masterstudien an der WU Wien und der Universität Innsbruck, besitzt sie auch einen Bachelorabschluss des Gesundheits- und Leistungssports der Universität Innsbruck. Ihre Forschungsschwerpunkte liegen im Bereich der strategischen Entscheidungsfindung in Familienunternehmen und im Bereich Innovation sowie Sharing Economy.

Wolfgang Kathan, M.Sc., B.Sc.

Universitätsassistent am Institut für Strategisches Management der Universität Innsbruck

Wolfgang Kathan ist seit März 2013 wissenschaftlicher Universitätsassistent am Institut für Strategisches Management der Universität Innsbruck. Seinem Bachelor der Betriebswirtschaftslehre an der LMU München folgte ein Masterstudium in Strategic Management an der Universität Innsbruck. Seine Forschungsschwerpunkte liegen im Bereich Open Innovation, User Collaboration und Sharing Economy.

9 Kommunikationskultur als Voraussetzung für erfolgreiche Geschäftsmodellinnovationen

Geschäftsmodelle werden von Kommunikations- und Unternehmenskultur, von Motivationsfaktoren und den im System agierenden Akteure getragen. Eine gelebte Kommunikationskultur ist daher ein zentraler Erfolgsfaktor in der Umsetzung von Geschäftsmodellinnovationen, wobei der Erfolgsfaktor „Empathie" einen Wettbewerbsvorteil darstellt.

Christina Fischer-Kienberger BA, MA

Abstract

Geschäftsmodelle sind Modelle – sie leben von und mit ihren Akteuren im System. Die Erkenntnisse der Neurobiologie zeigen, dass Menschen – und damit auch Mitarbeiter und Führungskräfte – auf gelungene Beziehungen ausgerichtet sind. Dahinter steckt die stärkste Motivation, die das Verhalten der Menschen so lenkt, dass sie von sich aus Ziele erreichen möchten und in der Folge kreativ und motiviert sind. Voraussetzungen, die Geschäftsmodellinnovationen benötigen. Dem Gelingen von zwischenmenschlichen Beziehungen die erforderliche Bedeutung beizumessen und sie als wesentlichen Erfolgsfaktor im innovativen Geschäftsmodell zu sehen, erreicht mehr und mehr an Bedeutung. Integrated Clarity® (integrierte Klarheit) ist ein Kommunikationsmodell, welches den wertschätzenden und empathischen Umgang sowohl im intra- und interpersonellen, als auch im unternehmerischen, organisationalen Kontext begünstigt. Geschäftsmodellinnovationen sind zum Teil Rekombinationen aus bestehenden Modellen. Sie sind eine Kombination aus Veränderung, Kreativität, Wissen, Fähigkeiten und erfordern einen zentralen Erfolgsfaktor: eine offene und veränderungsfreudige Kommunikations- und Unternehmenskultur mit entsprechenden Motivationsfaktoren. Die Kommunikation ist der Leitfaden, der im innovativen Modell eine entscheidende Rolle spielt.

Keywords:
Neurobiologie, Motivation, Motivationssysteme – reward systems, social brain, Kommunikation, Kommunikationskultur, Beziehungen, Geschäftsmodelle, Unternehmenskultur, Integrated Clarity® – integrierte Klarheit, Gewaltfreie Kommunikation, Erfolgsfaktor Empathie

9.1   Einleitung

„Alles was wir je erreicht haben, hängt von der Sprache ab und hat ihren Ursprung in ihr."

(Deutscher 2013, S. 11)

Verlieren Unternehmen, die für ihre Produkt- und Prozessinnovationen bekannt sind, den Wettbewerbsvorteil am Markt, so liegt die Vermutung nahe, dass diese Firmen es verabsäumt haben, ihr Geschäftsmodell an die globale Veränderung anzupassen. Für innovative Geschäftsmodelle ist es nach wie vor wichtig, Produkte und Prozesse zu innervieren Gleichzeitig ist es eine Kernvoraussetzung geworden, um eine langfristige Wettbewerbsfähigkeit zu sichern (vgl. Gassmann et al. 2013, S. 3). Geschäftsmodellinnovationen werden auf verschiedenste Arten implementiert: als Rekombination eines bestehenden Modells, als eigenständige Einheit in einem Unternehmen oder sie werden als eigenes, neues Unternehmen gegründet (vgl. Gassmann et al. 2013, S. 64). „Me-too" Mentalitäten reichen dafür nicht mehr aus, um sich tatsächlich von anderen Produkten oder Prozessen abzuheben (vgl. Gassmann und Friesike 2012, S. 6f.). Allen gleich ist die Notwendigkeit, dass bestimmte Fähigkeiten benötigt werden, basierend auf ausreichendem Wissen. Wissen ist somit Grundlage für ein innovatives Geschäftsmodell und wird von Menschen umgesetzt und begleitet, wobei motivierte Akteure und vorhandene Ressourcen, gebündelt in einem interaktiven und interdisziplinären Kommunikationsprozess, unabdingbar sind. Involviert werden, neben Forschung und Entwicklung, Marketing, Vertrieb, Strategien, Produktion, Logistik, Einkauf sowie Kunden und Lieferanten (vgl. Gassmann et al. 2013, S. 67). Die gelebte Unternehmenskultur gilt als Treiber des Wandels, wobei Innovationen in der Regel immer Ergebnisse von Kommunikation sind, weil es mehr und mehr der Vergangenheit angehört, dass eine einzige Person eine innovative Idee alleine entwirft. Eine offene und änderungsfreudige Unternehmenskultur bewusst durch Führung in eine innovative Richtung zu lenken, ist in Geschäftsmodellinnovationen entscheidend. Dies verlangt Zeit, Ziele, motivierte Mitarbeiter und einen bewussten Umgang mit Abweichungen sowie Vorbildwirkung seitens des Managements (vgl. Gassmann et al. 2013, S. 70f.).

Seit dem fünften Kondradieffzyklus entwickelt sich die Informationsgesellschaft, die geprägt von Vernetzung und Nutzenoptimierung ist. Zu übergreifenden Basisinnovationen zählen unter anderem Motivation und Kooperation (vgl. Nefiodow 2006, S. 14 und S. 244). Die Informationsgesellschaft ist gekennzeichnet durch produktive, effektive und effiziente Informationsflüsse, deren Verbesserung als Produktivitätsreserven in Betrieben verborgen liegen und die hauptsächlich in den Bereichen soziale Interaktion, Motivation, Beratung, Kooperation, Führung, Kreativität und Kommunikation liegen (vgl. Nefiodow 2006, S. 26f.).

9.2   Menschliche Motivationssysteme

Wie entsteht Motivation und welche körpereigenen Stoffe spielen eine Rolle im menschlichen Organismus? Die Neurobiologie hat in den letzten Jahren Erkenntnisse gewonnen, die eine zentrale Rolle in Bezug auf die menschliche Motivation und das Miteinander spielen. Aus betriebswirtschaftlicher Sicht betrachtet, ein hilfreiches und förderliches Wissen, um Unternehmenskommunikation und -kultur durch die neurobiologischen Erkenntnisse zu fördern.

Ein starkes Verlangen gehört zu den attraktivsten Lebenserfahrungen, sofern es nicht krankhaft ist. Die körpereigenen Motivationssysteme wurden durch Beobachtung von Kranken erforscht. Dass es im Menschen ein biologisch verankertes Motivationssystem gibt, weiß man unter anderem durch die Entdeckung von Neuroleptika (Stoffe, die zum Verlust der Antriebskraft führen) und durch die Erforschung von Suchtmitteln. Die Struktur der Motivationssysteme liegt im Mittelhirn und ist über Nervenbahnen mit anderen Hirnregionen verbunden, von denen entweder Informationen erhalten oder Impulse ausgesandt werden. Besonders enge Verbindungen bestehen zum Emotionszentrum. Treffen dort Informationen ein, die Ziele in Aussicht stellen, für die es sich lohnt, einen Einsatz zu zeigen, „springt" das Motivationssystem an. Ein Botenstoff, der dabei frei wird, ist das Dopamin, das zu Konzentration und Handlungsbereitschaft führt. Zusätzlich werden endogene Opioide freigesetzt, die in ihrer feinen Abstimmung einen positiven Effekt auf die eigene emotionale Gestimmtheit und Lebensfreude sowie zusätzlich noch eine schmerzstillende Wirkung haben. Der dritte Botenstoff ist das Oxytozin. Oxytozin hat sowohl Ursache als auch Wirkung in Bindungserfahrungen. Es wird ausgeschüttet, wenn es zu einer vertrauten Begegnung kommt und wirkt erneut oder stabilisierend, wenn es zu einer neuerlichen Begegnung kommt, die vormals zur Ausschüttung von Oxytozin geführt hat. Oxytozin stabilisiert somit aus neurobiologischer Sicht Vertrauen. Insgesamt sind es die Antriebsaggregate des Lebens, die als „Motivations- oder Belohnungssysteme" bezeichnet werden (vgl. Bauer 2008, S. 26ff.).

Welche natürlichen Voraussetzungen braucht es nun, um das „Motivationssystem" anzuregen? Die Freisetzung von Botenstoffen ist an eine bestimmte Voraussetzung gebunden. Motivation ist zielgerichtet und versetzt den Menschen in die Lage, durch eigenes Verhalten günstige Bedingungen zu schaffen, um die in Aussicht gestellten Ziele zu erreichen. Damit erhalten die „Motivationssysteme" ihren eigentlichen Sinn. „Reward systems", wie sie im Englischen genannt werden, lenken den Menschen in seinem Verhalten. Die natürlichen Ziele der „reward systems" sind soziale Gemeinschaft und gelingende Beziehungen mit anderen Menschen – also jegliche Form sozialen Zusammenwirkens. Damit ist der Kern der menschlichen Motivation, die zwischenmenschliche Anerkennung und Wertschätzung, festgelegt. Soziale Resonanz und Kooperation sind die Grundlage für zwischenmenschliches Dasein – der Nutzen des sozialen Gehirns oder „social brain". Studien zeigen, dass Menschen nichts mehr motiviert, als der Wunsch, von anderen gesehen zu werden und die Aussicht auf soziale Anerkennung. Fehlt die soziale Anerkennung oder Zuwendung, schalten die Motivationssysteme ab. Verlustereignisse bringen die Motivation ins Schwanken.

Aus der Sicht des Gehirns werden im Alltag sämtliche Ziele mit der Absicht verfolgt, dass zwischenmenschliche Beziehungen entstehen oder erhalten bleiben (vgl. Bauer 2008, S. 35ff.).

Darüber steht das Bemühen, als Person gesehen zu werden – also Anerkennung. Gelingende Beziehungen und Kooperation erhöhen die Motivationsbereitschaft. Ein auf Transparenz, Fairness und Vertrauen basierender Führungsstil wirkt sich positiv auf die Mitarbeiter aus – sowohl physisch als auch psychisch – und ist die Voraussetzung für Motivation. Drei entscheidende Punkte – Sinn, gelebte Beziehung und Vertrauen – im professionellen Führungsalltag zu leben, erzeugen Motivation in Unternehmen. Motivation als Grundhaltung wird erreicht, wenn die Arbeit und das Ziel für grundsätzlich als sinnvoll erkannt werden. Wird der übergeordnete Sinn der Arbeit im Unternehmen ausreichend reflektiert und dargestellt, bleibt die Motivation auch in einer Krise aufrecht. Transparenz und Aufklärung ohne Manipulation gehören zu vertrauensbildenden Maßnahmen. Führung gelingt, wenn gemeinsam Ziele verfolgt werden und Führung und Basis gleichermaßen persönlich zum gesetzten Ziel stehen. Ein faires Miteinander, Selbstverantwortung übernehmen, Konflikte erkennen, aufgreifen und lösen ohne Machtgehabe (vgl. Bauer 2008, S. 205ff.) – das führt zur Bereitschaft und Motivation für Veränderung und zu einer positiven Unternehmenskultur. Für innovative Geschäftsmodelle ein unabkömmlicher Erfolgsfaktor.

9.3   Unternehmenskultur und die Bereitschaft zur Veränderung

Kultur entwickelt sich, wenn eine Gruppe in einem Unternehmen ausreichend gemeinsame Erfahrungen gemacht hat. Kultur entsteht in Arbeitsgruppen, Teams, Familien und in einem Unternehmen auf allen Ebenen. Jeder Einzelne ist ein multikulturelles Wesen, der verschiedene kulturelle Verhaltensweisen im Alltag einsetzt. Um Kultur verstehen zu können, wird in einer Analyse eines Systems nach gemeinsamen Erfahrungen und Traditionen sowie nach Gruppenzugehörigkeiten gesucht. Das Suchen nach kulturbestimmenden Kräften ist der Schlüssel zum Verständnis in Unternehmen, weil sie das Verhalten, die Denkmuster und Werte der Akteure hochgradig beeinflussen und damit letztendlich ihr Handeln (vgl. Schein 2003, S. 29f.).

Unternehmenskultur ist tief, stabil und breit. Möchten Unternehmen die eigene Unternehmenskultur verstehen, brauchen sie das notwendige und tiefe Verständnis für die gelebte Kultur, um erfolgsversprechende Interventionen zu setzen. Kultur ist zwar in Form von offenem Verhalten, in sichtbaren Ritualen und in spürbarer Atmosphäre sichtbar, doch das Geheimnis liegt in den unausgesprochenen Annahmen. Kultur entsteht unter anderem aus gemeinsamen Aufgaben und ist das Produkt sozialen Lernens. Sie kann nicht „geschaffen" werden, sondern sie wird angeregt und/oder eingefordert – aber erst durch Kontinuität internalisiert (vgl. Schein 2003, S. 173ff.). Letztendlich ist ein Management notwendig, das die Idee unterstützt. Innovative Ideen, die kein Gehör finden, sind zum Scheitern verurteilt – so gut sie auch sein mögen (vgl. Gassmann et al. 2013, S. 56).

Kommunikation ist der Schlüssel zum Erfolg. Ohne Kommunikation ist keine Informations- und Wissensweitergabe möglich. Eine effiziente, ehrliche und offene Unternehmenskultur zu integrieren und zu leben, ist eine Grundvoraussetzung und damit ein entscheidender Erfolgsfaktor in der Verwirklichung innovativer Geschäftsmodelle.

9.4   Integrated Clarity® - eine neue Unternehmenskultur

Integrated Clarity® — „integrierte Klarheit" ist nach langjähriger Erfahrung im Bereich Kommunikation und Organisationsentwicklung entstanden. Es ist ein Modell, das eine bessere Arbeitsatmosphäre, mehr Produktivität und Gewinn durch Empathie am Arbeitsplatz fördert. Integrated Clarity® ist das Äquivalent der Gewaltfreien Kommunikation in der Unternehmensführung und Organisationsentwicklung. Interessant am Modell ist, dass es intra- und interpersonelle und organisationsbezogene Bedürfnisse im Anwendungsprozess als ein „Bedürfnisbewusstsein" erarbeitet, das die Grundlage zum nachhaltigen Wandel in Unternehmen ist und damit einen entscheidenden Erfolgsfaktor darstellt. Es ist eine neue Art der Unternehmensführung, die durchaus als innovativ und revolutionär bezeichnet werden kann (vgl. Miyashiro 2013, S. 18ff.). Integrated Clarity® wird von M. Rosenberg, von dem das Modell der Gewaltfreien Kommunikation stammt, als das *fehlende Bindeglied"* zur effektiven Anwendung der Gewaltfreien Kommunikation in Unternehmen gesehen (vgl. Miyashiro 2013, S. 30).

In der traditionellen Arbeitskultur werden Zahlen, Daten, Fakten, dem Ergreifen von Maßnahmen und der Umsetzung von Plänen eine enorme Bedeutung beigemessen. Erfolg und Wert werden zweidimensional gesehen, etwa wie viel Denken und Handeln bewältigt werden kann. Die, die mehr schaffen, bekommen auch mehr, unabhängig von den eigenen Werten oder Charaktereigenschaften der einzelnen Akteure. Maßnahmen zur Verbesserung der Unternehmenskommunikation und des Klimas in Unternehmen sind oft gutgemeinte, aber nicht gelebte Slogans. Der Grundgedanke in der Veränderung von zweidimensionalem zu dreidimensionalem Denken in Unternehmen liegt darin, dass die Ursache für ein Problem zum einen im System zu suchen ist und zum anderen auch in der Art und Weise, wie die einzelnen Akteure an und in dem System mitwirken. Das heißt, interpersonelle Probleme werden im Kontext zum gesamten System betrachtet. Systeme oder darin agierende Teams brauchen eine zwischenmenschliche Basis mit gleichzeitig erkennbaren gemeinsamen Zielen. Werden nur zwischenmenschliche Probleme erfasst, ohne das System miteinzubeziehen, ist das vergleichbar mit einem Samenkorn, das in den Sand gepflanzt wird anstatt in fruchtbare Erde. Wollen innovative Geschäftsmodelle entwickelt werden oder bestehen bleiben, brauchen erfolgreiche Unternehmen eine Vision mit zukünftiger Bedeutsamkeit und einen Prozess, der die empathische Kommunikation steuert. Es wird geschätzt, dass knapp die Hälfte der Kommunikation nicht so beim Empfänger ankommt, wie es der Sender geplant hat (vgl. Miyashiro 2013, S. 20ff.). Die dritte Dimension — der Erfolgsfaktor Empathie—ein nicht greifbares und kaum messbares Element, wird in der Geschäftswelt als Fremdkörper gesehen, doch echte Empathie hat nichts mit Nettigkeit oder Verweichlichung gemein, sondern Empathie unterstützt in Veränderungsprozessen die Struktur und Zielorientiertheit aufrecht zu erhalten (vgl. Miyashiro 2013, S. 85ff.).

Für effektive Kommunikation und innovative Ideen bleiben Kommunikationsprobleme nicht ohne Folgen. Prozesse und Produkte können verbessert werden, doch Kommunikation wird von Menschen gelebt.

9.4.1   Nutzen aus der menschlichen Komponente im Geschäftsmodell

Will ein Schiff den Kurs ändern, so wird die Einstellung des sogenannten Trimmruders verändert. Da es sich bei einem Trimmruder um eine kleine Klappe am großen Ruderblatt handelt, ist es möglich, das Schiff mit relativ kleiner Veränderung in eine andere Richtung zu lenken. Würde das mittels des Ruderblattes passieren, könnte das Ruderblatt brechen, weil der Widerstand des Wassers zu groß werden kann. Handelt es sich nun um ein Unternehmen, ist die Empathie das Trimmruder. Der Faktor Empathie wird zur treibenden Kraft einer Strategie, der Produktivität, des Marketings, der Produkt- und Prozessentwicklung, des Vertriebs und letztendlich des Gewinns und des Erfolges im gesamten Geschäftsmodell. Ähnlich dem Trimmruder kann Empathie die interpersonale Zusammenarbeit und das Miteinbeziehen von Einzelpersonen in unternehmensweite Aktivitäten erleichtern, damit es zu Innovation, Wachstum und Veränderung gelangt. Empathie ist somit ein entscheidender Motor in der Unternehmensführung. Das Erlernen empathischer Fähigkeiten ist in der Organisationsforschung eine Fertigkeit mit Erfolgsgarantie, deren Förderung als *best practice* in der Unternehmensführung gilt. Forscher der Harvard Business School kamen bereits zu dem Ergebnis, das gelebte Empathie auf Führungsebene drei Merkmale aufweist, die sich in Unternehmen und deren Arbeitsgruppen widerspiegeln: gegenseitiger Respekt, Sicherstellung der Erledigung der Aufgaben und Führungsqualität im Hinblick auf Problemlösungen. Eine Folge von gelebter Empathie ist Vertrauen, das wiederum bei den Mitarbeitern zu Unternehmensbindung führt. Letztendlich mündet der empathische Umgang der Mitarbeiter untereinander sowie mit Kunden und Lieferanten darin, dass diese zum Motor der Innovation werden, weil die Erfüllung der Bedürfnisse der Mitarbeiter, der Kunden und Lieferanten zum Motiv für Engagement, Kreativität und Sinnhaftigkeit werden. Mit dem Modell Integrated Clarity® wird Rücksicht auf die Gefühls- und Bedürfniswelt gelegt und damit wird gezeigt, dass es durchaus erfolgversprechend ist, aus der menschlichen Komponente Nutzen zu ziehen, anstatt Gefühle und Bedürfnisse zu ignorieren oder sie herunterzuspielen. Triebfedern für Erfolg sind nicht alleine Handeln oder Verhalten, vielmehr sind die entscheidenden Fragen, wer das Unternehmen oder die Individuen *sein wollen* und welche Art der empathischen Verbindungen aufgebaut wird. Darauf fußt das Handeln und Verhalten und das führt zum Erfolg. Der Grundstein für eine dritte Dimension im Unternehmen ist damit gelegt (vgl. Miyashiro 2013, S. 35ff.).

9.4.2   Integrated Clarity® als Bezugsrahmen für den Erfolg

Daniel Goleman, Autor des Buches „Emotionale Intelligenz" bezeichnet ebendiese sogar als „conditio sine qua non" in Führungsangelegenheiten, also als eine unerlässliche Bedingung (vgl. Miyashiro 2013, S. 37). Die Gewaltfreie Kommunikation zeigt dem Individuum die Erkenntnis über sich selbst, während Integrated Clarity® sie dem Unternehmen zeigt. Somit dient Gewaltfreie Kommunikation als Werkzeug und Integrated Clarity® als Bezugsrahmen im gesamten Kommunikationsprozess. Die beiden Modelle klären und erfüllen die individuellen Bedürfnisse und die sechs grundlegenden Organisationsbedürfnisse (Identität, Zweck, Ausrichtung, Struktur, Energie und Darstellung). Aus der Erkenntnis der Bedürfnisse entstehen Handlungsbereitschaft und daraus resultierende Handlungsstrategien. Haben Unternehmen verstanden, dass ausgezeichnete menschliche Verbindungen die Voraussetzung für leistungsfähige Teams und Organisationen sind, haben sie den Grundstein für höhere Produktivität gelegt (vgl. Miyashiro 2013, S. 46ff.).

9.5   Den Wandel in innovativen Geschäftsmodellen erfolgreich führen - Erfolgsfaktor Empathie

„Innovation starts with Empathy", so der Wirtschaftsstratege und Autor Dev Patnaik.

Eine der größten Herausforderungen in innovativen Geschäftsmodellen sind interne Widerstände. Wer die Widerstände erfolgreich überwindet, hat eine reelle Chance neue Modelle oder Strategien zu implementieren (vgl. Gassmann et al. 2013, S. 55). Mit einem Wandel in Unternehmen rücken in Veränderungsprozessen die kommunikativen Kompetenzen im Arbeitsalltag in den Mittelpunkt. Es wird zu einer Notwendigkeit, Kooperation in Gruppen, Teams und im gesamten Unternehmen zu fördern. Es wird sichtbar, dass es eine Möglichkeit gibt – und dieser ist für innovative Unternehmen unerlässlich –, den gruppendynamischen Prozess mitzusteuern (vgl. König und Schattenhofer 2011, S. 9f.).

9.5.1   Kommunikation im System

Das zentrale Element in einem System ist die Kommunikation. Interaktive Systeme sind durch Kommunikation beschreibbar. Gelebte Kommunikation setzt Menschen voraus, die miteinander kommunizieren und ist die Grundlage für ein agierendes System. Das Verkehrsnetz bietet eine Analogie zum Verständnis. Autos, Flugzeuge und Schiffe werden aufeinander abgestimmt: der Flugverkehr, der Verkehr an Land und zu Wasser. Ähnlich ist es in sozialen Gefügen, in denen Kommunikation und daraus resultierende Handlungen vorherseh- und steuerbar sind. Die Kommunikation baut auf drei zentralen Elementen auf: Information, Mitteilung und Verstehen. Das setzt voraus, dass eine bestimmte Information einer Person einer anderen Person mitgeteilt wird und von dieser einen Person verstanden wird. Beim Verstehen handelt es sich um das inhaltliche Verstehen, wobei der Empfänger genau weiß, was der Sender mit der Mitteilung der Information beabsichtigt beziehungsweise ob beide in der gleichen Weise Interpretationen anstellen. Die Information in der Mitteilung löst eine innere Wirkung im Empfänger aus. Das ist eine notwendige Voraussetzung für das Zustandekommen eines Kommunikationsprozesses. Im Falle eines gelungenen Austausches ist zu erkennen, dass auf Kommunikation, wieder eine Kommunikation folgt. Damit hält sich ein System selbst aufrecht. Die Menschen, die darin agieren, sind diejenigen, die den Prozess beeinflussen. Phänomene des Missverstehens und der unterschiedlichen Interpretationen sind dabei zu berücksichtigen. Aus Kommunikation entstehen implizite Regeln, die nicht vereinbart wurden oder werden. Dieses Phänomen ist emergent, also absichtslos. Gleichzeitig entsteht aus dieser Absichtslosigkeit eine soziale Bindung. Aus den gemeinsamen Interaktionen, gepaart mit der Hoffnung auf eine kommunikative Zukunft, entsteht ein Bild. Dieses hält die Situationen und Dinge, die entstanden sind, für gegeben. Die Gefahr eines Erstarrungsprozesses in der Kommunikation besteht (vgl. Grimm und Krainz 2011, S. 9ff.). Einen Wandel zu führen bzw. Erstarrung zu vermeiden, bedeutet für Führungskräfte in einem innovativen Geschäftsmodell viel Arbeit. Die beste *„Analyse wird zur Paralyse" (Gassmann et al. 2013, S. 56)*, wenn Führungskräfte es verabsäumen, notwendige Maßnahmen in der Implementierung zu berücksichtigen. Mitarbeiter haben Angst. Angst vor Veränderungen. Wollen Unternehmen den Wandel führen, sind folgende Aspekte von Bedeutung:

- Die Veränderung und den Wandel vorantreiben: Herausragende Teams und Vordenker spielen eine Rolle. Ebenso erfordert der Wandel paradoxerweise Fortschritt und Zeitgeist mit gleichzeitiger Geduld und Gelassenheit, sowie das Vermeiden von Entscheidungspathologien.

- Die Richtung definieren: Dazu gehören Visionen, die auf ein bestimmtes Zeitfenster hinarbeiten, sowie das Erzielen von Erfolgen.

- Strukturen, Prozesse und Ziele definieren.

- Fähigkeiten in herausragenden Teams und Arbeitsgruppen aufbauen.

- Eine Kultur aktiv durch Führung entwickeln (vgl. Gassmann et al. 2013, S. 55ff.).

- Erfolgsfaktor Empathie

9.5.2   Erfolgsfaktor Empathie

„Empathie bedeutet ein respektvolles Verstehen der Erfahrungen anderer Menschen" (Brüggemeier 2011, S. 85), ohne die eigenen Anliegen mit den der anderen Person zu vermischen (vgl. Lindemann und Heim 2011, S. 44). „Empathie ist nicht angeboren" (Bauer 2006, S. 119). Spiegelneuronen im menschlichen Gehirn machen Empathie möglich und trainierbar. Menschen werden mit einer gewissen Grundausstattung an Spiegelneuronen geboren, daher liegen sie wenig differenziert in Rohform vor und werden erst durch Beziehungserfahrung „gezündet" (vgl. Bauer 2006, S. 57). Die Grundregel für das Gehirn lautet „use it or lose it". Spiegelaktionen brauchen Partner – im Alleingang bleiben sie unterentwickelt oder entwickeln sich gar nicht (vgl. Bauer 2006, S. 57). Erwachsene können selbst daran mitwirken, damit Kooperation geling (vgl. Bauer 2008, S. 54f.). Die neurobiologische Basis für das intuitive Verstehen ist die sogenannte „Theory of Mind"(die Fähigkeit, Gefühle und Absichten eines anderen Menschen zu erkennen). Die Grundlage für empathische Gespräche liegt demnach in jedem Menschen und wird durch soziale Kontakte aktiviert und spürbar. Der analytische Verstand alleine macht ein empathisches Gespräch schwer bis gar nicht möglich (vgl. Bauer 2006, S. 15ff.), weil sich Menschen an gesellschaftlichen Gewohnheiten und moralischen Konzepten festhalten. Der Fokus liegt in der Bewertung, ob etwas richtig oder falsch ist, ob jemand Schuld oder Recht hat oder ob etwas gut oder schlecht ist. Dieser Denkansatz hindert Menschen daran, eine echte Verbindung einzugehen (vgl. Lindemann und Heim 2011, S. 44) – empathische Gespräche erfordern eine klare Sprache.

9.5.3   Klare Sprache als innovativer Ansatz

Der Wandel kann nur in jedem selbst beginnen (vgl. Miyashiro 2013, S. 211). Sprache beeinflusst den Alltag in Unternehmen und damit auch den Führungsalltag. Wo Menschen miteinander arbeiten, gibt es Konflikte. Konflikte gehören zum Alltag. Gleichzeitig können sie das Miteinander so beeinflussen, dass Wut und Ärger überhand nehmen und das Reptiliengehirn zum Einsatz kommt. Kampf, Flucht oder „sich tot stellen" werden zur Devise. Auf diese Weise können die Herausforderungen des Alltags nicht bewältigt werden. Die Art und Weise, wie in einem Unternehmen Kommunikationskultur gelebt wird, ist ein entscheidender Faktor. Empathie ist dabei wesentlich und der Schlüssel zum Erfolg (vgl. Lindemann und Heim 2011, S. 26ff.).

Eine klare Sprache kann durch das Modell Integrated Clarity® auf allen Ebenen gelebt werden. Es geht um eine bedürfnisorientierte Sicht der Produktivität im Unternehmen – aus der Sicht des Einzelnen und aus der Sicht des gesamten Systems. Auf der Ebene der Einzelpersonen kommt die Methode der Gewaltfreien Kommunikation zur Anwendung und auf der Ebene des gesamten Systems ist es Integrated Clarity® (in **Tabelle 9.1** sind die vier Schritte des Konzepts dargestellt). Beides sind effektive und innovative Prozesse in Unternehmen, die erfolgreiche Geschäfts- und Unternehmensbeziehungen steuern. Unternehmen sind komplex. Es handelt sich um ein Geflecht aus hunderten von Beziehungssystemen. Kommunikation geht somit nicht von einer Person zur anderen, sondern Inhalte von Gesprächen brauchen länger, bis sie zu den bestimmten Personen gelangen. Es gibt drei Beziehungs- bzw. Kommunikationsebenen: intrapersonal, interpersonal und organisationsbezogen, wobei Kunden zur organisationsbezogenen Ebene gehören (vgl. Miyashiro 2013, S. 30ff. und S. 93ff.).

Tabelle 9.1   Konzept Integrated Clarty®; Quelle: Miyashiro 2013, S. 222

Orientierung am Einzelnen	Orientierung am gesamten System
– Beobachtung anstellen	1. Daten identifizieren
2. Gefühle identifizieren	
3. Verbindung zwischen Gefühlen und menschlichen Bedürfnissen: Respekt, Lernen, Zielsetzung, Autonomie, Anerkennung, Sinnhaftigkeit	3. Verbindung zwischen Daten und organisationsbezogenen Bedürfnissen: Identität, Zweck, Ausrichtung, Struktur, Energie, Darstellung
4. Bitten: Handlungs- und Verständnisbitten	4. Strategische Ziele entwickeln: in Organisationen sind Bitten Strategien. Sie erfüllen die Bedürfnisse der Organisation, die vereinbart und überprüft werden

Die Einführung des Prozesses beginnt auf intra- und interpersonaler Ebene mit der Führung sowie in Kerngruppen. Im fortwährenden Arbeitsprozess findet in der täglichen Kommunikation eine Änderung statt, welche in den Arbeitsalltag integriert und gelebt wird (vgl. Miyashiro 2013, S. 211). Der Führungsstil pendelt sich zwischen kooperativem und situativem Führen ein. Der respektvolle Umgang auf allen Ebenen wirkt unterstützend und trägt zu Transparenz und Glaubwürdigkeit bei (vgl. Lindemann und Heim 2011, S. 45). Auseinandersetzungen, Veränderungen und Konflikte gehören zum Alltag. Die Kosten, die durch Personalprobleme und -wechsel entstehen, sind für Unternehmen, die innovativ sein wollen, hoch, und verschwenden zudem Zeit, die mehr Nutzen für den innovativen Entwicklungsprozess hätte (vgl. Lindemann und Heim 2011, S. 21).

9.6   Zusammenfassung und Ausblick

Empathiefähigkeit ist zu einer notwendigen Grundvoraussetzung für innovative Unternehmen geworden. Ein Paradigmenwechsel auf Führungsebenen macht es möglich, den Bewusstseinsprozess zu initiieren. Benötigt werden Führungskräfte in Schlüsselpositionen, die Vertrauen in eine prozesshafte Sprache haben und diese in allen Ebenen fördern. Zudem benötigen Mitarbeiter und Führungskräfte Tools, die den Prozess analysieren und überwachen, im Sinne der Abstimmung von strategischen Zielen, deren Umsetzung und die Berücksichtigung individueller und organisationsbezogener Bedürfnisse. Die Frage nach der Zeit in Umstellungsphasen für einen empathischen Umgang, kann nicht pauschal beantwortet werden und ist abhängig von der Bereitschaft, der Ausgangssituation und der

Größe des Unternehmens. Sobald eine kritische Masse von Mitarbeitern den empathischen Umgang pflegt und lebt, wird das Unternehmen den Wandel erkennen. Ebenso wird es neue Kunden, Lieferanten und Mitarbeiter anziehen. Kundenbedürfnisse auf Basis von Empathie zu erfüllen ist ein wichtiger Faktor (vgl. Miyashiro 2013, S. 210ff.), um daraus den entscheidenden Nutzen für innovative Ideen zu ziehen. Das Aussteigen aus der Branchenlogik ist notwendig, um eine interne und externe Balance in der Ideengenerierung zu finden (vgl. Gassmann et al. 2013, S. 12).

Innovation basiert auf Kommunikation. Ohne gelebte, offene und änderungsfreudige Kommunikations- und Unternehmenskultur gelingen Geschäftsmodellinnovationen, die die Königsdisziplin von Innovationen sind, nicht. Erschwerend kommt hinzu, dass Menschen beharrlich sind und Resistenzen im Hinblick auf Veränderungen entwickelt haben. Studien der Universität Harvard zeigen, dass es bestimmte Elemente braucht, um innovativ zu sein. Neben der Serendipity, der Gabe, den glücklichen Zufall zu nutzen, wird auch auf eine hohe Diversität der Mitarbeiter gezählt, wobei Kommunikation der alles entscheidende Faktor ist und bleibt (vgl. Gassmann et al. 2013, S. 70f.).

Ohne Kommunikation bleiben innovative Ideen im Verborgenen. Ein Umdenken im Bereich sozialer Kompetenzen in allen Ebenen von Unternehmen braucht Zeit. Der entscheidende Vorteil der gelebten Empathie als Unternehmenskultur entsteht in der Nachhaltigkeit und im vertrauensbildenden und wertschätzenden Umgang.

Literatur

Bauer, J. (2008): Prinzip Menschlichkeit. Warum wir von Natur aus kooperieren. Aktualisierte Taschenbucherstausgabe. Heyne Verlag: München

Bauer, J. (2006):Warum ich fühle, was du fühlst. 14. Auflage. Heyne Verlag: München

Brüggemeier, B. (2011): Wertschätzende Kommunikation im Business Junfermann Verlag: Paderborn

Deutscher, G. (2013) Du Jane, ich Goethe. Eine Geschichte der Sprache. 3. Auflage. Deutscher Taschenbuch Verlag: München

Gassmann, O.; Frankenberger, K.; Csik, M. (2013): Geschäftsmodelle entwickeln. 55 innovative Konzepte mit dem St. Galler Business Model Generator. Carl Hanser Verlag: München

Gassmann, O.; Friesike, S. (2012): 33 Erfolgsprinzipien der Innvoation. Hanser Verlag: München

Grimm, R.; Krainz, E. E. (2011): Teams sind berechenbar. Erfolgreiche Kommunikation durch Kenntnis der Beziehungsmuster. 1. Aufl. Gabler Verlag: Wiesbaden

Jenewein, W.; Heidbrink, M. (2008): High-Performance-Teams. Die fünf Erfolgsprinzipien für Führung und Zusammenarbeit. Schäffer-Poeschel Verlag: Stuttgart

König, O.; Schattenhofer, K. (2011): Einführung in die Gruppendynamik. 5., aktualisierte Auflage. Carl-Auer-Verlag: Heidelberg

Lindemann, G.; Heim, V. (2010): Erfolgsfaktor Menschlichkeit. Wertschätzend führen – wirksam kommunizieren; ein Praxishandbuch für effektives Beziehungsmanagement und neue Unternehmenskultur. Junfermann Verlag: Paderborn

Miyashiro, M. R. (2013): Der Faktor Empathie. Ein Wettbewerbsvorteil für Teams und Organisationen. Junfermann Verlag: Paderborn

Nefiodow, L. A. (2006): Der sechste Kondratieff. Wege zur Produktivität und Vollbeschäftigung im Zeitalter der Information: die langen Wellen der Konjunktur und ihre Basisinnovationen. 6., [aktualisierte] Aufl. Rhein-Sieg-Verlag: Sankt Augustin

Schein, E. H. (2003): Organisationskultur. The Ed Schein corporate culture survival guide.: EHP Verlag: Bergisch Gladbach

Christina Fischer-Kienberger BA, MA

Christina Fischer-Kienberger, Biomedizinische Analytikerin, ist seit 17 Jahren im Landeskrankenhaus Villach tätig. Das Berufsfeld teilt sich in die Bereiche Biomedizinische Analytik, Qualitätssicherung und Trainings- und Lehrtätigkeit. Sie hat das Diplom zur Biomedizinischen Analytikerin, absolvierte zwei berufsbegleitende Studien an der Fachhochschule Kärnten in den Studienrichtungen „Gesundheits- und Pflegemanagement" und „Gesundheitsmanagement" und steht derzeit in der Finalisierungsphase des Doktoratsstudiums an der Universität Klagenfurt am Institut für Interdisziplinäre Forschung und Fortbildung. Frau Fischer-Kienberger ist Lehrende an der Fachhochschule in Salzburg in den Bereichen Kommunikation und Problembasiertes Lernen und am KABEG Bildungszentrum in den Bereichen Kommunikation, Problembasiertes Lernen, Stressmanagement und Präanalytik. Mehrere laufende Projekte im Bereich Förderung sozialer Kompetenzen im Bildungs- und Gesundheitswesen werden von Frau Fischer-Kienberger betreut.

10 Systematische Geschäftsmodellinnovation

Die Geschäftsidee von morgen muss kein Zufallsprodukt sein

Frank Piller, Christian Gülpen und Dirk Lüttgens, RWTH Aachen

Abstract

Die Erkenntnis, dass neben kontinuierlicher Produkt-, Service- und Prozessinnovation auch die konsequente Entwicklung des Geschäftsmodells unabdingbar ist, führt in Industrie und Wirtschaft zu zunehmender Beschäftigung mit dem Themenfeld der Geschäftsmodellinnovation. Viel zu häufig fehlt es jedoch noch am Verständnis für die strategische Bedeutung oder, wo diese erkannt wurde, an den Fähigkeiten zur zielführenden, nämlich systematischen Entwicklung der Geschäftsgrundlage der Zukunft.

Der Begriff „Geschäftsmodellinnovation" beziehungsweise „Business Model Innovation" (BMI) hat sich in den vergangenen Jahren zum Modewort entwickelt. Doch das Ziel dahinter ist mehr als eine Modeerscheinung. Denn es geht um die Weiter- oder Neuentwicklung der Grundlage des unternehmerischen Handelns: das Geschäftsmodell. Ein Geschäftsmodell kann als Hypothese des Managements verstanden werden, wie, wann und mit welchen Mitteln ein Unternehmen Wert für seine Kunden schafft – und dafür honoriert wird (vgl. Gassmann et al. 2013). Damit gehört die Arbeit am eigenen Geschäftsmodell zu den Kernaufgaben des Managements.

Keywords:
Geschäftsmodellinnovation, Systematik, Muster, disruptive Ideen, Open Innovation

10.1   Das neue Verständnis von Geschäftsmodellinnovation

Der heutige Ansatz der Geschäftsmodellinnovation setzt an drei neuen Ausgangspunkten an: Zum einen hat sich die Einsicht etabliert, dass sich selbst erfolgreiche Global Player langfristig nicht ausschließlich auf ihr einmal etabliertes Geschäftsmodell verlassen können, sondern dieses kontinuierlich hinterfragen und weiterentwickeln müssen. Beispiele von Unternehmen, die einst zu den großen ihrer Branche gehörten, dann aber durch Ignoranz der sich verändernden (Branchen-)Umwelt in die Irrelevanz abstürzten, unterstützen dieses Umdenken. Dazu gehört etwa Kodak. Das Unternehmen hatte schon 1975 eine funktionierende Digitalkamera entwickelt. Aus heutiger Sicht eine einmalige Chance als Technologieführer einen neuen Markt zu begründen, der die analoge Fotographie ablösen und günstige Kameras massenmarkttauglich machen sollte. Doch es kam anders: Um das damals etablierte und erfolgreiche Filmgeschäft vor der Innovation aus dem eigenen Hause zu schützen, legte Kodak die Erfindung zu den Akten. Disruptiert wurde der Markt schließlich doch, allerdings von anderen. Kodak meldete 2012 Insolvenz an, während mit digitalen Kameras aller Art viele Milliarden umgesetzt werden.

Dieses Beispiel illustriert auch den zweiten Ansatz der modernen Geschäftsmodellinnovation: Die Idee und Entwicklung der Digitalfotographie wurde bei Kodak "von unten" vorangetrieben. Bei vielen Unternehmen hat sich inzwischen die Erkenntnis etabliert, dass das innovative Potenzial der eigenen Mitarbeiter eine wichtige Ressource ist und entsprechend gefördert werden sollte. Dies gilt auch und besonders für BMI. Geschäftsmodellinnovation muss als partizipativer, offener Ansatz gestaltet werden, der jeden Mitarbeiter mit Produktmanagement-Verantwortung einschließt. In der Vergangenheit war Geschäftsmodellinnovation Aufgabe der obersten Unternehmensleitung, die – oft mit Hilfe von Management-Consultants – an einem neuen Geschäftsmodell arbeitete. Auslöser dazu war meist eine Krise, wie ein Einbruch des Geschäfts oder neue Wettbewerber. Das neue Verständnis der BMI sieht Geschäftsmodellinnovation dagegen als Regelprozess, der jedem Produktinnovationsprozess vorausgeht, respektive diesen antreiben muss.

Damit hat BMI ein ähnliches Verständnis wie der moderne Strategieprozess (vgl. Gassmann et al. 2013): Auch hier wird periodisch und unter breiter Einbindung der Organisation die kommende Strategie vorangetrieben. Dies bedarf aber eines geeigneten Instrumentariums, das es jedem Organisationsmitglied ermöglicht, an diesem Kernprozess teilzuhaben. Daraus erschließt sich der dritte Ansatz moderner BMI. Unter Anlehnung an das Prinzip des Design Thinkings geht es darum, partizipative und interaktive Methoden bereitzustellen, die eine kreative und zugleich systematische Ableitung neuer Geschäftsmodelle ermöglichen (vgl. Johnson 2010). Der Begriff Design Thinking bezeichnet einen Prozess, um kreative Konzepte hervorzubringen. Dieser nutzerorientierte Ansatz stützt sich auf die Kernschritte Verstehen, Beobachten, Point-of-View, Ideenfindung, Prototyping sowie Verfeinerung, die von interdisziplinären Arbeitsgruppen, häufig in mehreren iterativen Schleifen, durchgeführt werden. Ein wesentlicher Bestandteil ist dabei früh und häufig mit Prototypen zu arbeiten. Wie bei Produkten muss ein Instrumentarium bestehen, um iterativ viele Prototypen von neuen Geschäftsmodell-Konzepten zu kreieren und diese zu evaluieren.

10.2 Moderne Ansätze von BMI

In den vergangenen Jahren haben sich einige Ansätze etabliert, die das oben diskutierte neue Verständnis von BMI prägen und – mit verschiedenen Schwerpunkten – die drei Ansatzpunkte umsetzen. Der bekannteste Ansatz ist seit einigen Jahren der Business Model Canvas von Alexander Osterwalder, der an der ETH Lausanne entstanden ist (vgl. Osterwalder und Pigneur 2010). Mit Hilfe dieses Schemas (Abb. 10.1) visualisieren Unternehmen bestehende oder potenzielle neue Geschäftsmodelle nach wichtigen Einflussfaktoren geordnet, wie Produkt(-Entstehung), Vertriebskanäle, Kunden(-Beziehungen) oder Kosten- und Umsatzstrukturen. Damit entstand eine gute Methodik, um schnell und einfach verschiedene "Prototypen" von Geschäftsmodellen zu diskutieren und miteinander zu vergleichen. Dieses Werkzeug ermöglicht es Mitarbeitern unterschiedlicher Ausbildung und Qualifikation, relativ einfach und mit geringem Aufwand neue Geschäftsmodellideen strukturiert visualisieren und vorstellen zu können. Die Barriere zur Kommunikation der eigenen Idee wird so gesenkt und die Zahl der potenziellen Innovatoren erhöht.

Abbildung 10.1   Business Model Canvas nach A. Osterwalder,
http://www.businessmodelgeneration.com/canvas

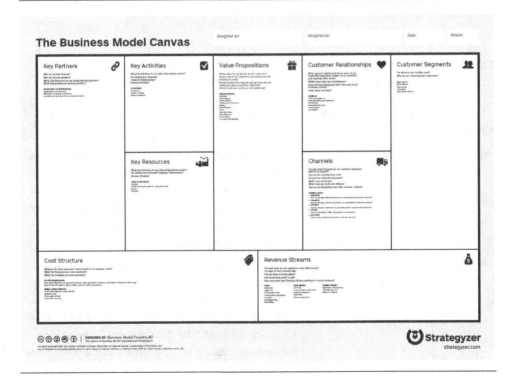

Allerdings dient der Canvas lediglich dazu, ein reales oder erdachtes Geschäftsmodell übersichtlich zu visualisieren. Dieser Prozessschritt ist zweifellos wichtig, da er ermöglicht, die Kreativität des Entwicklers zu kanalisieren, die Schlüsselfaktoren und ihre Wirkzusammenhänge leichter fassbar zu machen und damit die IST-Analyse zu unterstützen. Doch der Canvas stellt lediglich einen Zwischenschritt zwischen zwei anderen wesentlichen Elementen der Business Model Innovation (BMI) dar: Der Generierung potenziell verwertbarer Ideen und der Untersuchung dieser auf ihre Eignung als Grundlage eines neuen Geschäftsmodells. Gerade diese beiden Phasen sind es aber, die als besonders schwierig zu systematisieren gelten. Denn während sich gute neue Ideen naturgemäß nicht erzwingen lassen (sonst wären alle erfolgversprechenden Produkte längst entwickelt), geschieht die Bewertung immer ex ante, also unter erheblicher Unsicherheit darüber, wie sich Technologie, Markt, Wettbewerb und Verbraucherwünsche entwickeln.

Hier hat ein Team um Oliver Gassmann von der Universität St. Gallen in den vergangenen Jahren eine Systematik von 55 Mustern ("Pattern") von Geschäftsmodellen geschaffen (vgl. Gassmann et al. 2013). Dies sind erfolgreiche Lösungskonzepte für allgemeine Herausforderungen in verschiedenen Märkten, die – allgemein beschrieben – Anregung geben, diese Muster zum Teil des eigenen Geschäftsmodells zu machen. Tab. 10.1 gibt einige Beispiele solcher Muster, die als Innovations- und Kreativitätsimpuls dienen. Ein typische Frage lautet so: "Was wäre, wenn wir unser Geschäft wie Ryanair aufziehen und das Muster Add-On umsetzen würden?"

Tabelle 10.1 Geschäftsmodelle entwickeln – 55 innovative Konzepte mit dem St. Galler Business Model Navigator; Quelle: Gassmann et al. 2013

Muster	Beispiel (Gründungsjahr)	Definition
Add-On	Ryanair (1985), SAP (1992), Sega (1998)	Ein Basisangebot wird zu einem wettbewerbsfähigen Preis angeboten, das mit zahlreichen Extras erweitert werden kann. Diese treiben den Endpreis nach oben, wodurch der Kunde schliesslich oftmals mehr als initial erwartet ausgibt. Sein Vorteil liegt in einem variablen Angebot, das er an seine Bedürfnisse anpasst.
Affiliation	Amazon Store (1995), Cybererotica (1994), CDnow (1994), Pinterest (2010)	Die dem Muster zugrunde liegende Idee ist, Dritte für die Zuführung von Kundschaft zu nutzen. Die Entlohnung der Dritten, den sogenannten Affiliates, erfolgt in der Regel pro Vermittlung eines neuen Kunden oder anteilig auf Basis von erfolgreich durchgeführten Transaktionen. Unternehmen nutzen dieses Muster, um eine breitere Masse von potenziellen Kunden zu erreichen, ohne signifikant in eine eigene Vertriebs- oder Marketingstruktur investieren zu müssen.

Muster	Beispiel (Gründungsjahr)	Definition
Auction	eBay (1995), Priceline (1997), Google (1998), Zopa (2005), MyHammer (2005)	Ein Produkt oder eine Dienstleistung wird an den Höchstbietenden verkauft. Der Endpreis wird festgestellt, wenn eine bestimmte Endzeit erreicht oder kein höheres Angebot gemacht wird. Dies ermöglicht es dem Unternehmen, die höchste Zahlungsbereitschaft des Kunden abzuschöpfen. Der Kunde profitiert von der Möglichkeit, Einfluss auf den Preis eines Produkts auszuüben.

10.3 Systematische Konstruktion von Geschäftsmodellen

In unserer aktuellen Forschung zum Thema greifen wir diese Gedanken auf und integrieren sie in ein bewährtes Grundkonzept des Erfindens, das in Gestalt der TRIZ-Methode weltweit Anwendung findet. Diese von Altschuller bereits 1950 entwickelte „Theorie des erfinderischen Problemlösens" entstand aus der Analyse einer Vielzahl von Patentschriften und der Zusammenstellung derjenigen physikalischen Gesetzmäßigkeiten, die entscheidend für technische Durchbrüche waren. Altschullers Erkenntnis dabei: Die Überwindung von Wiedersprüchen ist Voraussetzung für innovative Entwicklungen. Und: Viele Erfindungen basieren auf einer vergleichsweise kleinen Zahl grundlegender Lösungsprinzipien. So löst beispielsweise die Entwicklung des Füllfederhalters ein Dilemma des Schreibens mit Federkielen: Nahm man viel Tinte auf den Kiel, konnte man lange schreiben, das Schriftbild war aber häufig unsauber („Klecks" am Satzanfang). Nahm man dagegen wenig Tinte, erhielt man ein gleichmäßigeres Schriftbild – musste aber auch deutlich häufiger den Schreibfluss unterbrechen. Das Prinzip der von oben zugeführten Tinte, als Grundlage des modernen Füllers, überwand diesen Widerspruch und führte zu einem innovativen, neuen Produkt.

Altschullers erste Erkenntnis findet sich analog in den meisten Versuchen, bestehende Geschäftsmodelle zu optimieren oder neue Modelle tragfähig zu entwickeln: In der Regel geht jede Optimierung eines Schlüsselaspektes mit einem Kompromiss einher. Die Erhöhung des Preises führt in der Regel zu weniger Kunden, die Verkürzung der Entwicklungszeit zu geringerer Perfektion des Endproduktes, die Kostensenkung beim Kundensupport zu weniger Markentreue und so weiter. Die Überwindung dieser Widersprüche durch innovative Konzepte verspricht die Entdeckung neuer, disruptiver Geschäftsmodelle, die für ihren Entwickler höchst profitabel sind.

Altschullers zweite Erkenntnis ähnelt der bereits beschriebenen Logik der "Patterns" oder Muster von Geschäftsmodellen. Erfahrungsgemäß sind die Optimierungsprobleme je nach Branche und Firmentypologie unterschiedlich, doch basieren sie in der Regel alle auf gleichen Restriktionen. Werden diese systematisch beschrieben und kategorisierbar gemacht, ist der Weg zu ihrer kreativen Überwindung bereitet. Dann können den Grundproblemen auch verallgemeinerbare Lösungsansätze zugeordnet werden. Nach der Analyse des eigenen Modells (Canvas) und der Identifikation der zu überwindenden Grundprobleme müssen Ansätze vorgeschlagen werden, mittels derer die Probleme erfolgreich überwunden werden. Erst aus der Kombination beider Aspekte entsteht ein Werkzeug, das den Anwender dabei unterstützt, sein Modell nicht nur systematisch zu analysieren sondern auch zur Tragfähigkeit zu optimieren.

Wir nehmen dabei an, dass die meisten Hindernisse der Geschäftsmodellinnovation bereits zu einem früheren Zeitpunkt mit einer disruptiven Idee überwunden werden konnten. Bei der Lösung eines ähnlichen Problems kann also auf bestehendes Lösungswissen zurückgegriffen werden.

Diese Lösungsidee stammt häufig nicht aus dem eigenen Geschäftsfeld des Anwenders, weil sie sonst aus der klassischen Marktanalyse vermutlich bereits bekannt wäre. Vielmehr macht sich unser Ansatz den Gedanken der Open Innovation zunutze, indem der eigene Lösungsraum um Input aus (völlig) anderen Sphären erweitert wird. Somit steigt die Wahrscheinlichkeit, das eigene Problem erfolgreich zu lösen.

Die Herausforderung besteht nun darin, derartige erfolgreiche Lösungskonzepte für allgemeine Herausforderungen („Business Patterns", „Musterprozesse") zu identifizieren und mittels eines Algorithmus den Grundproblemen zuzuordnen. Ein so gestaltetes Werkzeug befähigt im Idealfall Unternehmen, neue Gestaltungsoptionen für Geschäftsmodelle zu identifizieren und auf Tragfähigkeit zu untersuchen. Doch noch bevor ein solches Werkzeug zuverlässig praxistauglich etabliert ist, bietet die Analyse von Business Patterns ein vielversprechendes Werkzeug zur Unterstützung des eigenen BMI-Prozesses. In Verknüpfung mit dem Gedanken von Open Innovation hat es sich in der Vergangenheit als wertvoll herausgestellt, den eigenen Betrachtungsbereich weniger stark zu fokussieren, und nach Lösungsideen in anderen Branchen und Themenfeldern zu suchen. Häufig ergeben sich daraus Erkenntnisse, die, übertragen auf die eigenen Herausforderungen, den Durchbruch zur Lösung ermöglichen, und entscheidend dazu beitragen, ein neues, erfolgreiches Geschäftsmodell zu entwickeln.

Integriert wird dieses Vorgehen in ein Prozessmodell, das quasi das Äquivalent zum Stage-Gate-Prozess der Produktentwicklung ist. Dieser Prozess dient als Strukturierung eines BMI-Projekts und nutzt die zuvor beschriebenen neuen Methoden. Neue kollaborative Software-Umgebungen, wie sie unter dem Namen "Enterprise 2.0" in vielen Unternehmen eingeführt werden, bieten eine wichtige Grundlage, diesen Prozess offen und unter Einbeziehung vieler Kapazitäten ablaufen zu lassen.

Geschäftsmodellinnovation in Unternehmen muss sich also keineswegs auf Zufall, Glück oder einen mehr oder weniger planlosen, experimentellen Prozess verlassen, der hauptsächlich auf „kreativem Nachdenken" neben dem Tagesgeschäft basiert.

Vielmehr sollten Unternehmen eine geeignete Infrastruktur etablieren, die es Mitarbeitern erlaubt, diesen Prozess ebenso konkret strukturiert und in klaren Schritten zu planen, zu vollziehen und das Ergebnis ex post zu kontrollieren, wie dies für alle anderen elementaren Geschäftsprozesse selbstverständlich ist. Damit ist ausdrücklich nicht das beliebte Werkzeug des Kontinuierlichen Verbesserungsprozesses (KVP) gemeint, das auf inkrementelle Optimierungen abstellt. Erfolgreiche Geschäftsmodellinnovation ist häufig radikal und führt nicht selten zu tiefgreifenden Veränderungen in den Prozessen und Strukturen eines Unternehmens.

Ein planvolles Vorgehen entlang der beschriebenen Phasen garantiert noch kein neues, tragfähiges Geschäftsmodell. Gegenüber dem intuitiven Ansatz, der in vielen Unternehmen immer noch die Grundlage der Entwicklung neuer Geschäftsmodelle darstellt, bietet ein strukturiertes Vorgehen jedoch deutlich höhere Erfolgschancen – und wird nach unserer Erfahrung heute essenzieller Bestandteil der Managementagenda.

Abbildung 10.2   Systematische Geschäftsmodellentwicklung
(Darstellung nach Hans-Gerd Servatius, Competivation)

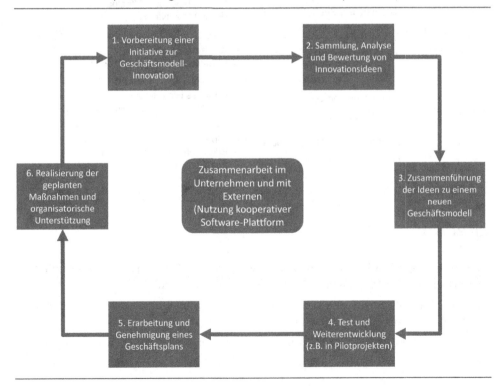

Tabelle 10.2   Phasen strukturierter Geschäftsmodellinnovation
                     (Darstellung Hans-Gerd Servatius)

Phase	Prozessschritt	Kritische Elemente
1	Vorbereitung einer Initiative zur Geschäftsmodellinnovation	– Unterstützung – Gemeinsames Verständnis – Team/Ressourcen
2	Sammlung, Analyse und Bewertung von Innovationsideen	– Analyse und Intuition – Öffnung – Methodik
3	Zusammenführung der Ideen zu einem neuen Geschäftsmodell	– Co-Creation – Unternehmertum (Effectuation) – (Räumliche) Nähe
4	Implementation mit schnellen Lernzyklen	– Konkretisierung – Überwinden von Hindernissen –
5	Erarbeitung und Genehmigung eines Geschäftsplans	– Positives Hinterfragen – Controller als Sparringspartner –
6	Erarbeitung und Genehmigung eines Geschäftsplans	– „Spielgeld" – Erkennen von Widerständen – Richtiger Abstand

Literatur

Gassmann, O. et al. (2013): Geschäftsmodelle entwickeln – 55 innovative Konzepte mit dem St. Galler Business Model Navigator. Hanser Verlag, München.

Johnson, M. (2010): Seizing the White Space: Business Model Innovation for Growth and Renewal. Harvard Business School Press, Boston.

Osterwalder, A; Pigneur, I. (2010): Business Model Generation. Wiley, New Jersey. 2010.

Prof. Dr. Frank Piller

Frank Piller ist Lehrstuhlinhaber für insbesondere Technologie- und Innovationsmanagement (TIM) an der RWTH Aachen. Nach seiner Promotion im Fachgebiet Produktionswirtschaft war er an der Technischen Universität München tätig, wo er zum Thema „Innovation and Value Co-Creation" habilitierte. Danach war er als Research Fellow an der MIT Sloan School of Management, Massachusetts Institute of Technology, Cambridge, USA, tätig, wo er heute auch noch die "Smart Customization Group" leitet.

Christian Gülpen

Christian Gülpen ist Leiter Business Development und Mitarbeiter am Lehrstuhl für Technologie- und Innovationsmanagement (TIM), an der RWTH Aachen. Zuvor war er mehrere Jahre in der universitären Weiterbildung tätig, zuletzt im Bereich Weiterbildungs-Strategie und Management. Er verantwortet am Lehrstuhl die Konzeption und Organisation der externen Weiterbildung sowie unternehmensbezogener Beratungsprogramme.

Dr. Dirk Lüttgens

Dirk Lüttgens arbeitet am Lehrstuhl für Technologie- und Innovationsmanagement (TIM) der RWTH Aachen als Assistenzprofessor und Habilitand. Er promovierte zum Thema: „Einbindung von externem Wissen in den Innovationsprozess: eine empirische Analyse". Seine Forschungsschwerpunkte umfassen die Themenbereiche Management des Innovationsprozesses, Open Innovation, Innovation Intermediaries, Technologiebeschaffungsstrategien Business Model Innovation.

Teil 3: Trendforschung als Trigger für Business Innovation

11   Corporate Foresight als Instrument des Innovationsmanagements

Priv.-Doz. Dr. Karl-Heinz Leitner, Dipl.-Kfm. Djordje Pinter

Abstract

Die Frage der längerfristigen Ausrichtung der Innovationsaktivitäten eines Unternehmens und die Suche nach neuen Ideen und Zukunftsmärkten sind angesichts des dynamischen Wettbewerbs von zunehmender Bedeutung. Methoden der Zukunftsforschung wie Trendextrapolation, Szenarioentwicklung, Umfeldmonitoring und Roadmapping werden dabei immer häufiger von großen aber auch mittelständischen Unternehmen eingesetzt. Gerade die Wirtschaftskrise der letzten Jahre hat bei vielen Unternehmen dazu geführt, sich systematischer mit Fragen der längerfristigen Entwicklung auseinanderzusetzen. Häufig wird dabei auf das Unternehmen Shell verwiesen, das als Pionier gilt, was die Anwendung von Methoden der Zukunftsforschung betrifft. In den letzten Jahren gewinnt der Begriff des Corporate Foresight an Bedeutung. Damit soll das klassische und manchmal einseitige Bild überwunden werden, dass mit Zukunftsforschung die Zukunft prognostiziert wird. Bei Foresight geht es vielmehr um Zukunftsgestaltung denn um Vorhersage und um die Entwicklung unterschiedlicher Zukünfte jenseits kurzfristiger Planungshorizonte. Corporate Foresight kann unterschiedlichste Beiträge für das Management von Innovation liefern, die von der strategischen Orientierung, der Ideenfindung in frühen Phasen, bis hin zur Umsetzung von Ideen reicht.

Keywords:
Corporate Foresight, Innovationsmanagement, Szenarioplanung, Zukunftsforschung, Innovationsstrategie

11.1   Einleitung

Eine wichtige Frage aus der Perspektive des strategischen Managements ist, wie langfristige und wichtige Veränderungen von Unternehmen entdeckt, geplant und implementiert werden können. Dabei spielen frühe und sogenannte schwache Signale („weak signals") als Zeichen für Veränderungen eine zentrale Rolle für das strategische Management (vgl. Ansoff 1975). In einem weiteren Schritt liegt die Verantwortung hierfür im Innovationsmanagement als Triebfeder für die Erkennung neuer Bedürfnisse und Entwicklung neuer Technologien und Produkte. Corporate Foresight setzt an diesen Punkten an und unterstützt das strategische bzw. längerfristige Innovationsmanagement.

Corporate Foresight hat sich aus verschiedenen historisch bedingten Forschungsrichtungen und Praktiken entwickelt und hat sowohl eine deskriptive als auch normative Komponente. Da sich das Feld aus unterschiedlichen Perspektiven – die sich meist methodenbasiert entwickelt haben – zusammen setzt, gibt es viele unterschiedliche Ansätze und Anwendungsmöglichkeiten. Zusätzlich bildet sich in den letzten Jahren durch die wissenschaftliche Beschäftigung auch ein normativer Aspekt heraus, der Corporate Foresight von verwandten Begriffen abgrenzt und Gestaltungsempfehlungen für den Einsatz vorgibt.

In diesem Beitrag wird zunächst kurz die historische Entwicklung skizziert und der Begriff abgegrenzt, bevor wichtige Methoden, Anwendungen und der Nutzen für das Innovationsmanagement dargestellt werden.

Die Wurzeln von Corporate Foresight reichen ins 20. Jahrhundert zurück und sind charakterisiert durch zwei sich unabhängig voneinander entwickelnden Extremen: Auf der einen Seite fantasiegeleitete Utopien und Science Fiction, auf der anderen Seite staatlich orientierte (Wirtschaft, Militär etc.) Prognose-Verfahren.

Bereits Ende des 19 Jhdt. beginnen in einigen entwickelten Ländern (USA, GB, DE und FR) Unternehmen wie IBM, Coca-Cola oder Generals Electric erstmals Forecasting Methoden zu nutzen (vgl. Jemala 2010). Im Zuge der beiden Weltkriege erhalten Forecasting Methoden zunehmen an Bedeutung, was letztendlich in der Gründung des Feldes „Operations Research" seit 1937 durch das britischen Militär mündet.

Bis in die 1950er und 1960er Jahre ist das zugrundeliegende Weltbild ein atomares, deterministisches mit der Annahme, dass die *eine* Zukunft bei genug Information und Verarbeitungskapazität vorhergesagt werden kann. Danach folgt ein Wandel mit dem Feld „Futures Studies", welches ab Mitte der 1960er durch französischen Einfluss entsteht und das vorherige Paradigma kritisch hinterfragt. Wichtige Meilensteine der Entwicklung sind:

- Die Delphi Methode wird von Olaf Helmer und Kollegen am RAND Institut in Kooperation mit dem US Militär während des Kalten Krieges entwickelt.

- Die Studie „Grenzen des Wachstums" des Club of Rome auf Basis von System Dynamics Simulationen erscheint und erfährt sehr große Beachtung (vgl. Meadows et al. 1972).

- Mit der Ölkrise 1973 und dem auf Basis der Szenariotechnik erlangtem Erfolg von Shell, werden Foresight Methoden in Unternehmen populär. Im Anschluss gründen Shell-Mitarbeiter Szenario-Schulen und verbreiten diese Methode in andere Unternehmen.

- Ansoff stellt sein Konzept der „weak signals" vor (1975). Er sieht die frühe Identifikation von möglichen Veränderungen in der Umwelt als wichtige Aufgabe des strategischen Managements.

- In ihrem Bericht für eine staatlich nahe Organisation für Forschung und Entwicklung untersuchen Irvine und Martin Forschungsprogramme anderer Länder und führen, inspiriert von anderen Feldern wie 'outlook', foresight', 'issues management' und 'la prospective', 1984 den Begriff Foresight mit seinem heutigen Verständnis ein (vgl. Irvine und Martin 1984).

Diese unabhängigen Entwicklungen und Splitterungen, die mit neuen Methoden einhergingen, erschweren bis heute eine Eingrenzung und exakte Definition des Feldes, welches erst langsam eine Konsolidierung erfährt. Damit ist Corporate Foresight eng mit den Bereichen Innovationsmanagement, strategisches Management, Long-Range Planning, sowie Zukunfts- und Trendforschung sowie Methoden der Vorausschau verknüpft.

11.2 Bedeutung des Corporate Foresight

Die strategische Bedeutung von Corporate Foresight, vor allem im Innovationsmanagement, wird durch eine Reihe von Entwicklungen deutlich, die durch interne als auch externe Faktoren nachgezeichnet werden kann. Zu den internen Faktoren zählen bspw. die Zunahme der Wissensbasis und Diffusionsgeschwindigkeit als auch Trägheit in Organisation und Verhalte. Als externe Faktoren führen bspw. die Zunahme des globalen Wettbewerbs und disruptive Technologiewechsel zu einer zunehmenden Verkürzung von Produktlebenszyklen. Insgesamt wird durch diese Entwicklungen die Komplexität, die Unternehmen heute bewältigen müssen, erhöht.

Zu technologischen Herausforderungen kommt die Notwendigkeit für eine Einschätzung der Zukunftsentwicklung, um Planungssicherheit zu haben bzw. Unsicherheit zu vermeiden. Da Investitionen in Technologien, seien es Produktionsverfahren oder Produkte, meist einen langfristigen Charakter haben und essenziell für die Überlebensfähigkeit von Unternehmen sind, wird die Bedeutung von Corporate Foresight-Methoden für Unternehmen deutlich (vgl. D'Aveni 1994, Hamel und Prahalad 1994 sowie Burmeister et al. 2004).

Corporate oder Strategic Foresight adressiert diese Prozesse und unterstützt strategische Entscheidungsfindung. Die Relevanz von Corporate Foresight wird auch durch die Anwendungen verschiedenere Methoden über die letzten drei Jahrzehnte belegt (vgl. Becker 2002, Popper 2008 und Schwarz 2006).

11.3   Was ist Corporate Foresight?

Corporate Foresight hat, aufgrund der oben dargestellten historischen Entwicklung und seines methodischen Charakters, mehrere Schnittstellen zu anderen Gebieten.

Im Bereich des strategischen Managements sind theoretische Konzepte, wie das Environmetal Scannig (vgl. Aguilar 1967), Intelligence-Ansätze (Business, Competitive, Technology; vgl. Lichtenthaler 2002), Strategische Frühaufklärung und Strategic Issue Management (vgl. Ansoff 1980, Krystek 1990) und insbesondere Konzepte strategischer Entscheidungen (Strategic Decision Making; vgl. z. B. March 1994, Mason und Mitroff 1981), von Belang.

Das Feld ist sehr uneinheitlich und folgt keiner einheitlichen Terminologie. Was eine konkrete Definition von (Corporate) Foresight betrifft, gibt es eine ganze Reihe Definitionen für die Tätigkeiten und Potentiale, die damit zum Ausdruck gebracht werden. Die Methoden des Corporate Foresight können und werden mit einer sehr unterschiedlichen Zielsetzung und Philosophie angewendet. In der betrieblichen Ausgestaltung reicht die Zielsetzung vom Versuch sehr genauer Prognosen bis zum vagen Denken verschiedener möglicher Zukünfte. Hinzu kommen z. B. unterschiedliche land- und sprachspezifische Entwicklungen, die zu parallelen Gebieten bis heute führen:

- Im englischsprachigen Raum finden Begriffe wie Forecasting, Foresight, Future-oriented Technology Analysis (FTA) und Long Range Planning Anwendung.

- In Deutschland folgt die Evolution von Foresight im Unternehmenskontext parallel mit den Begriffen der Frühwarnung, operativen Früherkennung, strategische Früherkennung und Strategische Frühaufklärung.

- Frankreich entwickelt das Feld „la prospective", welches bis heute den etablierten Terminus darstellt.

Die Benutzung der Termini ist damit im Allgemeinen nicht einheitlich. Eine Konsolidierung und Findung ist erst im Gange, wobei zunehmend der Begriff Corporate Foresight als übergeordnetes Konzept (**Abbildung 11.1**) Anwendung findet.

Abbildung 11.1 Schematischer Vergleich einiger Foresight Konzepte;
Quelle: eigene Darstellung in Anlehnung an Rohrbeck 2008

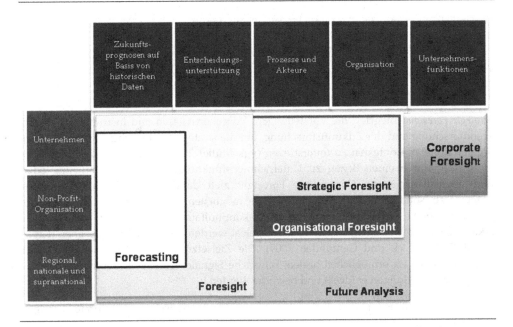

Während *Trendforschung* sich mit der Erkennung und Deutung sozialer, ökonomischer, technologischer und kultureller Entwicklungen befasst, beschäftigt sich die *Zukunftsforschung* mit der Erfassung und Antizipation möglicher Zukunftsentwicklungen sowie der Entwicklung und Darstellung möglicher Zukunftsvorstellungen und -bilder (vgl. Burmeister et al. 2002).

In dem mit Martin und Irvine (1984) eingeführten *Foresight*-Ansatzes sind folgende Annahmen, im Gegensatz zum *Forecasting*, enthalten: Es wird davon ausgegangen, dass es keine singuläre, feststehende Zukunft gibt und diese daher auch nicht vorhergesagt werden kann. Es besteht jedoch die Möglichkeit, unterschiedliche Zukünfte durch Entscheidungen und Handlungen zu beeinflussen (vgl. Irvine und Martin 1984).

Die Erweiterung des Forecastings zum *Foresight* ist ein wichtiger Meilenstein in der Entwicklung des Feldes. Während *Forecasting* kurzfristiger orientiert ist und versucht möglichst exakte Prognosen zu generieren, sowie auf wissenschaftliche Art die Qualität der Zukunftsprognosen zu verbessern, will Foresight so systematisch wie möglich Einflusszusammenhänge und -möglichkeiten aufzeigen. Gewonnene Erkenntnisse des Forecastings werden um Methoden zur Nutzung und Planung von Maßnahmen zur Vorbereitung auf die Zukunft und Denken von verschiedenen Zukünften erweitert. Foresight wird dementsprechend eher als ein Prozess verstanden, als ein Mix aus Methoden und Techniken. Martin (1993) definiert Foresight etwa: „Der systematische Blick in die längerfristige Zukunft von Wissenschaft, Technologie, Wirtschaft und Gesellschaft mit dem Ziel, diejenigen Gebiete für die strategische Forschung und Technologie zu identifizieren, die den größten wirtschaftlichen und sozialen Nutzen nach sich ziehen" (Martin 1993).

Wesentliche Elemente des Corporate Foresight sind damit:

1. Zukunftsgestaltung statt Vorhersage („Shaping the future")

2. Einbindung und Mobilisierung von Stakeholdern und Experten („Partizipation")

3. Jenseits kurzfristiger Planungshorizonte („Szenarien")

Strategic Foresight integriert die Vorstellungen, Vorgehensweisen und Instrumentarien der Trendforschung und der Zukunftsforschung, um die strategische Entscheidungsfindung in organisationalen Kontexten zu unterstützen (vgl. Müller 2008). *Corporate Foresight* ergänzt diese Sicht durch einen Bezug zu Unternehmensfunktionen, wie dem Marketing oder Innovationsmanagement. Corpororate Foresight zielt damit nicht auf ein bestimmtes Ergebnis ab, sondern auf ein Verständnis von möglichen Entwicklungen und deren zugrundeliegenden Treibern und Prozessen. Diskontinuitäten und relevante Trends sollen erkannt sowie technische Entwicklungen ausgelöst werden, um diesen zu begegnen (Krystek 2007; Rohrbeck und Gemünden 2009). Die Zielsetzung ist es Unternehmen (eine) (Er)Neuerungen zu ermöglichen, indem schwache Signale, frühere Änderungen und zukünftige Entwicklungen entdeckt und bewertet werden.

Die folgenden Prozesse und Aufgaben können wie folgt generisch von Corporate Foresight adressiert werden:

1. Informationen werden gesammelt, identifiziert und überwacht.

2. Gesammelte Informationen werden ausgewertet, interpretiert und in bestehende organisationale Strukturen integriert.

3. Neue Strategien werden entwickelt, Entscheidungen unterstützt und Veränderungen in Gang gesetzt.

Das Verständnis von Corporate Foresight ist dabei von drei Strömungen in der wissenschaftlichen Literatur geprägt, die unterschiedliche Wahrnehmungen haben und sich zum Teil einschließen:

■ Corporate Foresight als Funktion,

■ Corporate Foresight als Prozess,

■ Corporate Foresight als Fähigkeit,

■ Corporate Foresight als längerfristig ausgerichtetes Denken und Planen in Szenarien.

■ Zentrale Aufgabe von Corporate Foresight ist es, strategische Entscheidungen vorzubereiten, die längerfristige Wettbewerbsfähigkeit des Unternehmens zu sichern sowie die Lern- und Innovationsfähigkeit des Unternehmens zu stärken (vgl. Phaal et al. 2006 sowie Rohrbeck und Gemünden 2011).

11.4 Methoden des Corporate Foresight

Die breite Vielfalt der Methoden ist der historischen Entwicklung und fehlenden konsistenten Disziplin geschuldet. Dementsprechend ist auch noch keine einheitliche Theorie in Anwendung. Die Mehrheit der Methoden wurde bereits vor 30 bis 60 Jahren entwickelt, jedoch nicht für die Anwendung in Unternehmen. Die wichtigsten Methoden sind: Delphi-Verfahren, Szenariotechnik, SWOT, Benchmarking, Trend Extrapolation, morphologische Kasten, Frühwarnsysteme, Environmental Scanning, Portfolioanalyse und Systemmodellierungen. **Abbildung 11.2** stellt die Nutzung von Foresight Methoden im betrieblichen Umfeld dar.

Abbildung 11.2 Anwendung der Methoden des Corporate Foresights; Quelle: Ambacher 2012

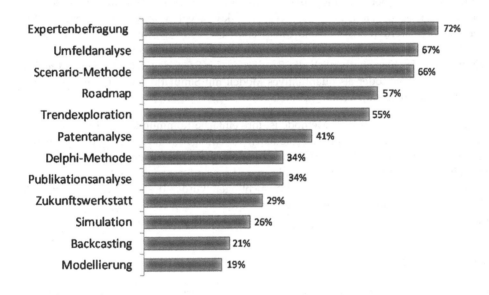

Die große Anzahl an Methoden lässt sich bspw. anhand zweier Kriterien klassifizieren, nämlich dem Ausgangspunkt der Vorhersage und der Art der Daten. Dabei lassen sich explorative und normative Methoden unterscheiden, denen sowohl qualitative als auch quantitative Daten zugrunde gelegt werden können. Explorative Methoden orientieren sich an technisch möglichen Potentialen, während normative Verfahren auf Zielsetzungen und Bedürfnisse abzielen.

Die vorherrschende Meinung ist, dass es keine beste Methode für alle Zwecke gibt. Dementsprechend wird eine Kombination von Methoden entsprechend der Zielsetzung und Situation empfohlen. Nachfolgend werden vier der wichtigsten Methoden kurz vorgestellt.

11.4.1   Szenariotechnik

Der erste wichtige Punkt ist, dass es nicht nur ein Modell der Methode, sondern viele verschiedene Ansätzen und Definitionen gibt. Die moderne, einfache Szenariotechnik wurde
nach dem Zweiten Weltkrieg in den USA und Frankreich (RAND Corporation, Herman
Kahn und Hudson Institute) entwickelt. Eine der Hauptideen war, über das Unvorstellbare
nachzudenken.

Szenarien sind systematische, vernünftige und nachvollziehbare, aus der gegenwärtigen
Situation heraus entwickelte Zukunftsbilder. Die Szenariotechnik eignet sich für eine sehr
langfristig ausgelegte, strategische Analyse mit einem Zeithorizont von 15 bis 30 Jahren.
Szenarien sollen Rahmenbedingungen, zur Überprüfung verschiedener Strategien und
Identifizierung wichtiger Einflussfaktoren setzen. Bestehende Strukturen, Denkmuster und
Lösungsstrategien werden hinterfragt. In mehreren Phasen werden von einer gegebenen
Problemstellung ausgehend Faktoren analysiert, die auf eine bestimmte Entscheidung
Einfluss haben können. Für identifizierte kritische Faktoren der Gegenwart werden Ent-
wicklungen prognostiziert, die im Anschluss zu konsistenten Szenarien zusammengefügt
werden. Diese werden anschließend interpretiert und bewertet, bevor bestehende Strate-
gien hinsichtlich dieser Zukunftsbilder geprüft werden und ggfs. eine Anpassung erfolgt.
Oft stellt ein Trichter anschaulich die Bandbreite der Szenarios dar. Die Szenariotechnik
kann rein qualitativ oder als quantitatives Modell mit Simulationen, z. B. mit der System
Dynamics-Methode, angewendet werden.

Ein grundlegender Vorteil der Methode ist ihre einfache Kommunikation. Ergebnisse können in Unternehmen zwischen verschiedenen Abteilungen relativ einfach diskutiert werden. Unterstützt von z. B. Broschüren, Zukunftsbildern und kleinen Videofilmen kann
plakativ auf bestimmte Szenarien, Gefahren und neuen Strategien des Managements aufmerksam gemacht werden. In vielen Untersuchungen wurden positive Effekte, wie z. B. die
Verbesserung der Entscheidungsfindung und Unterstützung beim Umgang mit Unsicherheiten, festgestellt.

11.4.2   Roadmapping

Die Ursprünge des Roadmapping sind nicht klar. Der Begriff wird auf verschiedene Anwendungen übertragen. Vormals war die Anwendung auf Technologieentwicklungen
beschränkt, wie sie z. B. in der amerikanischen Automobilindustrie und später vor allem
von Motorola genutzt und erweitert wurde. Der Ansatz der EIRMA (European Industrial
Research Management Association) ist einer der populärsten.

Roadmapping wird weit verbreitet für die Langfristplanung und das Technologie Management genutzt, wobei ein angemessener Zeithorizont unter dem der Szenariotechnik
liegt. Roadmapping spielt auch eine Rolle bei der Entwicklung technologischer Voraussetzungen sowie Produkten und dessen Merkmalen. Eine Roadmap ist ein erweiterter Zu-
kunftsblick für ein bestimmtes Feld, welcher Visionen leicht kommuniziert, den Ressour-
ceneinsatz steuert und Fortschritte überwacht. Dieser Blick wird auf Basis des Wissens und

der Vorstellung möglicher Entwicklungen der wichtigsten Treiber dieses Feldes erstellt (vgl. Galvin 1998, S. 803).

Ein Ansatz des Roadmapping Prozess versucht strukturiert folgende Segmente zu beantworten (vgl. Phaal et al. 2000):

- Know-why: Definition und Strategie

- Know-what: Ausrichtung

- Know-how: Technologie,

- To-do: Maßnahmenplan

Dabei ist das Zusammenspiel des Technology-Push und -Pull zu beachten. Einerseits werden Fragen erörtert, wie z. B. welche Technologien am wichtigsten für weitere Entwicklungen sind. Andererseits wird z. B. beachtet, welche Technologien nötig sind, um wettbewerbsfähig zu bleiben.

Ein mächtiger Aspekt des Roadmapping liegt in der unternehmsübergreifenden Nutzung, um gemeinsam z. B. Technologie- und Industriestandards zu entwickeln. Ein weiterer Vorteil ist die gute Möglichkeit der Partizipation, welche allgemein sehr viele positive Aspekte auf die Akzeptanz und Erfolg von Foresightergebnissen hat.

11.4.3 Delphi

Die Delphi-Befragung ist eine Methode, die stark auf die Beteiligung externer Experten zielt. Olaf Helmer und Kollegen bei der RAND Corporation entwickelten die Methode in Kooperation mit dem US Militär während des Kalten Krieges. Auch hier haben sich mehrere Versionen entwickelt. Eine typische Laborversion, das originäre Konzept, welches auch Erkundungs- oder konventionelles Delphi genannt wird und z. B. Politik-Delphi. In den letzten Jahren wird Delphi insbesondere per Internet genutzt.

Das Ziel der Methode ist es, einen beständigen Konsens von Expertenmeinungen, z. B. zu Technologieentwicklungen zu erzielen. Die Delphi-Methode versucht anhand quantitativer Daten, qualitative Aussagen zu treffen. Mittels Delphi-Verfahren sollen durch Expertenbefragungen aussagekräftige Vorhersagen z.B. über die Entwicklungen von Technologien prognostiziert werden, ohne den Gebrauch von historischen Datensätzen. Wenn äußere Einflüsse von Bedeutung sind, gewinnt die Delphi-Technik an Bedeutung.

Ein klassisches Delphi-Modell hat folgende Merkmale:

- Es besteht aus einer Gruppe von "Experten" und einem "Moderator".

- Es erfolgt eine Befragung in mehreren Runden.

- Der Moderator stellt einen Fragenkatalog zusammen, der von Runde zu Runde modifiziert wird.

- Die Ergebnisse einer Runde werden quantitativ ausgewertet und den Teilnehmern in der nächsten Runde zur Kenntnis gegeben

- Zwischen den Teilnehmern findet nur eine Interaktion durch die Kenntnis der Ergebnisse der vorhergehenden Runde statt.

Der Vorteil der Gruppenarbeit ist hier die Summe der verfügbaren Informationen. Gruppeneffekte treten nicht auf, da kein direkter Kontakt innerhalb der Gruppe besteht. Dabei ermöglicht die Delphi-Methode komplexe Probleme, mittels einer effektiven Kommunikation von einer Vielzahl von Experten, zu lösen. Dabei werden negative Gruppeneffekte vermindert.

11.4.4   Visionsentwicklung

Corporate Foresight kann zum Teil allgemein so verstanden werden, dass eine Vision der Unternehmenszukunft geschaffen wird. Hierzu eignet sich die Methode der Visionsentwicklung ("Visioning") besonders. Die Ursprünge der Methode sind diffus, was wieder zu einer großen Uneinheitlichkeit in der Anwendung führt.

Die Methode der Visionsentwicklung kann ein überzeugendes Bild einer bevorzugten Zukunft schaffen und so als ein Instrument genutzt werden, um Mitgliedern einer Organisation oder Gemeinschaft ein Gefühl der Richtung und des nötigen Einsatzes zu geben, der notwendig ist, um die Vision zu realisieren.

Während Trenderkennung und Szenarios helfen systematisch über zukünftige Möglichkeiten nachzudenken, zielt Visionsentwicklung auf die grundlegenden Fragen ab, denen sich jedes Individuum, Gruppe oder Organisation hinsichtlich des Zwecks, der Bedeutung, Richtung und dem Anlass für ihre Arbeit gegenübersieht. Einzelne Mitglieder einer Gemeinschaft oder Organisation können starke Visionen haben, die überarbeitet werden müssen. Auch kann die Mission oder Vision einer Organisation angemessen sein oder muss überprüft werden.

11.5   Nutzen für das Innovationsmanagement

Innovationsmanagement hat im Allgemeinen zum Ziel, den Prozess der Entwicklung von Produkten und den Einsatz von neuen Technologien zu organisieren, aber auch das System, in dem der Innovationsprozess abläuft, zu gestalten. Das Management von Produkt- und Prozessinnovationen ist durch Unsicherheiten, komplexe Entscheidungsstrukturen, der Überwindung von Barrieren und der kreativen Problemlösung durch Teams gekennzeichnet. Die frühe Phase des Innovationsmanagements ist meist durch eine große Unsicherheit gekennzeichnet, so dass Methoden wie Portfolioanalyse, Punktbewertungsverfahren und Wirtschaftlichkeitsanalysemethoden nicht befriedigend einsetzbar sind. Für diese frühe Phase werden stattdessen Methoden des (Technological) Foresight verwendet. Für diese vielfältigen Herausforderungen – sowohl für die Prozess- als auch die Systemperspektive – kann Corporate Foresight wertvolle Hilfestellungen, Informationsgrundlage für die Entscheidungsfindung und Orientierung bieten.

Die Wahrnehmung und Bewertung von Chancen und Risiken stellt eine zentrale Herausforderung des Innovationsmanagements dar. Corporate Foresight versucht dabei zukünftige Chancen aber auch Risiken zu identifizieren. Entwicklungen in Markt, Gesellschaft und Technologien werden dabei identifiziert und Wandlungsprozesse und Marktdynamiken erfasst. Es geht um das Scanning und die Identifikation von emergierenden technologischen Möglichkeiten und Marktchancen, aber auch um die Suche nach möglichen Lösungen. Gerybadze hat dies als "Screening und Solution-finding intelligence" bezeichnet (vgl. Gerybadze 1994, S. 137). Klassische Marktforschung reicht in diesem Kontext häufig nicht aus, um Trends aufzufangen und verborgene Bedürfnisse zu identifizieren. Foresight kann dabei vor allem neue Wachstumspotenziale aufspüren. Bei der Identifikation von neuen Märkten und möglichen Bedürfnisse, geht es auch darum „Nicht-Kunden" kennenzulernen. Foresight sollte verschiedene, mögliche, gestaltbare oder wünschbare (Kunden-) Zukünfte antizipieren. In diesem Zusammenhang und besonders bei der Anwendung der Szenariotechnik wird häufig zwischen präventiven, adaptiven und proaktiven Strategien unterschieden.

Im Sinne eines strategischen Risikomanagements geht es auch um die Identifikation von *blind spots* und die Analyse und Gewinnung des Verständnisses der Treiber möglicher Risiken. Die grundlegenden Risiken liegen dabei in der Nachfrage, dem kompetitiven Risiko und dem Fähigkeitsrisiko eines Unternehmens. Damit sollten langfristige Geschäftsrisiken geklärt, latente Konfliktpotenziale aufgedeckt, die Reaktionsgeschwindigkeit des Unternehmens erhöht und damit Risikopotenziale vermindert werden.

Innovationsmanagement hat darüber eine integrative Perspektive einzunehmen, in dem technologische wie auch marktbezogene Betrachtungen und Faktoren kombiniert werden. Corporate Foresight ermöglicht durch eine breites Methoden-Portfolio, dass die Zukunftsperspektiven des Unternehmens im Kontext von Wissenschaft und Technologie, von Märkten, Kunden und der Gesellschaft sichtbar und gestaltbar werden. Damit einher geht immer häufiger der Anspruch auch die Geschäftsmodelle zu überdenken.

Die Auseinandersetzung mit der Zukunft liefert aber nicht nur Orientierung und stellt ein wichtiges Element für die Formulierung der Unternehmens- und Innovationsstrategie dar. Die Konfrontation mit der Zukunft und das Erdenken von Zukunftsbildern eröffnet bereits während des Prozesses neue Perspektiven und Handlungsfelder. Die diskursive Auseinandersetzung mit der Zukunft ermöglicht den Dialog über Zukunftsstrategien und dafür benötigte Innovationen.

Auch während der Umsetzung und Konkretisierung innovativer Ideen (entlang des Innovationstrichters) kann Corporate Foresight das Managementteam durch Visualisierung und Zukunftsbilder unterstützen und so neue Technologien, Geschäftsfelder und Produkte veranschaulichen. Es dient damit der internen und externen Kommunikation.

Abbildung 11.3   Corporate Foresight: Nutzen für das Innovationsmanagement;
                      Quelle: eigene Darstellung

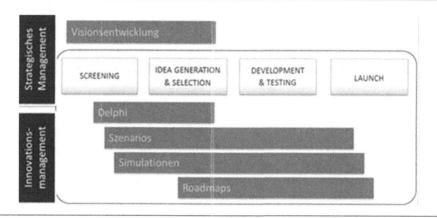

Abbildung 11.3 fasst die wesentlichen Anwendungsbereiche und den Beitrag von Corporate Foresight für das Innovationsmanagement zusammen. Foresight-Aktivitäten können vor dem eigentlichen Innovationsprozess vorgeschaltet werden und definieren die strategischen Leitlinien und schaffen Orientierung, oder können parallel zum Innovationsprozess organisiert bzw. genutzt werden, in dem sie die konkrete Suche und Umsetzung von Ideen unterstützen.

Abbildung 11.4 zeigt eine mögliche Nutzung der Methoden im Unternehmen, insbesondere unter Berücksichtigung ihrer Leistungsfähigkeit und Zwecks vor allem im Innovationsmanagement.

Diese Nutzen konnten in zahlreichen Projekten realisiert werden. So hat der Zulieferer für elektrische Leitungen KRONE (heute TE Connectivity) mit dem Beratungsunternehmen PA Consulting in einem Projekt über 200 Ideen für neue Geschäftsmöglichkeiten entwickelt (vgl. Ringland 1998). Weiterhin bestätigen Studien die Wirksamkeit bei der Erforschung neuer Innovationsmöglichkeiten, Weiterentwicklung der Innovativität, Flexibilität und Agilität von Unternehmen (vgl. Sarpong und Maclean 2011 sowie Hiltunen 2009).

Corporate Foresight wird hier als Ansatz dargestellt, der aktiv im Unternehmen eingesetzt wird. Neben der Anwendung von Methoden des Foresight können Unternehmen aber Ergebnisse von Foresight-Projekten und Studien (passiv) nutzen. Hier kann etwa auf eine Reihe von Foresight-Plattformen und Datenbanken verwiesen werden, die Informationen frei zur Verfügung stellen (www.forseight-platform.eu). Darüber hinaus kann Foresight nicht nur von einem Unternehmen sondern auch von mehreren Unternehmen einer Branche oder Region durchgeführt werden, um gemeinsame Ziele, Strategien und Handlungsfelder zu identifizieren.

Abbildung 11.4   Anwendungsmöglichkeiten von Corporate Foresight Methoden;
Quelle: eigene Darstellung

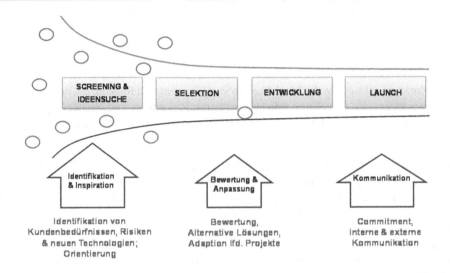

Für den erfolgreichen Einsatz von Foresight im Kontext des Innovationsmanagements sind einige Faktoren zu berücksichtigen. Zum Einen erfordert der Einsatz von Foresight-Methoden die Veränderungsbereitschaft der Organisation. Auch die Absorptionsfähigkeit und Offenheit des Unternehmens stellt einen Erfolgsfaktor dar und einige Autoren weisen in diesem Zusammenhang darauf hin, dass die organisationalen und kulturellen Faktoren entscheidend für den Erfolg sind (vgl. Gruber et al. 2003, Müller 2008 sowie Schwarz 2006).

Die Vorbereitung von strategischen Entscheidungen hat großen Einfluss auf die Qualität dieser. In der Literatur wurden positive Zusammenhänge zwischen der Berücksichtigung von Umweltinformationen, dem Grad an Partizipation und dem Unternehmenserfolg festgestellt (vgl. Nutt 2007 sowie Zehir und Özsahin 2008). Daher wird auch die Rolle der Kommunikation von vielen Forschern als wichtiger Faktor für effektive Entscheidungsfindung gesehen. Corporate Foresight liefert dabei die Grundlage zur Diskussion und Definition von Visionen, Zielen und konkreten Maßnahmen.

Ein entscheidender Erfolgsfaktor ist schließlich der Einsatz und die Adaption der Methoden an die spezifischen Bedürfnisse. Die Wahl der Methoden hat dabei einen Einfluss auf die Effekte und Wirkung: "we shape our tools and thereafter our tools shape us" (vgl. Culkin 1967). Studien zeigen in diesem Zusammenhang auch, dass vielen Unternehmen das methodische Know-how fehlt und Methoden mit zu wenig Bedacht ausgewählt werden (vgl. Becker 2002 sowie Popper 2008).

11.6   Fazit

Corporate Foresight ist das Instrument für die mittel- bis langfristig orientierte Innovations-
und Strategiearbeit in Unternehmen. Foresight Prozesse ermöglichen es Unternehmen,
strategische Weichen frühzeitig zu stellen und mit Herausforderungen der Zukunft innova-
tionsorientiert umzugehen.

Corporate Foresight hat dabei eine explorative wie auch eine normative Komponente. Bei
der Exploration geht es um die Identifikation von Chancen und Risiken. Bei der normativen
Komponente um die Gestaltung von wünschbaren Zukünften und Strategien, bspsw. in
Form von Visionen. Foresight kann dabei auch als Lernprozess verstanden werden, der die
Innovationsfähigkeiten im Unternehmen stärkt.

Die systematische Auseinandersetzung mit der Entwicklung des Unternehmens eingebettet
in sein Umfeld unterstützt das Innovationsteam in den frühen Phasen darin, zukünftige
Kundenbedürfnissen, und technologische Potentiale, aber auch Risiken zu identifizieren. In
späten Phasen des Innovationsprozesses können Informationen zur Bewertung von alternativen Lösungen genutzt werden, um Produkte oder Prototypen an geänderte Marktentwicklungen anzupassen. Ferner kann die gemeinsame und systematische Auseinandersetzung mit Zukunftsszenarien das Committment von Seiten des Top-Managements absi-
chern. Die Erfahrung aus Foresight-Projekten mit Unternehmen zeigt, dass das Ergebnis
von derartigen Projekten nicht nur die Formulierung von adaptiven Zukunftsstrategien ist
sondern bereits im Prozess konkrete Ideen für neue Produkte entstehen: das Denken über
die Zukunft in partizipativen Prozessen schafft neue Horizonte und Perspektiven und lässt
häufig die Kreativität fließen.

Während der Innovationstrichter mit dem Fortgang der Produktentwicklung die Dimensionen einengt und fokussiert, versucht der Zukunftstrichter neue Perspektiven zu schaffen,
den Horizont zu öffnen und damit auch den Tunnelblick zu vermeiden. Der Einsatz von
Foresight-Methoden ist eine Möglichkeit der Förderung von Innovation und ist zweifels-
ohne ein strukturierter, planerischer und formaler Prozess.

Die Wirksamkeit von Corporate Foresight wurde sowohl im Einzelnen für verschiedene
Methoden, als auch für das Gesamtkonzept belegt. Viele multinationale Konzerne haben
mittlerweile feste Corporate Foresight Abteilungen etabliert, die insbesondere bei strategischen, technologischen Fragen die Entscheidungsqualität verbessern. Aber auch mittel-
ständische Unternehmen setzen vermehrt einzelne Methoden des Foresight ein, um neue
strategische Orientierung zu gewinnen sowie konkrete Ideen und Lösungen für die Produktentwicklung zu identifizieren.

Literatur

Aguilar, F. J. (1967): Scanning the Business Environment, New York, Macmillan

Ambacher, N. (2012). Corporate Foresight – a Delphi Study on the Use of Methods of Future Research, Taking into Account the Needs of Industry and Research, Master's thesis, Berlin, Free University of Berlin

Ansoff, I. H. (1975).: Managing Strategic Surprise by Response to Weak Signals, California Management Review, No. 18, 21–33

Ansoff, I. H. (1980): Strategic issue management, Strategic Management Journal, Vol. 1, Ausgabe 2, 131–148

Becker, P. (2002): Corporate Foresight in Europe: A First Overview, Working Paper European Commission: 31, EUR20921, European Commission

Burmeister, K., Neef, A., Beyers, B. (2004). Corporate Foresight. Unternehmen Gestalten Zukunft. 1st ed. Murmann Verlag

Burmeister, K. et al. (2002): Zukunftsforschung und Unternehmen: Praxis, Methoden, Perspektiven, Essen, Z_punkt

Culkin, J. M. (1967): Each Culture Develops Its Own Sense Ratio to Meet the Demands of Its Environment, in McLuhan: Hot and Cool, Gerald E. Stearn (Hrsg.), 49–57. New York, New American Library

D'Aveni, R. A. (1994): Hypercompetition: Managing the Dynamics of Strategic Maneuvering. New York, Toronto: The Free Press; Maxwell Macmillan Canada; Maxwell Macmillan International

Galvin, R. (1998): Science Roadmaps, Science Vol. 280 Ausgabe 5365, 803a–80.

Gerybadze, A. (1994): Technology Forecasting as a Process of Organisational Intelligence, R&D Management, Vol. 24, Ausgabe 2, 131–40

Gruber, M. et al. (2003): Die Rolle Des Corporate Foresight Im Innovationsprozess: Ziele, Ausgestaltung Und Erfahrungen Am Beispiel Der Siemens AG, Zeitschrift Führung + Organisation, Vol. 75, Ausgabe 5, 285–90

Hamel, G.; Prahalad, C. K. (1994): Competing for the Future. Harvard Business Review 72 (4): 122–28.

Hiltunen, Elina (2009): Scenarios: process and outcome, Journal of Futures Studies, Vol. 13, Ausgabe 3, 151–152.

Irvine, J.; Martin, B. R. (1984): Foresight in Science: Picking the Winners. Pinter

Jemala, M. (2010): Evolution of Foresight in the Global Historical Context, Foresight, Vol. 12, Ausgabe 4, 65–81

Krystek, U. (1990): Controlling und Frühaufklärung, Controlling, Zeitschrift für erfolgsorientierte Unternehmenssteuerung, 2. Jg., Heft 2, S. 68ff.

Lichtenthaler, E. R. V. (2002): Organisation der Technology Intelligence: eine empirische

Untersuchung der Technologiefrühaufklärung in technologieintensiven Grossunternehmen, Verlag Industrielle Organisation

March, J. G. (1994): A Primer on Decision Making: How Decisions Happen, New York, The Free Press

Martin, B. R. (1993): Research foresight and the exploitation of the science base : study commissioned by the Office of Public Service and Science at the Cabinet Office, Brighton, Science Policy Research Unit

Mason, R. O., Mitroff, I.I., (1981): Challenging Strategic Planning Assumptions:Theory, Cases and Techniques, New York, Wiley

Meadows, D. H. et al. (1972): The Limits to Growth; a Report for the Club of Rome's Project on the Predicament of Mankind. Edited by Club of Rome. New York, Universe Books

Müller, A. W. (2008): Strategic Foresight – Prozesse Strategischer Trend- und Zukunftsforschung in Unternehmen, Dissertation, St. Gallen, Universität St. Gallen, Hochschule für Wirtschafts-, Rechts- und Sozialwissenschaften (HSG).

Nutt, P. C. (2007): Intelligence gathering for decision making, Omega, Vol. 35, Ausgabe 5, 604-622

Phaal, R. et al. (2000): Fast-Start Technology Roadmapping, in Proceedings of the 9 Th International Conference on Management of Technology (IAMOT 2000), 21-25 Th February, 45–4

Phaal, R. et al. (2006): Technology Management Tools: Generalization, Integration and Configuration, International Journal of Innovation and Technology Management (IJITM), Vol. 03 Ausgabe 3, 321–39

Popper, R. (2008): How Are Foresight Methods Selected?, Foresight 10 (6): 62–89

Ringland, G. (1998): Scenario Planning, New York, John Wiley & Sons

Rohrbeck, R. (2008): Towards a Best-Practice Framework for Strategic Foresight: Building Theory from Case Studies in Multinational Companies, International Association for Management of Technology IAMOT 2008 Proceedings, Dubai, UAE

Rohrbeck, R.; Gemünden, H. G. (2011): Corporate Foresight: Its Three Roles in Enhancing the Innovation Capacity of a Firm, Technological Forecasting and Social Change Vo. 78, Ausgabe 2, 231–43

Sarpong, D., Maclean, M. (2011): Scenario thinking: A practice-based approach for the identification of opportunities for innovation, Futures, Special Issue: Energy Futures 43, 1154–1163

Schwarz, J. O. (2006): German Delphi on Corporate Foresight, The European Foresight Monitoring Network

Zehir, Cemal, and Mehtap Özşahin. (2008): A Field Research on the Relationship Between Strategic Decision-making Speed and Innovation Performance in the Case of Turkish Large-scale Firms, Management Decision, Vol. 46, Ausgabe 5, 709–24

Priv.-Doz. Dr. Karl-Heinz Leitner
Senior Scientist, AIT

Karl-Heinz Leitner ist Senior Scientist im Innovation Systems Department am Austrian Institute of Technology. Er war Visiting Research Fellow an der Copenhagen Business School und ist Dozent für Innovationsmanagement am Institut für Managementwissenschaften der Technischen Universität Wien. Inhaltliche Schwerpunkte seiner Arbeit sind Strategieentwicklung, Innovationsmanagement, Bewertung von Intellektuellem Kapital und Forschungspolitik. Karl-Heinz Leitner hat zahlreiche Forschungs- und Beratungsprojekte für Unternehmen, Ministerien, Interessensvertretungen und die Europäische Union durchgführt. Er hat ein Buch über die 50 besten Innovationen Österreich publiziert und war Projektkoordinator eines internationalen Foresight-Projekts zur Zukunft der Innovation.

Dipl.-Kfm. Djordje Pinter
Dissertant, AIT

Djordje Pinter ist Dissertant im Innovation Systems Department am Austrian Institute of Technology in Kooperation mit der Technischen Universität Wien. Er war Eu-SPRI Stipendiat an der Manchester Business School. Inhaltliche Schwerpunkte seiner Arbeit sind die strategische Bedeutung von Corporate Foresight im Innovationsmanagement, Nachhaltiges Management und IT-Innovationen. Djordje Pinter hat nach seinem Studium an der Universität Mannheim und Rijksuniversität Groningen mehrere Startups in der IT-Industrie gegründet. Er hat einen Sammelband zum Verhältnis von Wirtschaft, Gesellschaft und Natur herausgegeben und ist im Vorstand der Deutschen Gesellschaft für Warenkunde und Technologie.

12   Strategic Foresight & Open Innovation

Sinnvolle Nutzung des Open Innovation Ansatzes in strategischen Trend- und Zukunftsforschungsprozessen

Dipl. Oec. Caroline V. Rudzinski

Abstract

Strategie und Innovation bilden zwei Seiten einer Medaille: Die Strategie definiert den Handlungsrahmen einer Organisation. Sie schafft die Basis, nach der die Organisation handelt, die aber kontinuierlich überprüft und angepasst werden muss. Innovationen dagegen bringen Erneuerungen in die Organisation. Sie wirken als Impulsgeber für Neues und bringen Variationen ein. Sie unterstützten die Lernfähigkeit und Weiterentwicklung einer Organisation und tragen damit auch zu ihrer Existenzsicherung in einer sich verändernden Umwelt bei. Hier liegt die Schnittstelle von Strategie und Innovation: Strategie gibt die „Richtung" für eine Organisation vor, Innovationen dagegen bewirken Irritationen, über die eine Organisation Neues lernt und sich anpasst. Damit tragen Innovationen wesentlich zur Überlebenssicherung einer Organisation bei, denn sie brechen Routinen auf und initiieren Weiterentwicklung. Genau in dieser Gegensätzlichkeit der Grundcharakteristika der Strategie- und Innovationsmethoden und der damit entstehenden Reibung und Irritation liegt eine für die Organisation wertvolle Quelle zur Überlebenssicherung: Einerseits wird über den Strategieprozess Sicherheit geschaffen, damit die Organisation handlungsfähig bleibt und gleichzeitig wird diese (Sicherheit) über den Innovationsprozess in Frage gestellt bzw. zugelassen, dass Raum für Neues entsteht. Die damit verbunden Oszillation, das Pendeln der Organisation zwischen Festlegung (Strategie) und Hinterfragung/Öffnung (Innovation), schafft eine Dynamik, die eine Organisation permanent zwingt, sich zu hinterfragen, zu lernen und sich damit weiterzuentwickeln.

Bei Volkswagen wurde ein Projekt durchgeführt, welches die strategischen Methoden, Szenarios und Wind Tunneling, mit einer Methodik aus dem Open Innovation Bereich, die Informationsmärkte, kombiniert hat. Es konnte gezeigt werden, dass dieser strukturierte Prozess einen strategischen Dialog über zukünftige Welten und damit verbunden über unterschiedlich denkbare Zukunftsstrategien und dafür benötigte Innovationen ermöglichte.

Keywords:
Strategie, Innovation, Strategic Foresight, Szenarios, Wind Tunneling, Open Innovation, Informationsmärkte

12.1   Einleitung

„Der Zufall trifft nur einen vorbereiteten Geist."
Louis Pasteur

Ziel jeder Organisation ist ihre Existenzsicherung (vgl. Luhmann 2000 sowie Simon 2007). Dafür trifft sie tagtäglich Entscheidungen, entscheidet sich für Option A und gegen Option B, C oder D. Dabei ist sie permanent dem Dilemma ausgeliefert, dass sie einerseits nur über das entscheiden kann, was noch unentschieden ist (gerade diese Offenheit ist die Voraussetzung, damit eine Entscheidung getroffen werden kann; vgl. Luhmann 1993). Anderseits ist sie dabei permanent mit der Unsicherheit konfrontiert, nicht zu wissen, ob sie sich für die richtige Option entschieden hat. Jede Entscheidung ist schlussendlich nur die Transformation von Unsicherheit in Risiko. Das Risiko liegt hierbei in der Wahl der Alternative und die Qualität ihrer Entscheidung kann die Organisation schlussendlich erst ex-post beurteilen. Dabei hat sie den Anspruch, dass an ihre Entscheidungen Folgeentscheidungen anknüpfen können und somit ihre Existenz gesichert ist (vgl. Luhmann 1993).

Was sich nach einer recht trivialen Beobachtung anhört, stellt Organisationen vor immense Herausforderungen.

Trotz der permanenten Unsicherheit, müssen Unternehmen anschlussfähige Entscheidungen fällen, ohne vorher Wissen zu können, was *die richtigen* Entscheidungen sind. Dabei spielen zwei Aspekte eine wesentliche Rolle bei der Entscheidungsfindung:

1. Erfahrungen/gewachsene Organisationsabläufe & Kultur: Die individuelle Geschichte und die eigene Systemlogik jeder Organisation.

2. Erwartungen: Die individuelle Einschätzung der Organisation von Zukunft.

Basierend auf dem, was die Organisation für sich „gelernt" und als Erfahrungswerte abgespeichert hat und vor dem Hintergrund, was sie erwartet, trifft sie ihre Entscheidungen. Dabei muss eine Organisation einen Balanceakt vollführen, mit Hilfe dessen sie zwar einen stabilen Rahmen schafft, der ihre Arbeitsabläufe strukturiert und sie nicht tagtäglich jeden Schritt neu definieren und hinterfragen muss, und gleichzeitig muss die Organisation sich eine gewisse Flexibilität und Offenheit zugestehen, damit sie sich weiter entwickeln und anpassen kann. Hier greift die Organisation einerseits auf Strategien zurück, die ihr einen Handlungsrahmen vorgeben und andererseits auf Innovationen bzw. Innovationsprozesse, die Neues initiieren und damit eine Weiterentwicklung der Organisation herstellen. Sowohl die Strategie als auch die Innovation tragen zur Existenzsicherung einer Organisation bei; sie sind, mit anderen Worten, zwei Seiten einer Medaille. Dabei folgen Strategie und Innovation zwei völlig unterschiedlichen Logiken: Die Strategie schafft Orientierung und Stabilität, die Innovation dagegen schafft Diffusion und Instabilität. Gerade diese subversiven Grundeigenschaften von Strategie und Innovation tragen zur Existenzsicherung einer Organisation bei: Die Oszillation der Organisation zwischen Stabilität und Instabilität bricht die (Organisations-) Trägheit auf, ohne dabei das Fundament grundlegend zu hinterfragen.

Im Rahmen dieses Beitrages soll ein Projekt vorgestellt werden, bei dem Ansätze aus der Strategie und der Innovation bewusst miteinander kombiniert wurden. Nachdem die Aufgabe von Strategie und Innovation aus Sicht der neueren Systemtheorie definiert, sowie die Szenario, Wind Tunneling und Informationsmarkt Methoden vorgestellt wurden, wird das Projekt präsentiert. Abschließend werden die Einblicke aus der Praxis zusammengefasst und münden in einem Fazit.

12.2   Strategie und Innovation: Das Warum?

12.2.1   Aufgabe von Strategie und Innovation für eine Organisation

Strategie und Innovation nehmen zwei Seiten einer Medaille ein, denn auch wenn diese unterschiedliche Funktionen innerhalb einer Organisation erfüllen, so sind sie miteinander verbunden und müssen zusammen gedacht und aufeinander abgestimmt werden.

12.2.2   Strategie

Im systemtheoretischen Verständnis ist die Aufgabe von Strategie die gegenwärtigen Entscheidungsprämissen vor dem Hintergrund der Zukunft zu hinterfragen: Im Rahmen eines Strategieprozesses wird nicht nur betrachtet, wie die Organisation heute aufgestellt ist, sondern auch welche Entwicklungen zu erwarten sind und wie sich die Organisation hierbei (ggf. neu) aufstellen und anpassen muss und auch welche verworfenen Aspekte aus der Vergangenheit sie wieder aufgreifen sollte, damit sie erfolgreich in der Zukunft bestehen bleibt. Dabei ist der Blick sowohl nach innen als auch nach außen gewendet.

„Strategieentwicklung (…) läßt Organisationen ihre eigene Gefährdung immer wieder bewußt werden. Sie läßt aber auch aus den identifizierten Marktchancen der Zukunft in Verbindung mit einem gesicherten Wissen um die eigene Fähigkeiten jene Kraft wachsen, die ein sicherheitstiftendes Entscheiden im alltäglichen Vollzug der eigenen Aufgaben ermöglicht, ohne dabei die heute geforderte Lernfähigkeit als Organisation zu verlieren" (Nagel und Wimmer 2002, S. 106f.).

Im Rahmen der Strategiediskussion kann sich eine Organisation von ihren gegebenen Strukturen lösen, Vergangenes und/oder Verworfenes wieder anschauen, hervorbringen oder Neues in Betracht ziehen.

Im Strategieprozess kann die Organisation mit unterschiedlichen Ansätze und Methoden arbeiten.

1. In der ersten Phase der strategischen Rahmensetzung können beispielsweise Konkurrenz-, Benchmarking- und Kernkompetenz-Analysen durchgeführt werden oder der Wargaming Ansatz genutzt werden.

2. In der zweiten Phase der Strategieumsetzung, können unter anderem die Plausibilitäts-check-Analyse, der Commitometer Ansatz oder die Flipchart-Tetralemma Methodik genutzt werden.

3. Bei der letzten Phase der dynamischen Strategieanpassung kann z. B. mit der Balance Scorecard oder mit dem EFQM (European Foundation of Quality Management)-Excellence Modell gearbeitet werden (vgl. Nagel und Wimmer 2002 sowie Nagel 2007).

Das ist nur eine kleine beispielhafte Auswahl an möglichen Tools, die eine Organisation, je nach Phase und Zielsetzung, für ihren Strategieentwicklungsprozess nutzen kann.

Die Funktion von Strategie ist, dass sie der Organisation einen Handlungsrahmen vorgibt, in dem sie sich bewegt und den sie nicht tagtäglich hinterfragen muss, so dass sie sich ihren operativen Alltagsinhalten zuwenden kann. Die Strategie „löst die großen Fragen, sodass sich die Menschen mit den Details befassen können" (Mintzberg 1999, S. 31). Gleichzeitig ist dies genau ihre „Krux", denn die Stabilität (die „Antworten auf die großen Fragen"), die die Strategie einer Organisation gibt, kann sie auch genauso „blind" für Veränderungen und Anpassungen machen. Mintzberg formuliert es wie folgt: „Deshalb kommen wir zu dem Schluß, daß Strategie für Organisationen eigentlich das sind, was Scheuklappen für Pferde sind: Sie halten sie zwar auf einem geraden Weg, erschweren aber den Blick zur Seite" (Mintzberg 1999, S. 32).

12.2.3   Innovation

Die Innovation kann als eine Form der Perturbation für eine Organisation verstanden wer-den (Perturbation wurde von Maturana in die Systemtheorie eingeführt und beschreibt eine wahrgenommene Störung, die auch positive Auswirkungen haben kann; vgl. Maturana und Varela 1987). Dabei muss eine Organisation sich so aufstellen, dass sie nicht wartet, dass diese Pertubation nur von außen kommt, sondern dass überlebenswichtige Impulse auch von innen ausgehen können. Darüber passt die Organisation ihre Identitätsstrategie an und stellt aktiv sicher, dass sie Relevantes mitberücksichtigt, als Basis für eine erfolgrei-che und nachhaltige Existenzsicherung.

„Ein Grund für dies Insistieren auf Innovation könnte darin liegen, dass der zeitliche Rhythmus interner Umstellungen nicht mehr überwiegend extern bestimmt ist, z. B. durch Produktzyklen, die der Markt erzwingt, oder durch Veränderungen in der politischen Füh-rung, sondern dass die Organisation selbst ihre Zeit organisieren und dafür ständig innova-tionsbereit sein muss. Es geht, anders gesagt, um eine Verlagerung der Kontrolle des Aus-maßes, in dem Vergangenheit und Zukunft sich unterscheiden können, von außen nach innen; und „Innovation" ist nur ein euphemistischer Ausdruck für die Forderung, die da-mit verbundene Flexibilität aufzubringen – auch wenn die Umwelt nicht dazu zwingt" (Luhmann 2000, S. 439).

Die Funktion der Innovation ist die aktive Anpassung der Identitätsstrategie einer Organi-sation. Innovationen helfen der Organisation nicht zu „verkalken". Sie wirken als Impuls-geber für Neues und bringen Variationen ein. Innovationen unterstützten die Lernfähigkeit und Weiterentwicklung einer Organisation und tragen damit auch zu ihrer Existenzsicherung in einer sich verändernden Umwelt bei, denn „die Verhaltensmuster, die heute das Überleben sichern, können morgen in den Abgrund führen" (Simon 2004, S. 22).

12.2.4   Strategie und Innovation

Ein weiterer Mehrwert von Strategie und Innovation liegt in ihren gegensätzlichen Charakteristika, wenn sie explizit zusammen gedacht und aufeinander abgestimmt werden: Strategie steht für Orientierung, Festlegung und Sicherheit und trifft auf Innovation, die für Diffusion, Verwirrung und Unsicherheit steht. Gerade in diesen widersprüchlichen Charakteristika von Strategie und Innovation liegt der Kern, der maßgeblich zur Existenzsicherung einer Organisation beitragen kann: Akzeptiert die Organisation die Widersprüchlichkeit beider Prozesse und lässt sie jedem Prozess Raum mit seinen besonderen Eigenschaften, schafft sie eine Dynamik, die sie permanent zwingt, zwischen Geschlossenheit und Offenheit zu oszillieren. Die Kombination der beiden Ansätze –Strategie und Innovationsoll im Anschluss näher beleuchtet werden.

12.2.5   Szenarien und Wind Tunneling Methodik

Der Fokus bei dem Strategiefeld dieses Beitrages liegt auf der Szenario und der Wind Tunneling Methode, da diese im Rahmen des analysierten Projektes genutzt wurden. Diese sollen nachfolgend kurz skizziert werden.

Beide Methoden können unter dem Oberbegriff „Strategic Foresight" (strategische Frühaufklärung) zusammengefasst werden. Im Rahmen der strategischen Frühaufklärung geht es darum zukünftige, für die Organisation relevante, Veränderungen (ggf. auch Bedrohungen) zu erkennen und mit entsprechenden Gegenmaßen, in Form einer angepassten Organisationsstrategie, darauf zu reagieren (vgl. Müller-Stewens und Müller 2009).

Die Szenario Methode[1] ist ein Ansatz, der unterschiedlich denkbare Zukünfte und ihre möglichen Einflussfaktoren und Entwicklungsoptionen aufzeigt. Szenarien beschreiben Dynamiken, Trends, Entwicklungen etc. und eröffnen einen gedanklichen Raum. Sie zeigen mögliche zukünftige Entwicklungen von unterschiedlichen Faktoren auf. Kosow und Gaßner betonen, dass ein Szenario „kein umfassendes Bild der Zukunft dar[stellt], denn seine Funktion besteht darin, die Wahrnehmung gezielt auf einen oder mehrere bestimmte, abgegrenzte Ausschnitte der Wirklichkeit zu richten " (Kosow et al. 2008). Je weiter dabei die möglichen Ereignisse in der Zukunft liegen, desto größer wird der Möglichkeitsspielraum.

---

[1]   Es gibt unterschiedliche Terminologien für die szenariobasierten Verfahren. Der Begriff der Szenario Methode wird als „eine Planungstechnik [beschrieben], bei der mehrere, sich deutlich unterscheidende, in sich konsistente Szenarien entwickelt werden und aus diesen Szenarien Konsequenzen für strategische Entscheidungen abgeleitet werden."(Steinmüller 1997, S. 60). Da elementarer inhaltlicher Bestandteil dieses Beitrages die organisationale Strategieentwicklung ist, deckt die Terminologie der Szenario Methode diesen Aspekt gut ab und soll daher genutzt werden.

Im Gegensatz zu der Szenario Methode, die Fragen für den strategischen Dialog aufwirft, liefert die Wind Tunneling Methode grobe Antworten auf diese aufgeworfenen Fragen. Die Wind Tunneling Methode ist *eine* Möglichkeit des Szenario Transfers auf die strategische Innenwelt der Organisation: Fokussiert die Szenario Methode primär auf externe Zukunftswelten, so stellt die Wind Tunneling Methode die Verknüpfung zwischen der externen Umwelt und der internen Organisationswelt her, indem sie die Organisationsstrategie vor dem Hintergrund der Szenarien bewertet. Mit der Wind Tunneling Methodik wird der Strategic Fit der Organisation in den jeweiligen Szenarien analysiert. Ziel dieses „Stresstestes" ist es zu überprüfen, wie die Organisation mit ihrer Strategie in den unterschiedlichen Zukünften aufgestellt ist und (gegebenenfalls) blinde Flecken der Organisation aufzudecken und strategische Anpassungen zu tätigen.

"The question arises whether it constitutes a strong, robust formula, containing enough general purpose competencies so that it can deal with most futures as we can envisage them. Alternatively there may be weaknesses that we can bring to light in time for us to take corrective action. This is where the business idea needs to be confronted with the scenarios in a wind tunneling approach, addressing the question of whether this is the right formula to face the futures developed in the scenarios" (van der Heijden 1997, S. 19).

12.2.6   Open Innovation: Informationsmarkt Methodik

Bei dem Innovationsfeld wurde der Open Innovation Ansatz und hier die Informationsmarkt-Methodik im Rahmen des Projektes genutzt und soll an der Stelle kurz vorgestellt werden.

Der Open Innovation Ansatz bricht die klassische (geschlossene) Wertschöpfungskette eines Innovationsprozesses auf, indem Personen in den Innovationsprozess eingebunden werden, die normalerweise im klassischen (geschlossenen) Innovationsprozess nicht Teil dessen sind. Bei dem Open Innovation findet eine Entkoppelung von Beziehungs- und Inhaltsebene statt: Es werden neue Inhalte in die Organisation gebracht und es wird nicht mehr vorgeben, *woher* die Informationen „herkommen dürfen". Der Fokus liegt hierbei auf dem Wissen, dass die Personen einbringen und nicht auf der Rolle, die die Personen innerhalb oder auch außerhalb der Organisation einnehmen. Wo beim geschlossenen Innovationsprozess häufig die Person(en) gehört wird (werden), die die größte „Macht" (über ihre hierarchische Position konstituiert) hat (haben), zählt beim Open Innovation Prozess dagegen das relevante Wissen der Personen und nicht ihre Position. Der offene Innovationsprozess zieht die bisherigen Organisationsgrenzen *neu* bzw. passt sie neu an (der Open Innovation Prozess hebt nicht die Organisationsgrenze auf, denn damit würde sich die Organisation in ihrer Existenz auflösen). Es wird ein neuer Kommunikationsraum aufgesetzt, indem abteilungs- und/oder organisationsübergreifend und hierarchieunabhängig Wissen transparent gemacht wird. Der Ansatz macht somit relevantes Wissen sichtbar, welches ansonsten unberücksichtigt geblieben wäre.

Dabei orientiert sich die neue Grenzziehung daran, ob die neu eingebundenen Personen relevantes Wissen mitbringen oder nicht. Relevantes Wissen bzw. Unwissenheit ist hierbei die relevante Leitunterscheidung.

Der Referenzpunkt der neuen Grenzziehung ist die *bisherige* Struktur, in der die Organisation ihre Innovationen durchgeführt hat. Die kleinste Einheit kann hier eine Organisationsabteilung sein, dessen Grenzen über einen Open Innovation Prozess tangiert wird. Das heißt, dass die neue Grenzziehung nicht unbedingt bedeuten muss, dass die Außenwelt (wie bspw. Kunden oder externe Experten) einbezogen werden muss, damit erst von einem Open Innovation Prozess gesprochen werden kann. Man würde schon von einem Open Innovation Prozess sprechen, wenn andere Abteilungen oder Personen innerhalb der Organisation, die ansonsten nicht an dem geschlossenen Innovationsprozess teilgenommen haben, jetzt daran partizipieren können.

Informationsmärkte sind eine Form des Open Innovation Ansatzes. Die Informationsmarktmethodik fasst das vorhandene Wissen verschiedener Akteure über einen Marktmechanismus zu effizienten, kollektiven Entscheidungen zusammen und macht dieses sichtbar. Über eine virtuelle Börse werden Erwartungen über ein zukünftiges Ereignis oder zu der Erfolgsaussicht einer neuen Idee als selbstständige Wertpapiere gehandelt. Teilnehmer mit relevantem Wissen zu dem abgefragten Themenfeld loggen sich auf einer online basierten Handelsplattform ein (bzw. diese kann auch frei für jeden zugänglich sein) und beantworten Fragen über zukünftige Ereignisausgänge oder zu neuen Innovationsfeldern.

Werden Teilnehmer zu einem neuen Innovationsfeld abgefragt, können diese dazu

- ihre Ideen einbringen,

- bestehenden Ideen kommentieren und

- Ideen bewerten.

Die Bewertung der Ideen oder ihre Einschätzung zu zukünftigen Ereignisausgängen findet über den Kauf oder Verkauf der möglichen Ausgangsoptionen oder der eingebrachten Ideen statt. Hierbei bilden sich Preise für die Ausgangsoptionen bzw. für die unterschiedlichen Ideen, basierend auf dem Prinzip von Angebot und Nachfrage. Je mehr eine Option nachgefragt wird, umso teurer wird diese und umso wahrscheinlicher ist es, dass das Ereignis, wofür die Option steht, eintritt bzw. je höher schätzen die Akteure die Erfolgswahrscheinlichkeit der neuen Idee/Innovation ein. Die Teilnehmer können während des Handelszeitraumes jeder Zeit ihre Meinung ändern (z. B. aufgrund neuer, relevanter Informationen) und auf eine andere/neue Option setzen. Der dynamische Marktpreis bündelt somit relevante und aktuelle Informationen der Händler und spiegelt die kollektive Markteinschätzung über den tatsächlichen zukünftigen Ereigniseintritt oder die Erfolgswahrscheinlichkeit einer Innovation wider. Der Preis kann somit als Prognose der zukünftigen Zustände oder als Erfolgseinschätzung von Neuem interpretiert werden (vgl. Spann 2002, S. 15ff.). Zu einem vorher festgelegten Zeitpunkt wird der Markt geschlossen. Die Teilnehmer werden in Bezug auf das tatsächlich eingetretene Ergebnis und basierend auf ihren gehaltenen Ausgangsoptionen (real oder virtuell) ausgezahlt. Abschließend werden die Top

Händler (die auf den tatsächlichen Ausgang oder auf die „Gewinner-Idee" gesetzt haben) honoriert. Wird die Informationsmarktmethodik für den Innovationsbereich eingesetzt, werden des Weiteren auch die Top-Ideengeber und die Personen, die die besten Kommentare eingebracht haben, gewürdigt.

Die Methodik kann insbesondere für Großunternehmen eine sinnvolle Ergänzung des angewandten Methodenarsenals im Innovationsmanagement sein: Sie reduziert Komplexität auf ein handhabbares Maß indem sie die Weisheit Vieler effizient bündelt, Innovationen sichtbar macht und diese hinsichtlich ihres Erfolgspotentials bewertet. Im Gegensatz zu anderen Innovationsmethoden können Informationsmärkte eine Vielzahl an relevanten Informationen verarbeiten und diese gleichzeitig gewichten, filtern und sichtbar machen. Mit diesem Ansatz lassen sich unterschiedliche Fragen im Unternehmen näher beleuchten, wie beispielsweise die Einschätzung Vieler zu folgenden Fragen ist:

■ Zukünftigen Entwicklungen unternehmensbezogener Themen (Abfrage von Prognosen),

■ langfristigen Entwicklungen von Geschäftsfeldern (Abfrage von Trends) oder

■ Herausforderungen auf der Produkt- und/oder Serviceseite (Abfrage von Innovationen).

Des Weiteren bietet ein Informationsmarkt Einblick zu folgenden Aspekten:

■ Wer hat relevantes Expertenwissen?

■ Wie ist die Akzeptanz gegenüber neuen wichtigen Themen und Fragestellungen?

■ Zu welchen Themenbereichen ist viel bzw. weniger Wissen vorhanden?

12.3   Das Projekt: Das Wie?

Im Rahmen des Projektes wurden die Szenario und Wind Tunneling Methoden mit der Informationsmarkt-Methodik kombiniert.

Das Projekt wurde mit einer Abteilung der Volkswagen Konzernforschung durchgeführt. Hierfür wurde ein Projektteam mit Mitarbeitern aus der Abteilung zusammengestellt, das in enger Abstimmung mit dem Führungsmanagement die Inhalte des Prozesses erarbeitet hat.

Der Gesamtprozess war in vier Phasen unterteilt (siehe **Abbildung 12.1**):

1. In der ersten Phase wurden die Szenarien erstellt. Diese wurden dem Projektteam durch die Abteilung „Zukunftsforschung & Trendtransfer" zur Verfügung gestellt.

2. Basierend darauf wurde in der zweiten Phase die Strategie der Abteilung mithilfe der Wind Tunneling Methode einem „Stresstest" unterzogen: Es wurde überprüft, wie die Abteilung für die möglichen Zukunftsentwicklungen aufgestellt ist und ob an der Stra-

tegie ggf. nachjustiert werden muss. Es wurden eine konsistente Strategie und relevante Handlungsfelder identifiziert.

3. Die relevanten Handlungsfelder wurden als thematischer Rahmen für den Informationsmarkt genutzt. Zu der Informationsmarkt- Teilnahme wurden nicht nur die gesamten Mitarbeiter der Abteilung, die der Auftraggeber des Prozesses sowie auch dessen Themen auf dem Markt behandelt wurden, (ca. 260 Mitarbeiter) eingeladen, sondern auch die Mitarbeiter der gesamten Konzernforschung (knapp 700 Personen).

4. Der Prozess selber war noch einmal in sechs Schritte unterteilt (siehe **Abbildung 12.2**).

Abbildung 12.1   Übersicht Projektphasen

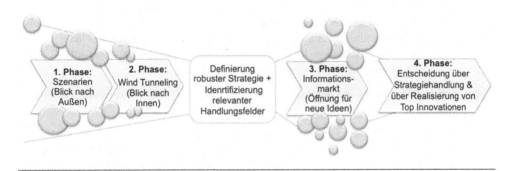

Abbildung 12.2   Detaillierte Übersicht der Prozessschritte beim Informationsmarkt

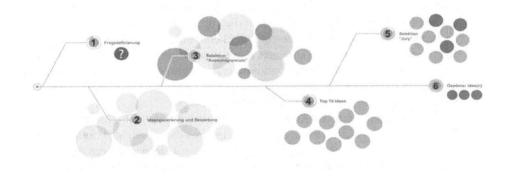

– **Schritt Eins: Fragedefinierung**

Im ersten Schritt wurden seitens des Projektteams aus den relevanten Handlungsfeldern mehrere relevante Fragestellungen abgeleitet. Zudem wurden auch Bewertungskriterien festgelegt. Diese gaben vor, was der Auftragsabteilung bei den Ideen wichtig war: bspw. eine kostengünstige oder zeitnahe Realisierung der Idee, hoher Innovationsgrad, hoher Kundennutzen, etc. Über die Bewertungskriterien wurden auch die Informationsmarkt-Teilnehmer informiert und dienten als Richtwert für die eingebrachten Vorschläge, Kommentare und Bewertungen. Basierend auf diesen Kriterien wurden im Anschluss auch die Gewinnerideen selektiert (siehe Schritte Drei und Fünf „Selektion Auswahlgremium" und „Selektion Jury"). Daher nehmen die Bewertungskriterien eine wichtige Funktion für den Gesamtprozess ein, denn sie geben den Rahmen vor, wonach die Ideen bewertet werden, machen transparent, was der Abteilung wichtig ist und dienen als „Spielregeln" für den Prozess.

– **Schritt Zwei: Ideengenerierung und Bewertung**

Im zweiten Schritt wurden die Mitarbeiter der gesamten Konzernforschung eingeladen über die Informationsmarktmethodik Ideen einzubringen, Ideen zu kommentieren und zu bewerten. Der Vorgang war so aufgesetzt, dass die Teilnehmer auf dem Markt anonym ihre Ideen einbringen konnten. Die Anonymität der Teilnehmer zielte darauf ab, dass der Fokus einzig und allein auf dem Inhalt der Idee liegen sollte. Gleichzeitig sollte damit die Hemmschwelle gesenkt werden, so dass jeder Teilnehmer eine Idee einbringen konnte, ohne die Befürchtung zu haben, eventuell sein „Gesicht zu verlieren". Insgesamt lief der Markt zwei Wochen.

– **Schritte Drei und Vier: Selektion „Auswahlgremium" und Definierung der Top 10 Ideen**

Nachdem der Markt geschlossen wurde, sichtete das Projektteam, welches in dem Fall auch das Auswahlgremium war, den Inhalt des Informationsmarktes und definierte -basierend auf den vorher festgelegten Bewertungskriterien- die Top 10 Ideen. An der Stelle stellt sich die berechtigte Frage, warum das Auswahlgremium die Top 10 Ideen festlegt und man sich hier nicht an dem Ranking des Informationsmarktes richtet? Beides ist natürlich denkbar: Entweder man nimmt die Top 10 Ideen, basierend auf dem Informationsmarkt-Ranking, oder man lässt die Ideen von einem Auswahlgremium sichten. Der Grund für die Top 10 Ideen Selektion durch das Auswahlgremium ist, dass mit diesem Zwischenschritt sichergestellt wird, dass auch nur *die* Top Ideen weiterkommen, die auch tatsächlich im Anschluss realisiert werden können. Es kann nämlich vorkommen, dass das Marktkollektiv eine Idee hoch rankt, diese aber aus strategischen Gründen, von denen die Marktteilnehmer nichts wissen, aktuell nicht umgesetzt werden kann.

Des Weiteren bestimmte das Auswahlgremium auch die besten Kommentatoren. Gute Kommentare zeichneten sich dadurch aus, dass diese wichtige Informationen zu den Ideen transparent gemacht haben, indem sie auf einen wichtigen Aspekt hingedeutet haben, über Fragen den Ideengeber aufgefordert haben, die Ideen zu konkretisieren oder auch über die Optimierung von bestehenden Ideen.

– **Schritt Fünf: Selektion „Jury"**

Die Top 10 Ideen wurden von den Ideengebern persönlich vor einer Jury präsentiert. Die Jury bestand aus dem Top Management der Konzernforschung. Diese konnte in dem Kontext Rückfragen an die Ideengeber stellen, um dann fundierter die finalen Gewinnerideen auszuwählen.

– **Schritt Sechs: Gewinner Idee(n)**

Die final definierten Gewinnerideen wurden im Anschluss von den Ideengebern weiterverfolgt. Abschließend gab es dazu eine Abschlussveranstaltung, zu der alle Informationsmarktteilnehmer eingeladen wurden. Hier wurden sowohl die Gewinnerideen von den Ideengebern vorgestellt, als auch kund getan, welche Teilnehmer als bester Kommentator und Händler nominiert wurden.

5. In der vierten Phase wurden abschließend die aus dem Innovationsprozess gewonnenen Inhalte in die vorher erarbeitete Strategie implementiert.

12.4   Ergebnisse

■ Die aktuelle Strategie wurde einem „Stresstest" unterzogen und relevante zukünftige Handlungsfelder wurden identifiziert.

■ Jeder Forschungsbereich hat am Informationsmarkt teilgenommen.

■ 135 Ideen, 250 Kommentare und 2.642 Meinungen wurden über die Informationsmarktmethodik eingebracht.

■ Die Analyse der Daten zeigt, dass

– der Ansatz einen Zugang zu sonst unberücksichtigten Wissen geschaffen hat.
– Wissen abteilungsübergreifend aggregiert und sichtbar gemacht wurde.
– die Methodik sichtbar macht, wo relevante Wissensträger zu den Fragestellungen sitzen.
– Mitarbeiter für relevante Themen sensibilisiert wurden.

12.5   Resümee

Das Projekt hat gezeigt, dass die Kombination des Szenario/Wind Tunneling Ansatzes mit dem Open Innovation Ansatz die Abteilung nicht nur in der strategischen Rahmensetzung unterstützt hat, sondern auch beim Analysieren und Erfinden von Zukunft.

Es ermöglichte

■ eine strukturierte, transparente bottom-up und top-down Analyse.

■ Transparenz hinsichtlich der Identifizierung von „blinden Flecken".

■ einen strategischen Dialog über zukünftige Welten und damit verbunden über unterschiedlich denkbare Zukunfts-Strategien und dafür benötigte Innovationen.

Dabei schaffte das „Strategic Foresight" (strategische Frühaufklärung) einen klaren Handlungsrahmen für die Organisation. Es unterstützte die Abteilung ihre Strukturen gezielt zu
hinterfragen, indem es einen Ansatz lieferte, bei dem die Abteilung sich von Gegebenen
und Vergangen löste, Neues oder Verworfenes wieder anschaute und vor diesem Hintergrund ihre Strategie gestaltete. Es wurden eine robuste Strategie festgelegt und relevante
Handlungsfelder identifiziert, die wiederum die Themenfelder für den Informationsmarkt
vorgaben. Mit der Informationsmarktmethode wurde der Prozess „geöffnet", indem alle
Mitarbeiter der Konzernforschung eingeladen wurden, ihre relevanten Beobachtungsleis-
tungen in Form von Ideen, Kommentaren und Bewertungen zu den relevanten Handlungsfeldern der Auftragsabteilung einzubringen.

Der Strategieprozess forderte von der Abteilung ein, sich einerseits zu fokussieren und eine
robuste Strategie zu formulieren. Andererseits forderte der offene Innovationsprozess von
der Abteilung ein, Offenheit zuzulassen und darüber neuen, relevanten Input zu erhalten.
Dieser war wiederum –über die vorab definierten Handlungsfelder- „eingerahmt" in die
aktuelle Strategie der Abteilung. Damit war sichergestellt, dass auch das Neue an das Be-
währte anschließt.

Die gezielte Kombination von Strategie und Innovation lässt die Organisation einerseits
einen Handlungsrahmen für sich festlegen (Strategie), den sie aber andererseits hinterfragt
bzw. ihn mit neuen Inhalten füllt (Innovation). Das damit verbundene Oszillieren zwischen
den beiden Polen führt dazu, dass die Trägheit der Organisation aufgebrochen wird und
fordert diese auf sich weiterzuentwickeln. Dabei wird die Organisation nicht in ihrer Gänze
hinterfragt, so dass nicht zu viel Unsicherheit geschaffen wird und sie weiterhin weiß, was
zu tun ist. Der Prozess der Oszillation ermöglicht somit der Organisation einen adäquaten
Umgang mit der Umweltkomplexität.

Literatur

Kosow, H./Gaßner, R./Erdmann, L./Luber, B.-J- (2008): Methoden der Zukunfts- und Szena-
    rioanalyse. Überblick, Bewertung und Auswahlkriterien. Institut für Zukunftsstudien
    und Technologiebewertung, Werkstatt Bericht Nr. 103, Berlin (IZT).

Luhmann, N. (1993): Die Paradoxie des Entscheidens. Bielefeld.

Luhmann, N. (2000): Organisation und Entscheidung. Westdeutscher Verlag, Opla-
    den/Wiesbaden.

Maturana, H. R./Varela, F. J. (1987): Der Baum der Erkenntnis. Die biologischen Wurzeln
    des menschlichen Erkennens. Scherz-Verlag München, Bern und München.

Mintzberg, H./Ahlstrand, B./Lampel, J. (1999): Strategy Safari. Eine Reise durch die Wildnis
    des strategischen Managements. Redline Wirtschaft, Wien, 5. Auflage 2004.

Müller-Stewens, G./Müller, A. (2009): Strategic Foresight – Trend- und Zukunftsforschung
    als Strategieinstrument. In: Reimer, Marko/Fiege, Stefanie (2009): Perspektiven des Stra-

tegischen Controllings. Wiesbaden (Gabler). S. 239 – 257.

Nagel, R. (2007): Lust auf Strategie. Workbook zur systemischen Strategieentwicklung. Stuttgart (Schäffer-Poeschel). 2. Auflage 2009.

Nagel, R./Wimmer, R. (2002): Systemische Strategieentwicklung. Modeel und Instrumente für Berater und Entscheider. Klett-Cotta, Stuttgart, 2. Auflage 2004.

Simon, F. B. (2004): Gemeinsam sind wir blöd!? Carl Auer, Heidelberg.

Simon, F. B. (2007): Einführung in die systemische Organisationstheorie. Carl Auer, Heidelberg, 3. Auflage 2011.

Spann, M. (2002): Virtuelle Börsen als Instrumente zur Marktforschung. Deutscher Universitäts-Verlag, Wiesbaden.

Dipl. Oec. Caroline V. Rudzinski
Assistenz der Leitung AutoUni
Volkswagen Aktiengesellschaft

Caroline V. Rudzinski ist an der AutoUni der Volkswagen AG tätig. Sie ist systemische Forscherin und Beraterin, arbeitet seit 2005 an dem Thema Crowdsourcing und hat sich auf die Themen strategisches Innovationsmanagement und explorative Trendforschung spezialisiert. Sie hat an der Universität Witten/Herdecke Wirtschaftswissenschaft studiert und einen Master an der School of Management in Stockholm erlangt. Sie verfasst ihre Dissertation zu dem Thema „Re-Open Strategy" bei Professor Fritz B. Simon und Prof. Birger Priddat, ist Dozentin an der Universität Witten/Herdecke und hält regelmäßig Vorträge auf internationalen Veranstaltungen. Thematische Schwerpunkte: Strategisches Innovationsmanagement und explorative Trendforschung

Teil 4: Best Practice zu Geschäftsmodellinnovationen

13 Geschäftsmodellinnovation im Gesundheitswesen

Die trendantizipierende Geschäftsmodellinnovation

FH-Prof. Ing. Mag. Dr. Peter Granig, Mag. (FH) Doris Lingenhel, MA

Abstract

Kaum eine andere Branche unterliegt größeren globalen und zugleich individuellen Interessen als das Gesundheitswesen. Die demographische Entwicklung, der rasante medizinische und technische Fortschritt sowie die Unsicherheit hinsichtlich der künftigen Finanzierbarkeit des österreichischen Gesundheitssystems bewirken ein enorm gesteigertes Interesse der Allgemeinheit. Das Thema „Gesundheit" rückt somit immer mehr in das Bewusstsein der Menschen, aber auch von Unternehmen.

Immer mehr Organisationen und Unternehmen versuchen mittels Entwicklung von neuen Angeboten, Produkten und Dienstleistungen in dieser dynamischen Branche Fuß zu fassen oder ihren Erfolg weiter auszubauen. PatientInnen wurden längst zu „KundInnen" und der Gesundheitsmarkt entwickelt sich zu einem enorm lukrativen und breit gefächerten Wirtschaftszweig, der an Bedeutung und Vielfalt stetig zunimmt. Die Gesundheitsbranche eröffnet Unternehmen viele Möglichkeiten und Geschäftsfelder, die es frühzeitig zu erkennen und zur richtigen Zeit zu nutzen gilt.

Keywords:

Geschäftsmodell, Geschäftsmodellinnovation, Gesundheitswesen, Trends, Trendforschung, Zukunftsforschung, Methoden, Pflege, Österreich

13.1   Aller Anfang ist schwer oder wohnt ihm doch ein Zauber inne?

Das in der Gesundheitsbranche vorhandene Potenzial ist ebenso groß wie unbestritten. Um erfolgreich zu sein, müssen Unternehmen jedoch die Besonderheiten und Trends des Marktes und vor allem die Bedürfnisse ihrer KundInnen genau kennen. Doch damit nicht genug: Trends zu erkennen oder zu setzen, das Filtern von Ideen zu tatsächlichen „SINN"ovationen und die praktische Umsetzung erfordern strukturiertes Vorgehen und Teamwork mit System. Noch dazu ist dieser Markt stärker reguliert und viel dynamischer als andere Branchen, wodurch Ideen durch das bekannte „me too"-Prinzip (= Nachahmen) schnell wieder überholt sind.

Viele UnternehmerInnen könnten durch den vermeintlichen Aufwand sowie die Schnelllebigkeit und Komplexität der Branche von einem Markteintritt abgehalten oder zumindest in ihren Innovationsbestrebungen zurückgeworfen werden. Potenziell gute Ideen landen deshalb in der Schublade oder verbleiben in den Köpfen der MitarbeiterInnen und werden nie umgesetzt.

Im folgenden Beitrag wird eine kurze Einführung in die Thematik geboten. Darauf aufbauend wird ein individuell entwickeltes, in der Praxis erfolgreich umgesetztes Modell vorgestellt. Dieses ermöglicht Unternehmen die effektive Generierung von Innovationen, das Schaffen oder Nutzen von Trends und damit die Sicherung des künftigen Unternehmenserfolgs. Im Fachjargon wird dies als **„trendantizipierende Geschäftsmodellinnovation"** bezeichnet.

13.2   Kurzes Intro: Die österreichische Gesundheitswirtschaft

13.2.1   Jüngere Geschichte

In kaum einer anderen Branche wurde und wird über das Problem der Ressourcenknappheit so viel sowohl innerhalb von Unternehmen und Organisationen wie auch in der Öffentlichkeit diskutiert wie im Gesundheitswesen. Der steigende Bedarf an finanziellen Mitteln zwingt immer wieder zu Reformen, die jedoch meist nur eine Kostendämpfung oder kurzfristige Mittel-Umverteilung bewirken, anstatt eine nachhaltige Umstrukturierung des Gesamtsystems.

Ressourcenknappheit bringt Folgewirkungen mit sich. Allgemein zu beobachten ist, dass sich im deutschsprachigen Raum die Aufenthaltsdauer der PatientInnen im Krankenhaus innerhalb der vergangenen 20 Jahre fast um die Hälfte verkürzt hat. PatientInnen werden früher und vereinzelt womöglich auch „kränker" entlassen, als noch vor einigen Jahren. Der Grund dafür wird zum Teil in den Finanzierungformen gesehen, welche die Berechnung auf Grundlage von Fallpauschalen vorsieht: Geld pro Fall und eine Reduzierung der Vergütung, sollte „der Fall" einen längeren Aufenthalt als durchschnittlich vorgesehen aufweisen (vgl. u.a. Robert Koch Institut 2006, 161 ff.). Die Folgen sind einerseits der sogenannte „Drehtüreffekt", also eine Wiedereinweisung nach gerade erst erfolgter Entlassung von PatientInnen, und andererseits – hört man sich im extramuralen Pflegebereich um – erhalten nachfolgende Dienstleister (Pflegeorganisationen, Reha-/Kureinrichtungen, etc.) immer versorgungsintensivere PatientInnen, worauf jedoch die dort arbeitenden MitarbeiterInnen oft nicht entsprechend vorbereitet/ausgebildet sind. Dies führt wiederum zu vermehrten Wiedereinweisungen ins Krankenhaus und zu mehr Krankentransporten, welche wiederum Kosten verursachen und zudem dem Genesungsprozess der Betroffenen nicht zuträglich sind. Anstatt der erwarteten Einsparungen kommt es zu Kostenverschiebungen bzw. Verschiebungen in Richtung anderer Kostenträger.

Kostenintensive Behandlungen im medizinischen Bereich nehmen zu, während Abteilungen, die sich „nicht rentieren", geschlossen werden – oft unabhängig vom Bedarf in der betreffenden Region. Längere und weitere Anfahrten zu speziellen Behandlungen sind die Folge. Die dafür entstehenden Kosten werden – außer bei nötigen Kranken- oder Rettungstransporten – nicht finanziert, sondern werden auf die PatientInnen umgelegt.

Zugleich klagt der Pflegebereich (vor allem in Deutschland) über akuten Fachkräftemangel. Gesetzlich geregelte Stellenpläne würden nicht mehr mit den tatsächlichen Leistungsanforderungen übereinstimmen, die Verweildauer in den Pflegeberufen sinkt bei gleichzeitiger Zunahme von diagnostizierten Überlastungssymptomen – Überforderung, depressive Verstimmungen und Stress stehen an der Tagesordnung.

Ziwschenfazit:

Auf Unternehmerseite dominieren Kostendruck und nötige Einsparungen, auf Bevölkerungsseite zeigen sich höhere finanzielle und persönliche Belastungen.

13.2.2 Status quo

Private Leistungsanbieter sind im Vormarsch, welche versuchen, die u.a. oben beschriebenen Marktnischen und Problemfelder und Angebotslücken abzudecken. Zu tragen haben die Kosten zumeist wiederum die PatientInnen.

Neben der staatlichen Gesundheitsversorgung (= erster Gesundheitsmarkt; dazu zählt u. a. die gesetzliche Sozialversicherung samt den von ihr getragenen klassischen Leistungen inklusive Finanzierung) existiert jedoch noch der sogenannte „zweite Gesundheitsmarkt". Dieser beinhaltet Angebote, Produkte und Dienstleistungen meist privater Unternehmen und finanziert sich ausschließlich durch Privatausgaben der Bevölkerung. Der zweite Gesundheitsmarkt verzeichnet ein enormes Wachstum über die letzten Jahre und wird laut Prognosen künftig sogar noch progressiver wachsen. Doch warum ist das so? Das Gesundheitswesen erfindet sich gerade neu und befindet sich komplett im Umbruch – Trends wie jener, der von der Standardversorgung hin zur Individualisierung führt oder die Abkehr von der Krankheitsbehandlung zugunsten der Prävention sowie schließlich das Ende der Bevormundung und die deutliche Zunahme von selbstbestimmten, auf kritischem Denken basierenden Handlungen von Patienten. Die Menschen werden selbstbestimmter in Bezug darauf, was sie konsumieren möchten, welche Behandlung sie wünschen und wie ihr Lebens- und damit Gesundheitsstil aussieht. Dieses Konsumverhalten bewirkt lt. Studien, dass die Bevölkerung aktiv Nachfrage am Gesundheitsmarkt produziert, jedoch die Unternehmen noch gar nicht imstande sind, diese Nachfrage (in Milliardenhöhe) abzudecken und somit viel Potenzial - auch für neue Arbeitsplätze - in diesem Bereich liegt (vgl. dazu u. a. Statistik Austria, Wirtschaftsforschungsinstitut, Roland Berger Analysen).

Grund für diese Entwicklungen sind Trends wie „Prävention", „Gesundheit", „Fit bis ins hohe Alter", „Wellness", „Gesundheitstourismus", etc., welche die Menschen prägen und deren Vor- und Einstellungen sowie Wünsche formen.

Zwischenfazit:

Viele Unternehmen greifen Trends und Entwicklungen im Bereich Gesundheit auf und versuchen, mittels Innovation, Erfolgspotenziale für die Zukunft aufzubauen. Eine Studie des IHS Wien (vgl. Czypionka et al. 2014, S. 90) belegt, dass in Österreich und Deutschland aktuell bereits jeder 10. Euro in der Gesundheitswirtschaft verdient wird.

13.2.3   Zukünftige Entwicklungen

Im österreichischen Gesundheitswesen wird sich der Trend hin zur Privatfinanzierung (zweiter Gesundheitsmarkt) weiter verstärken, trotz – im internationalen Vergleich – guter, staatlicher Gesundheitsversorgung. Das Gesundheitswesen wird, wie auch in anderen Ländern, immer mehr zu einem „Gesundheitsmarkt" werden. Hohe Renditeerwartungen für Privatanbieter fachen den Wettbewerb an. Was es trotz Aussicht auf Gewinne zu berücksichtigen gilt: Gesundheit ist keine „Ware", Krankenpflege keine starre Dienstleistung nach Plan und der Mensch ein Lebewesen und keine Nummer oder ein anonymer Kunde - was jedoch leider in den Grundzügen bereits so gesehen wird.

Zwischenfazit:

Die Geschäftsmodellentwicklung und -innovation im Gesundheitsbereich stellt eine „Gratwanderung" zwischen KundInnenwunsch, Akzeptanz, Wertschöpfung, Nutzen sowie Ethik und Empathie dar. Um in dieser sensiblen, sich rasant entwickelnden Branche erfolgreich zu sein, gilt es somit Trends vorzeitig zu erkennen, innovative Ideen zu generieren und sich am Markt entsprechend zu positionieren.

13.3   Geschäftsmodelle im Gesundheitswesen

Unternehmen im Gesundheitswesen stehen ständig vor der Herausforderung, sich gegenüber ihrem Mitbewerb zu differenzieren, da speziell in diesem Bereich zunehmende Homogenität und Transparenz von Produkten und Dienstleistungen zu verzeichnen ist. Pflege bleibt Pflege, Operation bleibt Operation – doch die PatientInnen heutzutage entscheiden selbst, trotz augenscheinlicher „Produktgleichheit", wo sie eine bestimmte Leistung in Anspruch nehmen möchten. Wovon hängt diese Entscheidung ab? Unternehmen geraten immer stärker in den Wettbewerb, der Preisdruck steigt.

Häufig wird versucht, sich mittels Produkt-, Dienstleistungs- und Prozessinnovation sich von anderen Unternehmen abzuheben. Dies wird allerdings bei Erfolg schnell nachgeahmt und der erkämpfte Vorteil ist rasch wieder zunichte. Um die Führungsposition zu behaupten, bedarf es weiterer Innovationen. Doch wie lange kann dies ein Unternehmen praktizieren? Bis der Ideen-Pool erschöpft ist?

Aus diesem Grund rückte der Fokus in den letzten Jahren auf die Geschäftsmodellinnovation. Ein Geschäftsmodell bildet jene Aspekte ab, wie das jeweilige Unternehmen Werte schafft, vermittelt und erfasst und mit welcher Logik es Geld verdienen möchte. Zusammenfassend orientiert sich ein Geschäftsmodell stark an Kundenbedürfnissen, kombiniert unterschiedliche Elemente eines Unternehmens, stiftet Kundennutzen und damit schlussendlich Wertschöpfung. Diese „Strategien" bzw. interne Vorgehensweisen in Form innovativer Geschäftsmodelle schaffen größere Chancen einer längerfristigen Differenzierung, da Handlungen und Strategien nachweislich schwieriger zu kopieren sind, als beispielsweise ein Produkt.

Mittlerweile gibt es eine Vielzahl an möglichen Formen von Geschäftsmodellen mit unterschiedlichen Bausteinen. Wie vieler und welcher Bausteine es tatsächlich bedarf, ob es branchenspezifische Unterschiede gibt und welches Modell für das jeweilige Unternehmen am besten geeignet ist, ist aus wissenschaftlicher Sicht nicht klar ersichtlich. Derzeit wählt das Unternehmen frei aus bestehenden Modellen und passt dieses an oder gestaltet sein eigenes Modell (vgl. u.a. Schallmo, Gassmann, Bieger, Osterwalder).

Der Gesundheitsbereich im deutschsprachigen Raum steckt beim Thema „Geschäftsmodelle und deren Innovation" Geschäftsmodelle und deren Innovation noch in den Kinderschuhen und hat diese Entwicklung wohl auch zu wenig forciert. Ersichtlich wird dies auch in diversen Statistiken und Berichten über Innovationstätigkeiten, da der Bereich Gesundheitswesen meist ausgeklammert oder überhaupt nicht behandelt wird. Hinzu kommt, dass der Erhalt aussagekräftiger Daten aus der Gesundheitsbranche sehr schwierig ist, da diese Branche nicht klar abgegrenzt werden kann, sondern vielmehr noch in andere Branchen stark hineinragt und diese verknüpft.

Im Betreuungs- und Pflegesektor scheint die Meinung in Österreich vorzuherrschen, dass Gesetze, Verordnungen und diverse Standards betreffend Angebot, Leistung, Personal, PatientInnen, Qualität etc. bereits mehr als genug an Inhalt vorgeben und der Blick über den Tellerrand nur zaghaft passiert. Innovationsmanagement wird beispielsweise in „Vorschlagswesen", „Brainstorming-Runden" oder „Gute-Ideen-Programme" als interne Initiative von Einzelunternehmen betrieben, in der Hoffnung dadurch neue Ideen zu generieren. Ganz anders verhält sich dies im medizinisch-technischen Sektor, der vor Innovation und Fortschritt nur so strotzt und Innovationsmanagement wirklich gezielt einsetzt.

Dabei ist es gerade in der Gesundheitsbranche heutzutage unverzichtbar, sich auf die Bedürfnisse der KundInnen von morgen schon heute einzustellen, um den Unternehmenserfolg langfristig zu sichern.

13.4 Zum Projekt: Vom Trend zur Geschäftsmodellinnovation

Im Jahr 2013 beschäftigten wir uns an der FH Kärnten u.a. mit den Themen Innovation, Trend- und Zukunftsforschung sowie mit Geschäftsmodellen und deren Entwicklung mit Schwerpunkt im Gesundheitswesen. Innerhalb einer Organisation im stationären Pflegebereich wurde das Projekt initiiert, bearbeitet und auf Praxistauglichkeit geprüft.

13.4.1 Voraussetzung: Analyse des bestehenden Geschäftsmodells

Innerhalb der Literatur werden über 30 unterschiedliche Ansätze von Geschäftsmodellen vertreten. Diese unterscheiden sich hinsichtlich der Bestandteile (auch genannt Bausteine, Dimensionen oder Elemente), die ein Geschäftsmodell aufzuweisen hat, um die Geschäftstätigkeit entsprechend abbilden zu können, wie auch im Detaillierungsgrad, hinsichtlich des Prozesses und der angewandten Techniken. Es existiert derzeit weder ein einheitlicher Beschreibungsraster mit Dimensionen, noch ein vollständiger Ansatz, der alle Elemente in einer Methode vereint. Erschwerend kommt hinzu, dass bisher kein wissenschaftlich anerkannter, vergleichender Überblick über die bestehenden Ansätze existiert (vgl. Schallmo 2013 und 2014; Bieger und Reinhold 2009 und 2011, Osterwalder und Pigneur 2011).

Innerhalb des Projekts erwies sich das Modell „Business Model Canvas" von Osterwalder und Pigneur als anwenderfreundlich und praktikabel.

Abbildung 13.1 Neun Bausteine eines Geschäftsmodells;
Quelle: eigene Darstellung mod. n. Osterwalder und Pigneur 2011

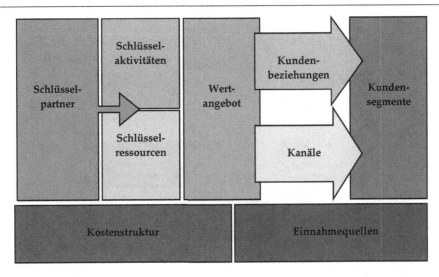

Bei diesem Modell wird jeder einzelne Baustein des Geschäftsmodells vom jeweiligen Unternehmen beschrieben, wodurch sich am Ende ein verschriftlichtes Geschäftsmodell ergibt. Im Zuge des Projekts zeigte es sich als wesentlich, alle Bestandteile des Projekts im Detail zu bearbeiten, wodurch die Wahl auf einen höheren Detailgrad der Bausteine fiel.

13.4.2 Die 6 Schritte der „trendantizipierenden Geschäftsmodellinnovation"

Überlegungen, wie man als Unternehmen Trends erkennen und zeitnah nutzen könnte, brachte das „trendantizipierende Geschäftsmodell" zutage. Die Umsetzbarkeit wurde im Zug des Projektes erprobt und erfolgreich umgesetzt. Die nachfolgenden Erklärungen sind teilweise allgemein gültig, zeigen aber auch immer einen kurzen Auszug aus dem damaligen Projekt samt Ergebnissen.

Abbildung 13.2   Sechs Phasen der trendantizipierenden Geschäftsmodellinnovation;
Quelle: eigene Darstellung

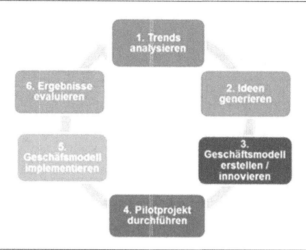

Schritt 1: Trends und Umfeld analysieren

Innerhalb des Projekts wurde wie folgt vorgegangen:

- Analyse Mitbewerb: „Wer macht was, wo liegen Stärken, Schwächen, Werte"

- Trends: Recherchen in Magazinen, Internet, Studien, Ergebnissen oder Berichten von Zukunftsforschungsinstituten, Büchern

- KundenInnenwünsche: Interviews, mehrstufige Befragungen nach der Delphi-Methode und nicht strukturierte Gespräche – unternehmensintern wie -extern

Im betreffenden Projekt wurden der Pflegebereich in Kärnten sowie aktuelle Trends und Entwicklungen speziell im Gesundheitsbereich analysiert.

Abbildung 13.3 Meta-medizinischer Nachfrage-Sog;
Quelle: eigene Darstellung mod. n. Horx et al. 2007

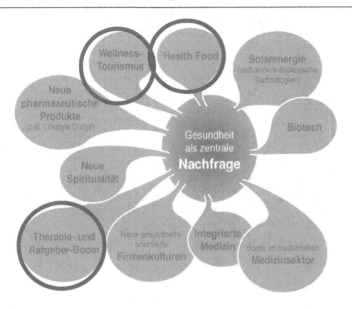

Die Markierungen in **Abbildung 13.3** verdeutlichen jene Trends, welche sich im Jahr 2013 aufgrund der Recherchen und Befragungen abgeleitet werden konnten und für die Praxis umsetzbar erschienen.

Schritt 2: Ideen generieren

Hierbei handelt es sich um einen der aufwendigsten Schritte.

Wesentlich zu erkennen gilt: Geschäftsmodellinnovation ist Teamwork! Das Einbinden von MitarbeiterInnen, KollegInnen, KundInnen in Projektgruppen, Befragungen etc. schafft nicht nur mehr Kreativität, sondern auch zeitgleich Empowerment, Motivation und bereits Akzeptanz für das mögliche Vorhaben.

Bildlich gesehen wird nun das Geschäftsmodell über die gefundenen Trends im Vorfeld und gelegt und anhand der Überschneidungen wird an konkreten Ideen gearbeitet.

Abbildung 13.4   Verknüpfung von Trends und Geschäftsmodell: Quelle: Megatrend-Map
2.0, Zukunftsinstitut GmbH, 2015 und Business Model Canvas, eigene
Darstellung mod. n. Osterwalder und Pigneur 2011

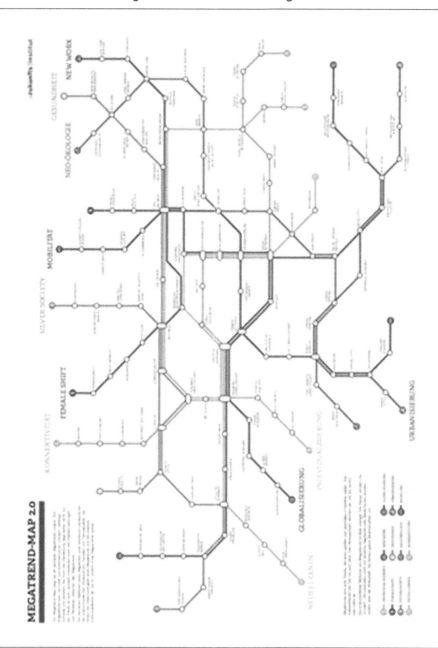

Im Projektteam wurden mittels unterschiedlicher Brainstorming-Techniken folgende Fragestellungen behandelt:

- Was wird derzeit angeboten? (Klarheit und einheitliches Verständnis zum bestehenden Geschäftsmodell schaffen)
- Was könnte zusätzlich oder stattdessen angeboten werden?
- Welche Ideen entstehen zu den recherchierten Trends (in Bezug auf das Unternehmen, den Unternehmensschwerpunkt, das Sortiment etc.)?
  - Vorab wird JEDE Idee ohne Bewertung aufgegriffen
  - Danach Clustern in wirkliche „What else"-Ideen und „Me-too"-Ideen

Interessant ist vor allem die Verknüpfung von „What-else"-Ideen mit diversen Innovationswerkzeugen. Folgende Innovationswerkzeuge/-methoden wurden, beispielsweise für das gegenständliche Projekt ausgewählt:

- SWOT-Analyse

  Hier werden Stärken, Schwächen, Möglichkeiten und Risiken für das eigene Unternehmen und ggf. für die stärksten 2-3 Mitbewerber erarbeitet und visualisiert, um die eigene Situation, aber auch jene des Mitbewerbs zu kennen. Ziel ist es hierbei die eigenen Stärken weiter auszubauen und neue Möglichkeiten zu erkennen.

- Blue-Ocean-Strategie:

  Mittels der Blue-Ocean-Strategie werden Werte/Angebote des eigenen Unternehmens im Vergleich zum Mitbewerb analysiert. Ziel ist es Marktlücken zu erschließen – demnach genau das zu tun, was andere NICHT tun bzw. jene Angebote ggf. aus dem Sortiment zu nehmen, die ohnehin alle anderen auch schon haben.

  Die Blue-Ocean-Strategie kann beispielsweise zusätzlich zu anderen Instrumenten, wie z. B. nach einer Umfeld- oder SWOT-Analyse erstellt werden, um Angebotslücken oder -stärken im Vergleich zum Mitbewerb noch klarer darzustellen.

  Wie diese Blue-Ocean-Analyse aussehen kann, zeigt **Abbildung 13.5**. Die Projekt-Organisation wird mittels der mit Quadraten durchsetzten Linie angezeigt. Aufgrund des Datenschutzes wurden sämtliche Unternehmensbezeichnungen ausgeblendet.

Abbildung 13.5   Blue-Ocean-Strategie: Ist-Analyse; Quelle: eigene Darstellung

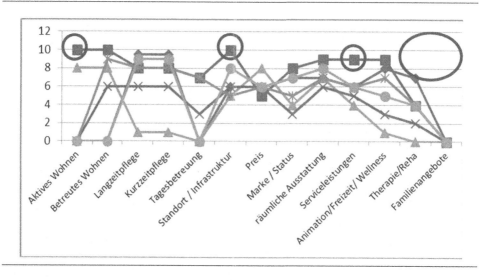

Wie die kleinen Kreise innerhalb der Blue-Ocean-Strategie zeigen, ist die Projekt-Organisation vor allem bzgl. dreier Angebote schon sehr gut am Markt positioniert, da hier wenig bis kein Mitbewerb existiert. Diese Angebote/Stärken sollten behalten werden. Im rechten Teil der Grafik (siehe großer Kreis) ist eine Marktlücke ersichtlich, welche gefüllt werden könnte. Es handelt sich hierbei um Trends bzw. Wünsche, die offensichtlich noch von keinem der Unternehmen erkannt bzw. aufgegriffen wurden. Im Zuge der Blue-Ocean-Methode wurde nach den vorgegebenen vier Maßnahmen wie folgt gehandelt:

Tabelle 13.1   Maßnahmen der Blue-Ocean-Strategie

Eliminieren	Erhöhen
– keine[1]	– Marktführer für Aktives-/Betreutes Wohnen beibehalten
	– Standortvorteile weiter ausbauen
	– Animation, Freizeit, Wellness steigern
Reduzieren	**Erstellen**
– keine	– Werteangebot für Therapien/Reha
	– Werteangebot für Familien/Angehörige

Weitere in der Praxis gut anwendbare Innovationswerkzeuge sind:

---

[1]   Aufgrund des Versorgungsauftrags von BewohnerInnen sowie des Leistungsvertrags mit der Landesregierung können natürlich keine grundlegenden Versorgungsangebote gestrichen werden.

■ Szenario-Technik

Hierbei werden Szenarien zu den Ideen skizziert: „Heute ist die Zukunft – was wäre wenn…z. B. sich der Staat keine Pflegeheime mehr leisten kann, wenn wir plötzlich zu wenig Ärzte in Österreich hätten, etc.? Pro Szenario werden diverse Antworten kreiert – von „best case" bis „worst case", wobei diese nicht unbedingt realistisch erscheinen müssen. Wer konnte sich z. B. schon vor 20 Jahren vorstellen, dass Computer in der Lage sein werden, Diagnosen zu stellen, die häufiger richtig sind als jene von Ärzten? Demnach keine Vorurteile, Beschränkungen oder Bewertungen….jede Idee ist positiv und wird gesammelt.

■ Wild Cards

Diese spenden Kreativität, da hierbei Begriffe auf den Wildcards mit Ideen gekoppelt werden und wieder neue Sichtweisen und Ideen erzeugen können.

■ Literatur-Review oder Interviews

Ideensammlung mittels Durchsicht von aktueller Literatur/Magazinen/Zeitschriften oder die Führung und Auswertung von Interviews

Die Top 10 der sogenannten „Foresight-Methoden" haben Popper et al. (2008) in ihrem „Foresight-Diamant" zusammengefasst. Sie können auch in diverser Literatur nachgelesen werden (vgl. u. a. Gassmann und Granig 2013; Pillkahn 2007, u.v.m.)

Abbildung 13.6 Foresight-Diamant; Quelle: Popper 2008

Wurden alle Ideen gesammelt, kommen diese in den „Aktuell- Möglich-Umsetzbar-Filter" und es wird geprüft, welche Ideen dieser Selektion (es wird betont) AKTUELL standhalten.

Abbildung 13.7 zeigt den „Ideenfilter" aus dem Projekt. Die Ideen, die als „aktuell, möglich und realisierbar" eingestuft wurden, waren damals die Ideen im Bereich „Remobilisierung", „Wellness" und „Urlaub".

Abbildung 13.7   Innovationstrichter mit aktuellen Ideen/Trends;
                     Quelle: eigene Darstellung

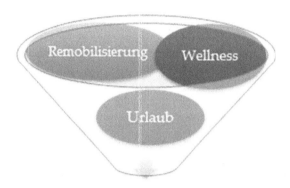

Bevor nun zu Schritt 3 übergegangen wird, gilt es festzuhalten: **Trends schaffen Innovationen – Innovationen schaffen Trends**! Dies bedeutet, dass eine Auf-/Übernahme von bestehenden Trends nicht zwingend sein muss – jedes Unternehmen kann Schritt 2 und Schritt 1 hinsichtlich ihrer Reihenfolge tauschen und aus einer vorab gefundenen Idee einen Trend erzeugen.

Schritt 3: Geschäftsmodell erstellen bzw. innovieren

Es gibt viele Möglichkeiten ein Geschäftsmodell zu innovieren (vgl. u. a. Gassmann et al. 2013).

Im Projekt wurde jeder Baustein des Geschäftsmodells mittels gezielter Fragen genau analysiert und mit Hinblick auf die gefundene Idee angepasst/verändert und schriftlich festgehalten:

- Was ist wichtig – was soll bleiben und nicht verändert werden?

- Was ist weniger wichtig – was kann in den Hintergrund rücken oder ggf. ganz eliminiert werden?

- Welche und wie viele Bausteine werden durch die Idee verändert (je mehr desto besser!) und wie?

■ Würden die Veränderungen den Wert/Nutzen erhöhen und auch das Geschäft optimieren?

■ etc.

Ziel ist es stets, Sinn, Wert und Nutzen für die KundInnen zu erhöhen sowie zeitgleich Kosten, Ertrag und damit den Erfolg für das Unternehmen zu optimieren.

Mit dieser Vorgehensweise wurde im Zuge des Projekts beispielsweise Ideen erarbeitet, wie bereits bestehende, vermeintlich begrenzte Kundengruppen erweitert werden könnten. In der gleichen Art und Weise wurden sämtliche Produkte und Dienstleistungen analysiert.

Abbildung 13.8   Blue-Ocean-Strategie nach Geschäftsmodellinnovation

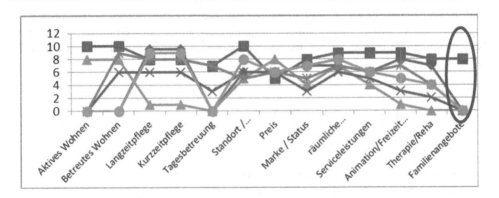

Eine dieser Ideen wurde konkretisiert und ein neues Angebot entwickelt. Dieses ermöglicht Angehörigen, die zuhause pflegen, den Urlaub GEMEINSAM mit der zu pflegenden Person in einer Einrichtung der Organisation verbringen zu können. Die Analyse der am Markt bestehenden Konkurrenzangebote zeigte, dass die Projektorganisation mit dieser Idee ein österreichweit einzigartiges Angebot geschaffen hatte.

Schritt 4: Pilotprojekt - erste Umsetzung in der Praxis

Hier wird die innovative Idee in einem Projektplan verschriftlicht und mittels Pilotprojekt die Akzeptanz am Markt untersucht.

Das Projekt „Generationenurlaub" wurde konzeptioniert, ausgearbeitet und bis zur Angebotsreife vorbereitet. Schlussendlich kam es zum „Probelauf". Das Umfeld reagierte sehr positiv; auch das Medienecho war enorm. So wurde das Projekt in diversen Zeitschriften publiziert und in einem TV-Spot verfilmt. Was waren nun die Erfolgsfaktoren dieses Projekts?

1. Es wurde ein aktueller Trend zur richtigen Zeit wahrgenommen

2. Das Unternehmen war schneller als der Mitbewerb und hat die erkannte Marktnische mit einem gut durchdachten Angebot gefüllt

3. Diese Geschäftsmodellinnovation schließt nicht nur eine Marktlücke, sondern trifft Emotionen/Werte/KundInnenwünsche wie „Freiheit", „Sicherheit", „Verständnis", „Vertrauen" etc.

Schritt 5: Implementierung der Geschäftsmodellinnovation

Die innovative Idee wird nun in das bestehende Geschäftsmodell integriert und die einzelnen Bausteine samt deren Veränderungen werden fixiert. Am Ende des Prozesses steht somit eine erfolgreiche Geschäftsmodellinnovation.

Schritt 6: Evaluierung

Unabhängig von der Branche ist es ratsam, sein Geschäftsmodell laufend zu evaluieren und, wie die **Abbildung 13.2** zeigt, immer wieder von Schritt 1 bis 6 zu durchlaufen. Nur so können für die Zukunft nachhaltig Erfolgspotenziale aufgebaut werden, die einen Wettbewerbsvorsprung und damit den Existenzgrund eines Unternehmens bzw. einer Organisation sichern.

13.5 Fazit und Praxistipps

- Innovationen von heute gestalten die Zukunft von morgen – auch Ihre eigene!

- Vor allem die Gesundheitsbranche sucht und braucht Innovationen und kreative, neue Lösungsansätze und bietet viele Erfolgsfelder

- Seien Sie mutig, kreativ, ausdauernd und auch einmal „anders als die anderen"!

- Nie aufgeben oder stehen bleiben – Misserfolge gehören zur Entwicklung dazu und bieten die Chance, es beim nächsten Mal besser zu machen

- Spielen Sie aktiv mit anstatt auf der Ersatzbank zu beobachten – nur am Spielfeld besteht die Chance der „Star" zu werden!

- Hinterfragen Sie Ihr Geschäftsmodell laufend und seien Sie wachsam gegenüber gesellschaftlichen Veränderungen. So können Sie Trends erkennen oder selbst welche kreieren.

Literatur

Bieger, T.; Reinhold, S. (2009): Innovative Geschäftsmodelle und die Innovation des Geschäftsmodells. In: IDT-Blickpunkt, 21, 18-21

Bieger, T.; Reinhold, S. (2011): Das wertbasierte Geschäftsmodell – Ein aktualisierter Strukturierungsansatz. In: Bieger, T.; Knyphausen-Aufseß, D. v.; Krys, C. (Hrsg.): Innovative Geschäftsmodelle. Konzeptionelle Grundlagen, Gestaltungsfelder und unternehmerische Praxis, Springer Verlag, Berlin, 13-70

Czypionka, T.; Schnabl, A.; Sigl, C.; Zucker, B.; Warmuth, J. (2014): Gesundheitswirtschaft Österreich. Gesundheitssatellitenkonto für Österreich (ÖGSK), Institut für Höhere Studien (IHS), Wien

Deutmeyer, M.; Thiekötter, A. (2009): Herausforderungen, Trends und Potenziale im österreichischen Gesundheits- und Pflegemanagement, Facultas Verlag, Wien

Fachinger, U.; Schöpke, B.; Schweigert, H. (2012): Systematischer Überblick über bestehende Geschäftsmodelle im Bereich assistierender Technologien. Discussion Paper 07/2012, Institut für Gerontologie, Universität Vechta, Fachgebiet Ökonomie und Demographischer Wandel (Hrsg.)

Gassmann, O.; Csik, M. (2012): Change a Running System. In: Granig, P.; Hartlieb, E. (Hrsg.): Die Kunst der Innovation. Von der Idee zum Erfolg, Springer Gabler, Wiesbaden, 41-49

Gassmann, O.; Frankenberger, K.; Csik, M. 2013): Geschäftsmodelle entwickeln. 55 innovative Konzepte mit dem St. Galler Business Model Navigator, Carl Hanser Verlag, München

Gassmann, O.; Granig, P. (2013): Innovationsmanagement. 12 Erfolgsstrategien für KMU. Carl Hanser Verlag, München

Granig, P.; Hartlieb, E. (Hrsg.)(2012): Die Kunst der Innovation. Von der Idee zum Erfolg, Springer Gabler, Wiesbaden

Horx, M.; Huber, J.; Steinle, A.; Wenzel, E. (2007): Zukunft machen. Wie Sie von Trends zu Business-Innovationen kommen. Ein Praxis-Guide, Campus Verlag, Frankfurt/Main

Labbé, M.; Mazet, T. (2005): Die Geschäftsmodellinnovations-Matrix©: Geschäftsmodellinnovationen analysieren und bewerten. In: Der Betrieb, 17, o. A.: GBI-Genios Deutsche Wirtschaftsdatenbank GmbH, 897-902

Osterwalder, A.; Pigneur, Y. (2011): Business Model Generation. Ein Handbuch für Visionäre, Spielveränderer und Herausforderer, Campus Verlag, Frankfurt am Main

Pillkahn, U. (2007): Trends und Szenarien als Werkzeuge zur Strategieentwicklung. Der Weg in die unternehmerische Zukunft, Publicis Publishing Verlag, Erlangen

Popper, R. (2008): How are foresight methods selected? In: foresight, 10, 6, Bringley: Emerald Group Publishing Limited, 62-89

Robert Koch Institut (2006): Gesundheit in Deutschland, Berlin

Schallmo, D. (2013): Geschäftsmodell-Innovation, Springer Verlag, Wiesbaden

Schallmo, D. (2014): Kompendium Geschäftsmodell-Innovation, Springer Verlag, Wiesbaden

FH-Prof. Ing. Mag. Dr. Peter Granig

Vizerektor der FH Kärnten, Professur für Innovationsmanagement und Betriebswirtschaft

Peter Granig ist seit 2005 Professor für Innovationsmanagement an der FH Kärnten und Leiter des Instituts für Innovation. Er ist Initiator und wissenschaftlicher Leiter von Europas bedeutendstem Innovationskongress. Vor seiner akademischen Karriere hat Peter Granig eine Betriebselektrikerlehre absolviert und sich berufsbegleitend als Ingenieur für Elektrotechnik qualifiziert. Danach war er viele Jahre in internationalen Unternehmen in den Bereichen Businessdevelopment und Innovationsmanagement tätig. Infolge seiner Innovationsforschung hat er zahlreiche Artikel und Fachbücher publiziert. Innovation und Strategie sind die Kernthemen seiner Forschungs- und Industrieprojekte. Seit 2014 ist er Vizerektor der Fachhochschule Kärnten.

Mag. (FH) Doris Lingenhel, MA

Doris Lingenhel, geb. 1982, absolvierte 2006 das Diplomstudium „Gesundheits- und Pflegemanagement" sowie 2013 berufsbegleitend das Masterstudium „Gesundheitsmanagement" an der FH Kärnten. Sie verfügt über mehrjährige Praxis- und Führungserfahrung im Gesundheitswesen mit Schwerpunkt im Bereich Projekt-, Prozess-, Qualitäts- und Risikomanagement, Organisationsentwicklung, Pflege, Hygiene sowie Beratung/Consulting. Weitere Zusatzausbildungen bestehen zur E.D.E-Heimleiterin und akademisch geprüften Mediatorin und Konfliktmanagerin. Aktuelle Tätigkeiten: Institut für Innovation, Herausgabe und Schreiben von Fachbüchern/Artikeln, Projekt-, Beratungs- und Vortragstätigkeiten.

14   Geschäftsmodellinnovation bei FunderMax

Wir sprechen meist nur über Produktinnovation, wollen aber neue Geschäftsmodelle und Blaue Ozeane!

Ing. Rene Haberl

Abstract

Unternehmen der produzierenden Industrie sind sehr oft nur auf Produktinnovation fokussiert. Sie sind, übertrieben gesagt, auf der Suche nach dem Produkt, das sich von selbst verkauft. Prozessinnovation wird aufgrund des mitunter sehr großen Kostendrucks ebenfalls gelebt und gelegentlich denkt man an neue Services, die einen Mehrwert für den Kunden schaffen. Je nach Produktlebenszyklen und Wettbewerbssituation ist so mehr oder weniger Innovation gefragt. Dass Innovation aber in allen Bereichen des Geschäftsmodells möglich ist, wird häufig übersehen. Innovative Geschäftsmodelle können einen größeren Beitrag zum Wettbewerbsvorteil leisten, als Innovationen im Produkt- und Servicebereich. Das ist der Grund, warum sich FunderMax mit der Entwicklung und Verankerung von Geschäftsmodellinnovation im Unternehmen beschäftigt.

Keywords:
FunderMax, Business Modell Innovation, Business Model Canvas, Blue Ocean, Innovationskultur

14.1   Ausgangssituation und Zielsetzung

Als eines der größten Industrieunternehmen Kärntens ist FunderMax GmbH mit einer Exportquote von fast 80 Prozent weltweit tätig. Mit 1.002 Mitarbeitern erwirtschaftet das Unternehmen einen Umsatz von rund 350 Millionen Euro mit Holzwerkstoffen und Hochdrucklaminaten. Produziert wird an drei Standorten in Österreich. Um sich gegen die starken Mitbewerber durchsetzen zu können, ist FunderMax Spezialitätenanbieter und sieht sich als Entwicklungspartner seiner Kunden. INNOVATION ist daher ein zentrales Thema im Unternehmen.

Unternehmen der produzierenden Industrie sind sehr oft stark auf Produktinnovation fokussiert. Sie sind, übertrieben gesagt, auf der Suche nach dem Produkt, das sich von selbst verkauft. Prozessinnovation wird aufgrund des mitunter sehr großen Kostendrucks ebenfalls gelebt und gelegentlich denkt man an neue Services, die einen Mehrwert für den Kunden schaffen. Je nach Produktlebenszyklen und Wettbewerbssituation ist so mehr oder weniger Innovation gefragt. Dass Innovation aber in allen Bereichen des Geschäftsmodells möglich ist, wird häufig übersehen.

Vielfach gibt es auch kein einheitliches Bild im Unternehmen in Bezug auf die bereits bestehenden Geschäftsmodelle. Das geht beim „Wertversprechen" los und endet bei der Frage: „Wer ist überhaupt mein Kunde, den es zu adressieren gilt?" Ist es derjenige, der die Rechnung bezahlt? Oder ist es der Entscheider, der das Material in die Ausschreibung bringt und dem Bauherrn vorschlägt? Hier Klarheit zu schaffen, ist die Basis dafür, neue Geschäftsmodelle entwickeln zu können bzw. die bestehenden zu adaptieren. Ziel ist es, profitables Wachstum durch neue Geschäftsmodelle zu unterstützen.

Innovative Geschäftsmodelle können einen größeren Beitrag zum Wettbewerbsvorteil leisten, als Innovationen im Produkt- und Servicebereich. Paradoxerweise steht jedoch die Entwicklung und Verankerung von Geschäftsmodellinnovation in den Unternehmen noch immer nicht im Zentrum der Aufmerksamkeit.

14.2   Vorgehensweise und eingesetzte Methoden

2010 haben wir begonnen, uns als Unternehmen intensiv mit Geschäftsmodellinnovation auseinanderzusetzen. Wir sind dazu zwei Wege gegangen: Das Herausarbeiten unserer Kernkompetenzen und der heutigen Geschäftslogik, um in Verbindung mit der Betrachtung von Trends und Megatrends Zukunftsoptionen für uns zu entwickeln und die Arbeit mit dem Business Modell Canvas.

Abbildung 14.1   Einzigartige Geschäftsmodelle; IMP – Innovative Managementpartner
Innsbruck

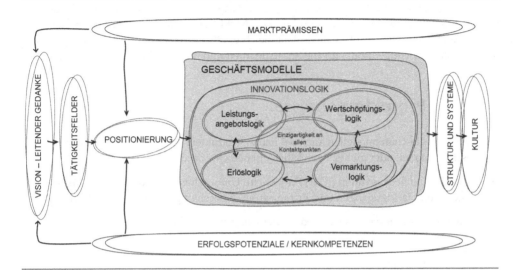

Zu Beginn galt es vor allem ein breites Verständnis für das Thema in der Führungsmannschaft zu etablieren. Dabei halfen plakative Beispiele von bekannten Geschäftsmodellinnovationen wie Nespresso oder IKEA. Diese zeigen sehr anschaulich, wie man den Zugang zum Kunden, die Wertschöpfung, Partnerschaften oder die Ertragsströme innovativ gestalten kann. Best Practices aus der New Economy können durchaus auch sinnvolle Anregungen für Industrieunternehmen bieten. Zum Beispiel sind hier auch Freemiummodelle anwendbar, bei denen ich eine Basisleistung kostenlos anbiete, das volle Paket aber etwas kostet. Es ist überaus spannend, wenn Sie Ihre Führungsmannschaft oder Ihren Vertrieb bitten einzeln den Business Modell Canvas auszufüllen. Dabei kann es durchaus passieren, dass sich nicht alle im selben Unternehmen zu befinden scheinen. In unserem Fall war es sehr wertvoll, sich mit diesen unterschiedlichen Sichtweisen zu befassen und letztendlich ein gemeinsames Bild zu entwickeln.

Viele Unternehmen in einer Branche orientieren und messen sich am direkten Konkurrenten, kopieren Neuerungen und Innovation und werden dadurch immer gleicher. Über den Preis versucht man sich zu differenzieren, wodurch der Unternehmenserfolg gefährdet wird. Der Rote Ozean! Das war für uns der nächste Schritt in der Beschäftigung mit Geschäftsmodellinnovation. Rote Ozeane sind vorhandene Märkte, auf denen es darum geht, die Konkurrenz zu schlagen und die existierende Nachfrage zu nutzen. Blaue Ozeane hingegen sind neue Märkte, die durch ein Unternehmen selbst geschaffen werden, auf denen es noch keine oder kaum Konkurrenz gibt und eine neue Nachfrage geweckt wird. Kunden und Nichtkunden wird ein neuer Nutzen geboten. Bekannte Beispiele sind Starbucks oder der Cirque de Soleil. Mit der Blue Ocean Methode können Unternehmen ihre Geschäftsmodelle revolutionieren und neue Chancen generieren. Die Methode ist relativ einfach anzuwenden und hat auch sehr großes Potenzial für kleinere Unternehmen. Im ersten Schritt werden die wichtigsten Merkmale aus Kundensicht erarbeitet. Deren Ausprägung bei den Wettbewerbern bzw. ähnlichen Produkten wird ermittelt und in der Wertkurve dargestellt. Das hilft, das bestehende Geschäftsmodell zu verstehen und der Mannschaft ein klares Bild in Hinblick auf die Differenzierung oder eben Nichtdifferenzierung vom Wettbewerb zu geben. Auch wenn hier nicht in jedem Fall gleich ein Blauer Ozean auftaucht, so liefert die Methode doch wichtige Inputs für die Strategiearbeit und das Bestehen im Roten Ozean.

14.3   Projektergebnisse

■ Denken in Geschäftsmodellen auch bei neuen Produkten! Passt es in das bestehende Geschäftsmodell oder gibt es womöglich ein besseres dafür?

■ Business Modell Innovation (BMI) Projekte im Unternehmen, die sich mit neuen Services neuen Marktzugängen und Ertragsströmen beschäftigen. Denken in Systemen.

■ Gemeinsames Innovationsverständnis, gemeinsame Sprache.

14.4   Ausblick

■ Gründung neuer Start-ups auf Basis der bisherigen Beschäftigung mit BMI

14.5   Erfahrungen und Praxistipps

■ Erarbeitung im Team fördert gemeinsames Verständnis für die bereits existierenden Geschäftsmodelle und ermöglicht eine gemeinsame Sprache als Basis.

■ Innovation ist ein Kulturthema im Unternehmen. Es braucht Zeit, eine Innovationskultur zu schaffen. BMI zeigt auf, dass Innovation in allen Unternehmensbereichen möglich ist und dass es keine „Innovationsabteilung" geben kann.

■ Neue Geschäftsmodelle brauchen Freiraum, den man bewusst schaffen muss. Wenn sie nach den Gesichtspunkten der bestehenden Geschäftsmodelle beurteilt werden, haben sie oft keine Chance.

Literatur

Osterwalder, Alexander, Pigneur, Yves (2011): Business Modell Generation, Campus Verlag

Chan Kim, W., Mauborgne, Renée (2005): Der Blaue Ozean als Strategie, HANSER Verlag

Ing. Rene Haberl

Geschäftsführer FunderMax GmbH

Vorstand FunderMax Holding AG

Geboren (Jun. 1972) und aufgewachsen in Kärnten, Technische Ausbildung im Bereich Nachrichtentechnik und Elektronik an der HTBL u VA Klagenfurt, Projektleitung für Investitionsprojekte, Leitung unterschiedlicher Standorte und Werke, Leitung interner Restrukturierungsprogramme, Aufbau einer Vertriebsgesellschaft in Indien, Managementausbildung durch das Zentrum für Unternehmensführung/St. Gallen, Geschäftsfeldleiter für den Bereich Hochdrucklaminate, Internationalisierung des Vertriebes von FunderMax, seit 2011 Geschäftsführer der FunderMax GmbH.

15   Mit Cross-Innovation zum Geschäftsmodell-Design

Die Zukunft in der Gegenwart erleben

DI Mozhgan Sadr, MBA und Ing. Franz Schmalzbauer

Abstract

Eine der größten Herausforderungen innovativer Unternehmen ist, mit ihren neuen Lösungen die Kundenwünsche optimal zu erfüllen. Spezifische Merkmale ihrer Lösungen, Ausstattungsdetails und Funktionsabläufe sollen sorgfältig in der Design- bzw. Planungsphase festgelegt werden. Die Steigerung des Kundennutzens gilt als oberstes Prinzip solcher innovativen Entwicklungen, womit diese letztlich auch zum Nutzen des eigenen Unternehmens sind. Jedoch zeigt sich hin und wieder am Ende dieses Entwicklungsprozesses eine Lücke zwischen der hervorgebrachten Lösung und den Kundenerwartungen. Erwartungen, die über die Zeit nicht konstant bleiben. Kann diese Lücke geschlossen werden um unnötige Korrekturkosten zu vermeiden und gleichzeitig Mehrwert für Kunden zu generieren?

15.1   Wir brauchen neue Wege

Manche innovative High-Tech Unternehmen sind der Meinung, Kunden können nur definieren was sie wollen, wenn sie schon einmal etwas davon gehört, gesehen oder gefühlt haben. Deshalb entwickeln sie Produkte und Lösungen, die der Kunde noch nicht kennt und deshalb lieben soll! Ihrer Ansicht nach kann Innovation nicht von Kunden erwartet werden. Welche Branchen können sich nun diesen Vorgang leisten und ihre Kunden mit einem Big Bang „überraschen"? Oder noch konkreter gefragt: welche Unternehmen leben diese Innovationsphilosophie?

Dieser Artikel beschäftigt sich mit der in ökonomischer Hinsicht bedeutsamen Frage, wie eine neue Lösung bzw. ein komplexes Vorhaben wie der Bau bzw. die Umstrukturierung eines Krankenhauses basierend auf ausführlichen Analysen und Abstimmungen, optimale Ergebnisse für die Kunden liefern kann. Fachleute, Mitarbeiter der Krankenhäuser, Eigentümer und die Krankenkassen wirken an diesem Vorhaben mit und am Ende soll sich der Patient wohlfühlen und damit bestens bedient werden. Patientenzentrierte Lösungen mit vertretbaren Kosten aber nicht nur zum Zeitpunkt der Errichtung sondern auch während des Spitalsbetriebs, also nachhaltige Lösungen für höhere Effizienz, sind gefragt.

Die Betriebskosten eines Bauobjektes – wie etwa eine Gesundheitseinrichtung oder ein anderes Bauwerk – sind in den ersten Schritten und insbesondere während der Konzeptions- und Planungsphase und anschließend jedoch mit immer weniger Intensität während der Errichtung beeinflussbar. Durch die Einbeziehung der Nutzer und die Berücksichtigung der Nutzungsflexibilitätsaspekte des Betriebs in diesen Phasen können und sollen die späteren langfristigen Betriebskosten reduziert werden. Die Untersuchung ökonomischer Anreize zur optimalen Nutzung der ersten Leistungsphasen mit dem Zweck der Reduzierung von laufenden Kosten, die folglich zur Kostendämpfung im Gesundheitswesen beitragen können, war eines der Themen, mit denen sich 2013 die Benchmarkingplattform der VAMED auseinander gesetzt hat. Diese Plattform setzt sich aus den renommierten Universitätsklinken in Deutschland, der Schweiz und Österreich zusammen. In Deutschland regelt die Verordnung „Honorarordnung für Architekten und Ingenieure (HOAI)" die Berechnung der Entgelte für die Grundleistungen der Architekten und der Ingenieure (vgl. Bundesregierung, 2013). Die Grundleistungen für Gebäude und Innenräume sind in neun Leistungsphasen unterteilt und werden prozentual wie folgt bewertet:

Tabelle 15.1 Bewertung der Grundleistungen für Gebäude und Innenräume in den definierten Phasen nach HOAI (vgl. Bundesregierung 2013)

Leistungsphase		für Gebäude	für Innenräume
1	Grundlagenermittlung	2 %	2 %
2	Vorplanung	7 %	7 %
3	Entwurfsplanung	15 %	
4	Genehmigungsphase	3 %	2 %
5	Ausführungsphase	25 %	30 %
6	Vorbereitung der Vergabe	10 %	7 %
7	Mitwirkung bei der Vergabe	4 %	3 %
8	Objektüberwachung	32 %	
9	Objektbetreuung	2 %	2 %
	Summe	100 %	53 %

Vor der Leistungsphase 1 „Grundlagenermittlung" während der Bedarfsplanung, in der – wie vorhin erwähnt – die Beeinflussbarkeit der künftigen Kosten hoch ist, finden die Leistungen keine Berücksichtigung in den festgelegten Honoraransätzen. Folglich ist das Risiko eines Kostenanstiegs aufgrund der nicht ausreichenden Bedarfsanalysen äußerst hoch und die Trends weisen nach, dass die nachträglichen Korrekturkosten zwangsweise getragen werden, um die laufenden Kosten zu reduzieren und den Betrieb effizienter zu gestalten. Ein Trend der zur Kostendämpfung im Gesundheitssektor definitiv gebrochen werden soll.

Eine optimale Betriebsorganisationsplanung trägt wesentlich zum Erfolg eines Krankenhauses bei. Besondere Aufmerksamkeit erhält die Betriebsorganisationsplanung in Zusammenhang mit Umstrukturierungen und mit der Planung größerer Baumaßnahmen. Die Arbeitsabläufe werden in die frühen Phasen der Planung einbezogen. Ein häufiges Problem dabei ist der Austausch zwischen den Planungsakteuren: Architekten und Betriebsorganisationsplanern. Beide entwickeln Entwürfe für Gebäude oder Nutzungskonzepte für die verfügbaren Flächen. Der von den Architekten entwickelte Entwurf ist konkret und der andere eher abstrakt. Beispielsweise braucht der Architekt Informationen zu den Logistikanforderungen vom Betriebsorganisationsplaner, welche mit dem Krankenhauspersonal abzustimmen sind. Um die Kosten des Gesamtlebenszyklus eines Krankenhauses (Errichtungs- und Folgekosten) zu reduzieren und die Prozesse für Patienten und Mitarbeiter zu verbessern, verbinden wir frühzeitig die abstrakten bzw. konkreten Pläne durch eine neue Art der hochgradigen technologischen Visualisierung dieser Konzepte. Die Raumkonzepte bleiben nicht mehr nur auf Papier. Oft genug wird dem Nutzer erst bei Ansicht, beim ersten Begehen des Bauobjektes, beim Erleben der Proportionen bewusst, dass der Plan nicht passt. Fehleinschätzungen der Raumdimensionen gehören zu den häufigsten Einrichtungsfehlern. Daher werden die Konzepte während sie sich noch in der Entstehungsphase befinden illustriert und visualisiert. Im Rahmen der Planungsworkshops werden Anforderungen erhoben. Durch interaktive und dreidimensionale Planungstools werden Raumkonzepte und Arbeitsschritte schrittweise gemeinsam entwickelt und visuell sowie originalgetreu dargestellt.

15.2   Raumbesichtigung schon während Planungsphase

Der Innenausbau der Kranhausbereiche wird plastisch entwickelt. Das mitarbeiter- bzw. patientenfreundliche Beleuchtungskonzept, das eine ausgewogene und regulierbare Beleuchtung vorsieht, genauso wie die Farb- und Materialkonzepte für Wohlbefinden, Orientierung, Anregung, Fenster zum Öffnen mit individuell einstellbarem Sonnenschutz und Naturbilder, die eine beruhigende Wirkung auf Menschen ausüben und somit zum Genesungsprozess beitragen, werden realitätsnah stimuliert bzw. visualisiert. Wand, Decke, Bodenbeläge, Holzoberflächen und auch die Möbel werden einbezogen. Die virtuellen Objekte können ertastet und erfühlt werden. Der Einsatz von farbigem Licht als Kommunikationsmedium bzw. beruhigendes Mittel in den Untersuchungsräumen, z. B. mit CT und MRT, können ebenfalls erprobt werden.

Das Ergebnis, welches sich in der Konzeptionsphase noch leicht und kostengünstig adaptieren lässt, wird in einer virtuellen Welt allen Planungsakteuren, Nutzern und dem Auftraggeber veranschaulicht. Darüber hinaus ermöglicht dies eine einfache Erstellung von Lösungsvarianten, die wiederum kostengünstig evaluiert werden können. In einem virtuellen Raum können das Raumkonzept und die Ausstattung – wie die medizintechnische Ausstattung – für jeden Bereich z. B. für die Patientenzimmer bzw. Untersuchungs- und Behandlungsräume illustriert werden.

Was haben eine solche Art der Raumplanung und die Spielkonsole „Wii" gemeinsam? Die Wii hat Remote Spiele ermöglicht, die mit Schwerpunkt über Armbewegungen im freien Raum bedient werden können und damit eine intuitivere Steuerung realisieren. Mithilfe zweier Referenzpunkte in der Sensorleiste und einer Infrarotkamera an der Vorderseite der Wiimote (die Wii-Fernbedienung), welche bis zu vier Infrarotquellen erfasst, kann die zum TV relative Position und Lage des Controllers bestimmt werden, weil die Sensorleiste mittig über oder unter dem Bildschirm platziert ist. Dadurch ist es möglich, Spielobjekte auf dem Bildschirm direkt anzuvisieren. Mit zwei Infrarot (IR)-LEDs können Positionen im dreidimensionalen Raum an den Computer übergeben werden, was als „Head Tracking" bezeichnet wird. Diese zwei IR-LEDs können beispielsweise an den Brillenbügeln angebracht werden. Head-Tracking, ein Motion-Tracking-Verfahren zur Erfassung der Position, Lage und Bewegungen des Kopfes, kann zur Bereitstellung einer dem Blickwinkel entsprechenden Darstellung verwendet werden. Je nach Anwendung kann die Erkennung durch am Kopf befestigte Sensoren oder durch eine oder mehrere auf den Kopf gerichtete Kameras erfolgen[1]. Damit können Wii und Raumplanung beide als Virtual-Reality[2]-Anwendungen gelten. Bei Wii ist die Kamera beweglich (Wii-Controller) und die Sensoren sind fixiert (befinden sich auf der Sensorleiste). Diese Anwendungen dienen dazu, einen Benutzer oder dessen Bewegungen zu verfolgen und ein entsprechendes Feedback zu liefern. So kann z. B. der Kopf eines Anwenders getrackt werden und entsprechend der Position des Kopfes eine virtuelle Welt dargestellt werden. Ein Anwender kann so mit natürlichen Bewegungen in einer virtuellen Welt navigieren und interagieren.

Ein grafikorientiertes VR System besteht generell aus einem Display für den Benutzer, einem Bewegungssensor um Interaktion zu ermöglichen, einer Computerhardware zur Generierung der virtuellen Umgebung, einer Datenbank für die 3D-Objekte und der dazugehörigen Software. Man benötigt einerseits Geräte, um dem Benutzer ein drei-dimensionales Bild der virtuellen Umgebung zu vermitteln und andererseits Geräte, um eine Interaktion mit der virtuellen Umgebung zu erlauben. Eine Möglichkeit zur Visualisierung ist eine 3D-Brille in Verbindung mit einem Monitor oder einem Projektor. Der Computer erzeugt immer zwei Bilder der gleichen Szene, allerdings aus einer geringfügig anderen Perspektive. Durch die Synchronisation von Brille und Computer wird nun erreicht, dass jedes Auge ein leicht unterschiedliches Bild auf dem Bildschirm sieht. Hierdurch entsteht die Illusion einer dreidimensionalen Ansicht des Computerbildes. Diese Bilder müssen gleichzeitig, dennoch aber getrennt pro Auge, zur Auswertung im Gehirn ankommen, damit daraus der räumliche Eindruck entstehen kann. Die primäre Funktionsweise der 3D-Brillen beruht auf der Filterung, so dass jedes Auge nur das entsprechende stereoskopische Halbbild für das linke oder rechte Auge wahrnimmt. Eine andere Möglichkeit der Visualisierung ist ein Datenhelm (HMD: Head Mounted Display). Dieser besteht aus zwei kleinen Bildschirmen, jeweils einer pro Auge. Der Monitor bzw. der Projektor kann mit einem Raum "CAVE" (die Höhle), dessen Wände Stereo-Projektionsflächen sind, ersetzt werden. Durch geeignete Projektion scheinen die Wände zu verschwinden und eine virtuelle Umgebung entsteht. In diesem Raum erhalten die Anwender die Freiheit, ohne belastende Displaygeräte – im Vergleich zu HMD – zu agieren. Die 4-

---

[1]   Eine Art von optischen Trackern benutzen eine Gruppe von Lichtsignalgebern (z. B. LEDs) und ein Set von Kameras, welche Muster aus Lichtsignalen auffangen. Hierbei können zwei Methoden verwendet werden: outside-in (Emitter am Benutzer, Sensoren fix) oder inside-out (Sensoren am Benutzer, Emitter fix).

[2]   Virtual-Reality (VR): eine vom Computer generierte und vom Menschen aufgenommene Realität.

Seiten-CAVE besteht aus drei Seitenwänden und einer Bodenfläche. Ein LCD-Projektor für jeden Screen projiziert ein Stereobild des virtuellen Geschehens auf die Seitenwände bzw. den Boden. Alle Wände sind gleichzeitig aktiv. Der Anwender trägt eine getrackte, von Positions-sensoren (Tracker) vermessene Stereobrille (Shutter-Glasses). Ein Grafikcomputer generiert in Echtzeit die virtuellen Bilder entsprechend der Blickrichtung. Für jede Fläche wird eine per-spektivische Projektion durchgeführt, bei welcher jeweils der gesamte Bildschirm als Projek-tionsebene dient, und die Augenposition als Projektionszentrum. Mit 3D-Eingabegeräten wie Joystick, Pointer oder einem Datenhandschuh (Dataglove) interagiert der Anwender mit der virtuellen Welt. Der Datenhandschuh besteht einerseits aus Sensoren, um die Bewegung der Finger zu erfassen und aus einem Positionssensor (Beugungs-, Orientierungs- und Positions-sensoren) und Glasfasern. Dieser kann mit Druckgebern ausgerüstet werden. Dadurch erhält man beim Anfassen eines virtuellen Objektes das Gefühl, dieses Objekt wirklich berührt zu haben.

Eine Alternativlösung für den Raum „Cave" könnte die Stereo-Rückprojektion auf einer Tischfläche sein.

Die Bildsequenz wird in Echtzeit angezeigt. Der Anwender bewegt seinen Kopf im virtuellen Raum. Einfacher ausgedrückt werden die Bewegung und die Orientierung des Kopfes durch das Tracking-System von der realen in die virtuelle Welt übertragen. Der fertige 3D-Plan für das geplante Bauvorhaben kann in wenigen Minuten als Vollraumdarstellung angezeigt werden. Änderungen werden interaktiv vorgenommen und sind schnell imitativ erlebbar.

15.3   Fazit

Der Transfer von komplementärem Wissen und innovativen Lösungsansätzen durch Bran-chenanalogien (Cross Innovation) spielt in der kreativen Ökonomie der Gegenwart eine wesentliche Rolle. Als Innovation gilt grundsätzlich nicht nur die objektive Innovation sondern auch deren subjektive Form, die von einem neuen Kundenkreis als Novum be-grüßt wird. Der Cross-Innovation-Ansatz bietet erprobten Technologien die Gelegenheit auf völlig neue Märkte übertragen zu werden. Diese Märkte werden relativ rasch von den Entwicklungen profitieren, die ursprünglich für andere Sektoren entstanden sind. Nach Schätzungen von Prof. Gassmann, Universität St. Gallen, beschäftigen sich nur etwa zehn Prozent aller Firmen in Deutschland bewusst mit Entwicklungen aus anderen Branchen, um die eigenen Produkte und Arbeitsabläufe zu optimieren. Bewährtes Know-how aus anderen Branchen kann zu einer Reduktion der Entwicklungskosten und Entwicklungsrisi-ken führen. Diesen Vorteil wollen wir gezielt für die Branche Gesundheitswesen nutzen. Die eindeutige Zielsetzung bei diesem neuen Leistungspaket ist es, die Planungsergebnisse für den Kunden, Anwender und den Auftraggeber frühzeitig erfassbar zu machen, um Umplanungen und dadurch unnötige Kosten zu sparen.

Last but not least tragen intelligente und hochwertige Engineering- Lösungen wie diese, die auf Effizienz abzielen und bekannte und wiederkehrende Probleme innovativ behandeln, enorm zur Zukunftsfähigkeit eines Unternehmens bei.

Literatur

Enkel, E.; Gassmann, O.(2010): Creative imitation: exploring the case of cross-industry innovation; R&d Management, Blackwell Publishing Ltd., Vol. 40, 3, S. 256-270

Bundesregierung (2013): Verordnung über die Honorare für Architekten- und Ingenieurleistungen. Bundesgesetzblatt Nr. 37 (BGBl. I S. 2276), Teil I, Nr. 37; abgerufen unter http://www.bmwi.de/DE/Service/gesetze,did=299790.html am 05.12.2014

Dipl.-Ing. Mozhgan Sadr, MBA

Leiterin strategische Planung und Innovationsmanagement,
VAMED-KMB Krankenhausmanagement und Betriebsführungsges.m.b.H.

Mozhgan Sadr hat das Studium "Elektrotechnik" an der technischen Universität KNT in Teheran und TU-Wien abgeschlossen. Sie sammelte internationale Berufserfahrung im Bereich der Spracherkennung- und Softwaretechnologie sowie Telekommunikation. Nach ihrem Executive MBA Studium an der University of Minnesota / Wirtschaftsuniversität Wien trat sie im Jahr 2003 in die VAMED-KMB ein. Aktuelle leitet sie die strategische Planung und das Innovationsmanagement der VAMED-KMB und führt seit 2009 eine Benchmarkingplattform mit namhaften Universitätskliniken in Deutschland, der Schweiz und Österreich.

Ing. Franz Schmalzbauer

Leiter Risiko- und Technologiemanagement,
VAMED-KMB Krankenhausmanagement und Betriebsführungsges.m.b.H.

Franz Schmalzbauer ist seit 1993 als karenzierter Mitarbeiter bei VAMED-KMB tätig. Zuvor war er als Abteilungsleiter für die Agenden des Gewerkes Heizung, Lüftung und Klimatechnik im Wiener Allgemeinen Krankenhaus verantwortlich. Ab Etablierung eines First-Level-Support-Bereiches zeichnete er für alle technischen Angelegenheiten im Facility Management verantwortlich. Von 2004 bis 2011 leitete er den Aufbau des Project Solution Centers für die Planung und Umsetzung von bau-, haus- und medizintechnischen Projekten im Allgemeinen Krankenhaus der Stadt Wien. Seit 2011 ist Franz Schmalzbauer für das Risiko- und Technologiemanagement der VAMED-KMB zuständig und seit 2014 an der Etablierung eines gemeinsamen Innovationsmanagements AKH Wien/VAMED-KMB beteiligt.

16 InnovationCamp©: QuerdenkerInnen designen Innovationen

Eine integrierte Methode für Crowd-basiertes Innovationsmanagement

FH-Prof. Ing. Mag. Dr. Granig Peter, FH-Prof. MMag. Dr. Waltraud Grillitsch, DI Dr. Reinhard Willfort, Mag. Dr. Conny Weber

Abstract

Der folgende Artikel erläutert Möglichkeiten der Einbindung von Personen mit interdisziplinärem Wissen in frühe Innovationsphasen durch eine Kombination von Online- und Offlinephasen im Rahmen des Konzepts „InnovationCamp". Ziel dabei ist, Produkt- und Service Designprozesse mit unterschiedlichen Perspektiven zu bereichern und frühzeitig Wissen von potenziellen InteressentInnen und NutzerInnen in den Innovationsprozess zu inkludieren, um das Innovationsrisiko zu senken und neue Ideen zu gewinnen.

In der Online-Phase werden bewusst moderne Informations- und Kommunikationstechnologien genutzt (in diesem Fall eine Innovationsplattform), um mit Hilfe der NutzerInnen der Plattform (Crowd) Ideen zu generieren und zu bewerten. Der Prozess stoppt nicht mit der Bewertung, sondern geht dann in eine Offline-Phase, in der sich die beteiligten Personen aus den Unternehmen und der Crowd bei einer Veranstaltung persönlich treffen und gemeinsam an der Weiterentwicklung der Produkt- und Serviceideen arbeiten.

Das erste große InnovationCamp dieser Art fand mit knapp 80 Personen im Rahmen des Innovationskongresses 2013 in Villach statt. Die fachlichen Hintergründe und Konzepte, die organisationale Gestaltung der Teaminnovationsprozesse sowie die inhaltlichen Ergebnisse und die Meinungen der NutzerInnen, die im Zuge einer Begleitevaluation erhoben wurden, werden nachfolgend beschrieben.

Keywords:
Ideenmanagement, Open Innovation, Crowdsourcing, Co-Creation, Design Thinking, Innovationsteams

16.1 Konzept des InnovationCamps und der Begleitevaluation: Überblick

Alternativ zur Erhebung und Übersetzung von Kundenwünschen bietet sich die Übergabe von Designprozessen an die UserInnen an. Herausfordernd dabei ist die Bereitstellung der nötigen Informationen für die Fertigung des Wunschproduktes/-services (vgl. Dockenfuß 2003, S. 217). Das InnovationCamp ist ein innovatives Format, das die Vorteile sogenannter „Crowd-Technologien" für Open Innovation nutzt und dabei gezielt Online- und Offline-Aktivitäten einer kreativen Community kombiniert, mit dem Ziel hoch qualitative Innovationskonzepte für bestimmte Fragestellungen zu entwickeln. In diesem Artikel wird das Konzept am Beispiel des InnovationCamps erläutert, das im Rahmen des Innovationskongresses 2013 durchgeführt wurde.

Das Konzept des InnovationCamps zielt darauf ab, Innovation erfahrbar zu machen und das Wissen und die Kreativität einer „Crowd" bzw. InnovationCamp-Community, bestehend aus vielen kreativen Köpfen und Innovationsexperten, greifbar zu machen. Unternehmen haben hierbei die Möglichkeit Wissen abzuholen und dabei Ideen für künftige Innovationsprojekte oder Dienstleistungen zu entwickeln. Dafür werden das gebündelte Wissen sowohl einer Online-Community (z. B. einer Crowdsourcing Plattform) und einer Offline-Community (z. B. die TeilnehmerInnen eines bestimmten Events) in kurzer Zeit, bezogen auf eine bestimmte Fragestellung, aktiviert. Das InnovationCamp beginnt mit einer Online- und endet mit einer Offline-Phase in der die Ergebnisse präsentiert werden.

Abbildung 16.1 Phasen des InnovationCamps; Quelle: eigene Darstellung in Anlehnung an Innovationskongress 2014, o. S.

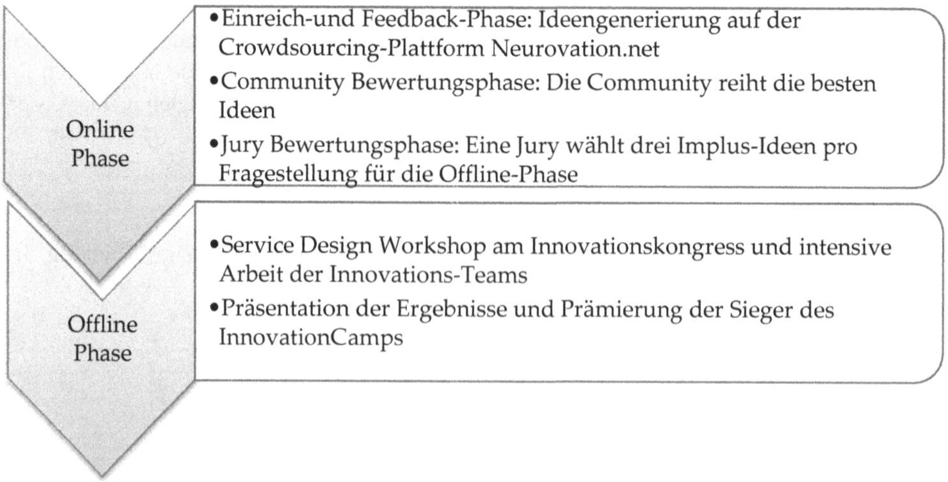

Online Phase
- Einreich-und Feedback-Phase: Ideengenerierung auf der Crowdsourcing-Plattform Neurovation.net
- Community Bewertungsphase: Die Community reiht die besten Ideen
- Jury Bewertungsphase: Eine Jury wählt drei Implus-Ideen pro Fragestellung für die Offline-Phase

Offline Phase
- Service Design Workshop am Innovationskongress und intensive Arbeit der Innovations-Teams
- Präsentation der Ergebnisse und Prämierung der Sieger des InnovationCamps

Die Vorteile; welche die Methode des InnovationCamps für ein Unternehmen mit sich bringt, lassen sich wie folgt zusammenfassen:

- Employer Branding: Das Unternehmen ist vor, während und nach dem Innovation-Camp als innovativer Vorzeigebetrieb in online- und Printmedien sichtbar.

- Zugang zu hellen Köpfen: Die besten Ideen werden über Crowdsourcing Mechanismen kreiert. Dabei ergibt sich auch die Möglichkeit, auf künftige Mitarbeiter/-innen aufmerksam zu werden.

- Innovationsnetzwerk: TeilnehmerInnen des InnovationCamp bilden ein innovatives Netzwerk, das sich regelmäßig treffen wird, um Know-how auszutauschen. Eingefahrene Wege und Denkweisen können so überwunden werden.

- Methodenwissen: Im InnovationCamp werden neue Innovationsmethoden angewandt, wie z. B. Service Design. Innovative Prototypen zu Dienstleistungen und/oder Produkten für die definierten Fragestellungen werden aus Kundensicht entwickelt.

- Open Innovation: Durch die frühzeitige Einbindung der InnovationCamp-Community kann das Innovationsrisiko gesenkt werden und vorhandenes Marktpotenzial, aufgrund der beim Ideenwettbewerb generierten Ideen, abgeschätzt werden.

Im Zuge des Pilotprojekts InnovationCamp 2013 fand eine Begleitevaluation statt, die drei schriftliche Befragungen beinhaltete:

1. Befragung im Rahmen des Vorworkshops zur Auswahl der Projektideen: 17 FirmenvertreterInnen wurden zur Bedeutung von Innovation, zu Merkmalen innovativer Projekte, zu ihren Auswahlkriterien und zu Erfolgsfaktoren bei der Umsetzung von innovativen Ideen in die Praxis befragt.

2. Befragung der TeilnehmerInnen in der Startphase des InnovationCamps: 65 Fragebögen wurden verteilt, 58 Fragebögen wurden vollständig ausgefüllt retourniert. Die Inhalte der Befragung konzentrieten sich auf die Erwartungen der TeilnehmerInnen an das InnovationCamp, die TeamkollegInnen und die Moderation sowie die nötigen Rahmenbedingungen und Wünsche, sich als Person in das InnovationCamp einbringen zu können.

3. Befragung der TeilnehmerInnen in der Endphase des InnovationCamps: 65 Fragebögen wurden verteilt, 42 ausgefüllte Fragebögen wurden retourniert. Die Befragung zielte auf die Evaluation des InnovationCamps ab, indem die TeilnehmerInnen das Innovation-Camp anhand einer fünfteiligen Skala beurteilten und die Möglichkeit bekamen, Feedback zu geben und Vorschläge zur Weiterentwicklung des InnovationCamps zu äußern.

16.2   Open Innovation und Crowdsourcing: Perspektiven vervielfachen

Um das Konzept des InnovationCamps besser zu veranschaulichen, sollen zunächst relevante Begriffe und Methoden, wie Open Innovation und Crowdsourcing, erläutert werden. **Open Innovation** meint in erster Linie die Öffnung des Innovationsprozesses für andere Stakeholder. Der Begriff wurde 2003 von Henry Chesbrough (vgl. Chesborough 2003) geprägt und beschreibt die Einbindung des Wissens einer großen Masse von Menschen, der sogenannten „Crowd", in den Innovationsprozess. Bezogen auf das Ideen- und Innovationsmanagement, geht es vor allem darum die Ideen einer „Crowd" als Innovationsquelle zu nutzen. Durch die Einbeziehung von externen Ideen in einem sehr frühen Stadium eines Innovationsprozesses, kann das Innovationsrisiko stark gesenkt werden. Das Wissen der Masse liefert in dieser frühen Phase interessante Erkenntnisse über Stimmungsbilder und über die Resonanzfähigkeit einer Idee und zwar zu einem Zeitpunkt, an dem noch kein Wissen materialisiert wurde und damit wenig Kosten entstanden sind.

Im Artikel „The Rise of Crowdsourcing" (vgl. Howe 2006) wurde **Crowdsourcing** erstmals als Phänomen hinter der Aktivierung von Menschenmassen mittels Internettechnologien beschrieben. Bezogen auf das Ideen- und Innovationsmanagement hat sich Crowdsourcing als eine spezielle Form von Open Innovation (vgl. Chesborough 2003) etabliert. Crowdsourcing bezeichnet demnach das kollaborative Generieren neuer Ideen und neuen Wissens über moderne Informations- und Kommunikationstechnologien, sogenannte „Crowd-Technologien".

Was 2006 mit der Bündelung von Wissen und Ideen aus der Masse begann, hat mit zunehmender Vernetzung neue Möglichkeiten für das Innovationsmanagement von Organisationen erreicht. Bezogen auf das InnovationCamp geht es vor allem darum, Ideen einer „Crowd" als Innovationsquelle zu nutzen. Die erforderliche Internettechnologie für Crowdsourcing ist heute beinahe Standard, erfährt aber durch den Social Media Boom der letzten Jahre eine interessante Erweiterung in Richtung Netzwerke (z. B. IBM CEO-Study 2012). In den letzten Jahren sind daher sehr viele temporäre aber auch langfristig angelegte Portale für Crowdsourcing mit dem Fokus auf Kreativität (vgl. vertiefend Willfort et al. 2007) und Ideen entstanden.

Open Innovation und besondere Ausprägungen wie Crowdsourcing (z. B. Willfort et al. 2012), Crowdfunding oder Crowdselling (z. B. beschrieben in Willfort et al. 2013) ermöglichen neue Dimensionen des Produktlebenszyklus-Management von Innovationen und liefern enorme Potenziale für Start-ups, kleine und mittlere Unternehmen, aber auch große Unternehmen, über alle Phasen des Innovationsprozesses hinweg:

In der **Ideenfindungsphase** geht es vor allem darum die „Crowd" als externen Ideenlieferanten einzubinden. Während der **Ideenevaluierungsphase** kann bereits über frühes Feedback einer breiten Masse das Marktpotenzial abgeschätzt werden. In der **Ideenrealisierungsphase** ist vor allem Crowdfunding, als spezielle Ausprägung des Crowdsourcing interessant. Die Idee des Crowdfundings ist, dass aus vielen kleinen Beträgen finanzielle

Ressourcen für die Realisierung eines Projektes gesammelt werden. Wie bei Crowdsourcing kann jeder, der sich für die Projektidee interessiert, mit einem kleinen Betrag ein gewünschtes Projekt unterstützen. Auf die letzte Phase des Innovationsprozesses, die **Ideenverwertungsphase**, also den Vertrieb und die Vermarktung neuer Produkte und Ideen, angewendet, ermöglicht Crowdsourcing bzw. Crowdselling (vgl. Willfort et al. 2013) neue Dimensionen des Produktlebenszyklus-Management und des Vertriebs von Innovationen.

16.3   Crowdsourcing Technologien: Ideen gewinnen und bewerten

Eine wichtige Voraussetzung für Crowdsourcing, und damit die Online-Phase des hier vorgestellten Konzepts InnovationCamp, ist die zugrundeliegende „Crowd" – Technologie". Daher wird in diesem Abschnitt das Prinzip von Crowdsourcing Plattformen, am Beispiel der für das InnovationsCamp 2013 involvierten Plattform Neurovation.net, dargestellt.

Der professionelle Umgang mit Ideen und die Entwicklung von neuen Produkten und Services sind in einer wissensbasierten Wirtschaft von zentraler Bedeutung. Daher wurde die Neurovation Plattform (www.neurovation.net) von der Neurovation GmbH als webbasiertes Innovationswerkzeug zur unternehmensinternen und offenen Ideenfindung entwickelt. Die Plattform baut auf jahrelanger Erfahrung im Bereich Innovations-, Wissens- und Ideenmanagement und den Einbezug der Neurowissenschaften (z. B. beschrieben in Willfort et al. 2007) auf. An der Entwicklung und Moderation von Crowdsourcing bzw. Ideenwettbewerben sind Experten der Bereiche Benutzerfreundlichkeit, soziale Medien und spielerische Mechanismen beteiligt mit dem Ziel, eine völlig neue Kreativitätsumgebung zu schaffen. Neurovation.net ist seit 2009 online und kann als erste österreichische Open Innovation und Crowdsourcing Plattform gesehen werden. Neben z. B. Atizo (www.atizo.com) und Hyve (www.hyve.de) zählt sie zu den größeren Crowdsourcing Plattformen im deutschsprachigen Raum. Die Online-Community der Plattform besteht derzeit aus ca. 6000 aktiven Usern, die für laufende Wettbewerbe Ideen entwickeln, bewerten, Feedback geben etc. Bis jetzt wurden ca. 60 Crowdsourcing Ideenwettbewerbe durchgeführt, wobei die Anzahl der beigesteuerten Ideen zwischen 20 und 300 Ideen variiert. Die Fragestellungen zu diesen Wettbewerben decken eine große Bandbreite ab, z. B. von einem Logo-Wettbewerb für eine Elektromobilitäts Plattform, über neue Services für eine Bibliothek bis hin zu einem Design-Wettbewerb für eine Zirbenholzbank.

Der Crowdsourcingprozess auf Neurovation.net beginnt in den meisten Fällen mit einer offenen Aufgabenstellung und endet innerhalb der Open Innovation Community mit der Vorauswahl von Ideen. Dieser Crowdsourcing Prozess kann auch auf die Generierung von Ideen zur Vermarktung und zum Vertrieb neuer Produkte und Dienstleistungen genutzt werden bzw. kann eine unternehmenseigene Produkt-Community aufgebaut werden. Abb. 16.1 veranschaulicht diesen Prozess.

Abbildung 16.2 Crowdsourcingprozess am Beispiel der Neurovation Plattform; Quelle:
Willfort et al. 2013

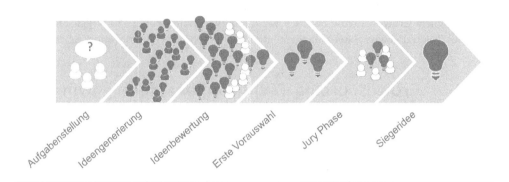

Diese Vorauswahl erfolgt durch die Gegenüberstellung von zwei konkreten Ideen, wodurch eine faire und objektive Reihung der eingereichten Ideen erzielt werden kann. Je nach Wettbewerb kommt eine bestimmte Anzahl an Ideen in die nächste Phase, die meistens aus einer Jury-Bewertung besteht.

Die Teilnahme an der Bewertung steht jedem User offen. User erhalten Punkte durch die aktive Teilnahme an der Bewertungsphase, aber auch wenn andere User deren Idee auswählen. Die Entscheidung über die Umsetzung liegt letztlich beim Unternehmer, der die Ressourcen zur Verfügung stellt und nimmt damit den typischen Verlauf eines Innovationsprozesses in einem Unternehmen.

Abbildung 16.3   Beispiel zur Ideenbewertung auf Neurovation,
Quelle: www.neurovation.net

Die Arena

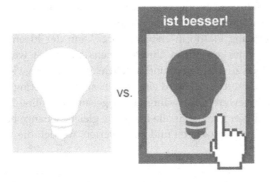

Gerade in frühen Phasen können Innovationen meist nicht oder noch nicht monetär beschrieben werden, sondern vor allem über qualitative Kriterien, wie Checklisten, verbale Modelle, K.O.-Kriterien, Scoring-Modelle etc. Die Bewertung sollte in einem interdisziplinären Team erfolgen, um verschiedene Blickwinkel zu gewinnen (vgl. Gassmann und Granig 2013, S. 48). Nachhaltiger Erfolg ist dann gewährleistet, wenn eine Organisation die Interessen der Share- und Stakeholder gleichermaßen berücksichtigt und als zusätzliche Dimension in die Bewertung integriert (vgl. Granig 2007, S. 221). Die Bewertung über Plattformen bietet die Möglichkeit interdisziplinärer Einbindung und die frühzeitige Gewinnung der Sicht/Ideen potenzieller InteressentInnen. Die Dauer der einzelnen Phasen eines Crowdsourcing Ideenwettbewerbs wird in der Regel von den Auftraggebern festgelegt. Dabei ist es empfehlenswert, dass die Einreich- und Feedbackphase ca. sechs bis acht Wochen dauert, die Community-Evaluierung in zwei bis vier Wochen erfolgt und im Anschluss eine Jury die besten Ideen prämiert.

16.4 Methode „InnovationCamp": Details zu den Arbeitsphasen

Die Methode des InnovationCamps besteht aus einer Online- und einer Offline-Phase. Nach Erläuterung der zugrundeliegenden theoretischen Konzepte und der Technologie, werden in diesem Abschnitt die zwei Phasen detailliert beschrieben, um das Verständnis der im Anschluss dargestellten praktischen Ergebnisse zu ermöglichen.

16.4.1 Online-Phase

Zunächst erarbeiten teilnehmende Unternehmen (die Bandbreite kann hier von der Einzelperson, über ein Start-up, ein kleines-und mittleres Unternehmen oder ein großes Unternehmen variieren) gemeinsam mit erfahrenen InnovationCamp Moderatoren eine Fragestellung zu einer Innovationsherausforderung. Für diese Fragestellung wird ein online Ideenwettbewerb über eine Crowdsourcing Plattform erstellt. Dabei kann der Ideenwettbewerb auch an das Corporate Design des jeweiligen Unternehmens angepasst werden. Um eine möglichst hohe Anzahl an Ideen zu generieren und möglichst viele kreative Köpfe zur Beteiligung am Ideenwettbewerb zu motivieren, wird ein gemeinsamer Marketing- und Bewerbungsplan erstellt. Der Ideenwettbewerb wird während der gesamten Online-Phase professionell moderiert und umfassend betreut. Damit alle Ideen die gleiche Chance haben und genügend Zeit bleibt um Ideen zu perfektionieren und zu bewerten, werden die Wettbewerbe in Phasen eingeteilt.

Abbildung 16.4   Online-Phase; Quelle: eigene Darstellung in Anlehnung an den Crowdsourcing Prozess der Neurovation-Plattform (www.neurovation.net)

Während der **Einreich- und Feedbackphase** (vier bis acht Wochen) kann die Kreativ Community Ideen erstellen und einreichen. Wird eine Feedback-Idee erstellt, dann können andere User Feedback geben, das bis zum Ende der Einreichphase eingearbeitet und somit eine Idee kollaborativ perfektioniert werden kann.

Im Zuge der **Community Bewertungsphase** (eine Woche bis drei Wochen) werden in der Arena immer zwei Ideen gegenüber gestellt. Dieses Verfahren ermöglicht eine faire und objektive Reihung der eingereichten Ideen. Je nach Wettbewerb kommt eine bestimmte Anzahl an Ideen in die nächste Phase – die z. B. die Jury Bewertung sein kann. Die Teilnahme an der Bewertung steht jedem User offen.

In der **Jury Bewertungsphase** (eine Woche) vergleichen ausgewählte Jury-Mitglieder, die sich, je nach Fragestellung, aus Experten einer bestimmten Branche, eines bestimmten Marktes etc. oder des entsprechenden Unternehmen zusammensetzen, alle Ideen, die es in diese Phase geschafft haben.

Das Ergebnis der online Phase sind drei innovative Ideen, die als Impuls in einem Service Design Workshop in der offline Phase weiterverfolgt werden. Diese drei Phasen werden in den nachfolgenden Abschnitten nun näher beschrieben.

16.4.2   Offline-Phase

Die Offline-Phase findet im Rahmen eines großen Events statt, zu dem zusätzlich zu den dort vorhandenen Teilnehmer/-innen weitere Innovationsexperten, Teilnehmer/-innen der Online Community und Unternehmensexperten eingeladen werden.

Im Rahmen eines Service Design Workshops mit bis zu zwei Unternehmensvertretern der zu Beginn definierten Fragestellungen und einem interdisziplinären Team, bestehend aus ca. vier Personen, werden die Ergebnisse der Online-Phase zu Konzepten verfeinert und ausgearbeitet. Service Design (als Grundlagenwerk dazu vgl. z. B. Stickdorn und Schneider 2011) bezeichnet einen Prozess, der ursprünglich aus dem Bereich des Designs stammt, bei dem in enger Zusammenarbeit mit Unternehmen und Kunden verschiedene Methoden angewandt werden, um Produkte und Dienstleistungen aus der Kundenperspektive zu entwickeln und damit deren Mehrwert zu erhöhen.

Im Rahmen von Service Design Workshops werden verschiedene Methoden aus den Bereichen Design und Softwareentwicklung angewendet die im Folgenden kurz betrachtet werden. Für die Offline Workshops des InnovationCamps wurde folgender Aufbau gewählt:

- ■ **Teambuilding:** Kennenlernen der Innovationsteams und Anwendung von Kreativitätstechniken, wie z. B. Brainstorming. Ziel dieser Methode ist es, dass die heterogenen Teilnehmer/-innen des Workshops die Stärken des Innovationsteams erkennen, die Problemstellung und die bereits ausgewählten Impulsideen zusammengefasst werden und eine gemeinsame Zielvorstellung, d.h. gemeinsam einen entsprechenden Prototypen zu gestalten, entwickelt wird.

- ■ **Entwicklung von Personas**: Die Methode der Personaentwicklung stammt ursprünglich aus dem Bereich des „user-centered" Designs (vgl. weiterführd Goodwin 2009) und wird angewendet um Produkte, insbesondere Software mit möglichst hohem Kundennutzen zu entwickeln. Aufgrund einer Analyse der potenziellen Kunden, werden relevante Eigenschaften insbesondere auf das mögliche Nutzerverhalten dieser in sogenannten Personas zusammengefasst. Die entwickelten Personas (vgl. weiterführd Cooper 1999) repräsentieren daher prototypisch die künftigen Nutzer des zu entwickelnden Produkts oder der zu entwickelnden Dienstleistung. Bei Fragestellungen zu spezifischen Eigenschaften eines Produkts oder einer Dienstleistung fällt es leichter eine entsprechende Person im Kopf zu haben.

- **Entwicklung von Userstories** (vgl. weiterführend Goodwin 2009): Ein nächster Schritt ist es, ausgehend von den Personas sogenannte Userstories zu entwickeln. Anhand dieser Geschichten können einzelne Eigenschaften von Dienstleistungen oder Produkten kundenorientiert entwickelt werden. Dabei wird entlang einer bestimmten Persona deren mögliches Verhalten im Umgang mit der Innovation in Situationen die typisch für diese Person sind betrachtet. Zum Beispiel, Sandra, 23, benötigt auf den Weg in die Uni oft...oder Peter, 45, Hausmann würde sich besonders über ...freuen. Maria, 40 Managerin, hat wenig Zeit daher muss, etc.

- **Entwicklung von Prototypen auf Basis der Ideen und Konzepte:** Prototypen stellen ein Modell eines künftigen Produkts oder einer Dienstleistung dar und sind eine wichtige Methode um ein neues Produkt oder eine Dienstleistung in einem frühen Entwicklungsprozess, d.h. bevor Kosten entstanden sind, zu testen. Je nach Innovation, können diese Prototypen einfache Skizzen, Workflows von Dienstleistungen, Modelle oder kleinere Präsentationen und Grafiken sein. Da im Rahmen des Workshops die Zeit begrenzt ist, wird hier auch häufig die Methode des **Rapid Prototypings** angewendet, die im engeren Sinne eine Methode zur Softwareentwicklung darstellt.

- **Zwischenpräsentation und Testen der Prototypen:** Um dem Grundgedanken des Service Designs gerecht zu werden, werden zunächst die auf Basis der Personas und Userstories entwickelten Prototypen getestet. Dafür werden die ersten Ergebnisse Personen außerhalb des Innovationsteams vorgestellt. Anhand von Beobachtung, Reaktionen und einem Gespräch, können wichtige Eigenschaften eines Produkts oder einer Dienstleistung aus „Kundensicht" identifiziert und fehlende Aspekte integriert werden.

- **Endpräsentation:** Vorstellung der Prototypen innovativer Produkte und Dienstleistungen zu einer bestimmten Fragestellung.

Ziel der Offline Phase ist es, zu allen vorab definierten Fragestellungen über kreativinnovatives Lernen und Erleben Prototypen von mindestens einer Dienstleistung bzw. eines Produkts, das auf Basis der zuvor ausgewählten Impulsideen aus Kundensicht gestaltet wurde, zu entwickeln. Die finalen Konzepte und Prototypen werden in einer anschließenden Abschluss Präsentation vorgestellt und prämiert.

16.5 InnovationCamp 2013: Innovationsbedarf der beteiligten Unternehmen

Zehn Firmen, zwölf Fragen: Die genannten Zukunftsthemen ließen die Unternehmen in der Online-Phase des Innovation Camps auf Neurovation.net kreativ bearbeiten. Und das Engagement der Neurovation.net Querdenker war beachtlich: **Sie steuerten insgesamt 262 Ideen bei und bewerteten diese 2152 mal.**

Abbildung 16.5   InnovationCamp – Die Fragestellungen 2013; Quelle: in Anlehnung an Neurovation.net 2013, aktualisiert

Sicherung von Fachkräften

VAMED-KMB | club lebenszeit fragte: Was kann und soll ein Unternehmen ergänzend zu monetären Anreizen bieten, um qualifizierte Fachleute zu gewinnen und diese langfristig im Unternehmen zu halten?

Wohnen

Riedergarten Immobilien fragte: Welche Anforderungen stellt der Durchschnittskäufer aus der gehobenen Mittelschicht an eine Eigentumswohnung in guten Lagen in Klagenfurt und Villach im Jahre 2030?

Arbeitsplatz der Zukunft

VAMED-KMB | club lebenszeit fragte: Welche Maßnahmen kann ein Unternehmen zur Stärkung der psychosozialen Kompetenz der Menschen leisten, um ihre Gesundheit und Leistungsbereitschaft zu fördern?

Automobilindustrie

AVL List fragte: Wie sieht ein intelligentes Messgerät für die Entwicklung von Antriebssträngen in der Automobilindustrie im Jahr 2020 aus?

Marketing & Vertrieb

Bona Austria fragte: Welche Einsatzgebiete, Marketing- und Vertriebsstrategien sowie neue Arten der Produktpräsentation und Verpackung gibt es für den neuen "Bona SprayMop"?

Elektromobilität

Europlast fragte: Welche Ideen hast du für das trendige Elektrofahrzeug "Elcoom"?

Crowdfunding

ISN – Innovation Service Network fragte: Wie kann man Crowdfunding in Österreich etablieren?

Lebensmittelsicherheit

Romer Labs fragte: Was kommt 2030 auf Ihren Tisch?

Monitoring

Petschacher fragte: Was kann eine Brücke ihren Benutzern alles „erzählen"?

Servicedokumentation

AVL List fragt: Wie sieht die Service- und Anwender-Dokumentation im Jahr 2020 aus?

Sensoren der Zukunft

Infineon Technologies Austria fragte: Was sind zukünftige Anwendungen für Sensoren im täglichen Leben?

Online Auktionen

Die Kleine Zeitung fragte: Wie wird sich die Online Auktionsplattform der Kleinen Zeitung weiterentwickeln?

16.6   InnovationCamp 2013: Auswahl der Projekte

Basierend auf dem Ergebnis der Community-Bewertung fanden im Vorfeld der Offline-Phase die Jurysitzungen mit den VertreterInnen der Firmen statt. Die besten IdeengeberInnen wurden zu den weiterführenden Workshops eingeladen und gewannen Tickets für den Villacher Innovationskongress.

In den Vorworkshops zur Auswahl der Projektideen waren 17 Vertreter/innen der acht Unternehmen als Teil der Jury präsent. Bei dieser Gelegenheit wurden die ExpertInnen aus der Praxis schriftlich befragt. Wie die 17 ExpertInnen die Bedeutung von Innovation, die Merkmale innovativer Projekte und die Erfolgsfaktoren bei der Umsetzung von innovativen Ideen in die Praxis sehen, wird in diesem Abschnitt ausgeführt.

Die Ergebnisse der Befragung zeigen deutlich, dass Innovationen vor allem zur Sicherung von nachhaltigen Wettbewerbsvorteilen und zur Bewältigung von Konkurrenz als Notwendigkeit erscheinen. Die Expertinnen und Experten betonten, dass Innovationen dazu dienen sollen, am Markt zu bestehen, neue Märkte zu erschließen sowie Alleinstellungsmerkmale zu entwickeln, um Konkurrenz besser bewältigen zu können.

Ein Drittel der Personen nannte unternehmerische Weiterentwicklung und Verbesserung, das Erkennen von geänderten Kundenwünschen sowie die Entwicklung von neuem Wissen für die Zukunft als wesentliche Aspekte. Für ein Viertel der Personen erschienen die gesellschaftliche Weiterentwicklung, eigene Qualitätsansprüche, der Wunsch nach Wachstum und Technologieführerschaft als wichtige Gründe für Innovationen. Jeweils einmal genannt wurden das innovative Image der Organisation zu pflegen und Trends zu setzen.

Aus der Perspektive der Unternehmensvertreterinnen und -vertreter zeichnen sich gute, innovative Projekte vor allem durch ihre Realisierbarkeit und Kreativität aus. Ein Drittel nannte die interdisziplinäre Verknüpfung von Know-how, die Nutzenstiftung für die Kundinnen und Kunden sowie die Erschließung von Entwicklungspotenzial für die Organisation als wesentliche Kriterien. Jeweils einmal genannt wurden die Einzigartigkeit der Idee, die Möglichkeit des Marketings als innovative Organisation sowie Energiebewusstsein und moderne Technologien als Qualitätskriterien.

Besonders herausfordernd befanden FirmenvertreterInnen die Offenheit für neue Ideen und Perspektiven bei der Auswahl von geeigneten Innovationsideen aus den Vorschlägen der Crowdsourcing-Phase. Als motivierend wurden die Möglichkeiten des Kennenlernens von neuen Ideen und Ansätzen, die Mitgestaltung des weiteren Verlaufs sowie die Diskussionen über neue Ideen in der Jury empfunden.

Als Auswahlkriterien für die Ideen zählten für die Jurymitglieder vor allem die Umsetzbarkeit in der Praxis, die Kreativität der Ideen und der potenzielle Nutzen für das Unternehmen sowie die KundInnen. Diese Vorgehensweise bei der Auswahl der Projektideen deckt sich mit den genannten Erfolgskriterien für innovative Projekte. Als Erfolgsfaktoren, damit sich eine gute Idee zu einer erfolgreichen Umsetzung weiter entwickeln kann, sehen die ExpertInnen den klaren Nutzen der Projektideen und die (finanzielle) Realisierbarkeit, gefolgt vom Neuigkeitsgrad und dem Potenzial am Markt als wesentlich an.

16.7   Offline-Phase des InnovationCamps 2013: Ausgangslage und Rahmenbedingungen

Die Offline-Phase des InnovationCamps fand am Villacher Innovationskongress statt, der mit 1.200 Besuchern und renommierten internationalen Vortragenden große Bedeutung hat. Dabei wurden die Fragestellungen des Online-Wettbewerbes mit den ausgewählten IdeenbringerInnen, Studierenden und Innovationsprofis über drei Tage mit Techniken des Innovationsmanagements bearbeitet. KongressteilnehmerInnen, KeynotespeakerInnen und Vortragende konnten innerhalb der Teams temporär mitarbeiten und die Vorgangsweise als Impulsgeber hautnah erleben. Pro Kategorie sollte zumindest eine Idee prototypisch ausgearbeitet und visualisiert werden. Zum Abschluss wurden die drei erfolgreichsten Innovationsprojekte präsentiert und mit Geldpreisen (gesamt 6.000 Euro) prämiert.

Zu Beginn des InnovationCamps 2013 wurden die TeilnehmerInnen schriftlich zu ihren Erwartungen bezüglich des InnovationCamps befragt. Von den 65 verteilten Fragebögen wurden 58 Fragebogen ausgefüllt abgegeben, bestehend aus fünf offenen Fragen. Ziel dieser Erhebung war, die Erwartungen und Mitgestaltungswünsche der TeilnehmerInnen an das Pilotprojekt „InnovationCamp"zu erfahren.

Abbildung 16.6   Erwartungen der TeilnehmerInnen am Beginn des InnovationCamps

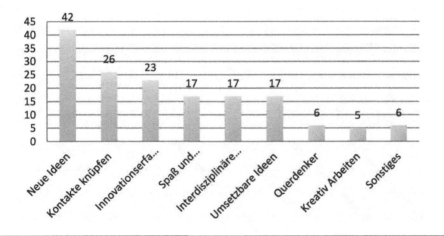

Die Mehrheit der Personen wollte Neuses lernen, neue Perspektiven gewinnen und Wissenszuwachs verzeichnen, gefolgt von Kontakte knüpfen und Netzwerke aufzubauen sowie praktische und methodische Innovationserfahrungen sammeln. Jeweils 17 Nennungen fielen auf die Wünsche nach Spaß und einem guten Arbeitsklima, die interdisziplinäre Teamarbeit und Kommunikation, die Erarbeitung und Mitentwicklung umsetzbarer Ideen. Sechs Personen wollten Querdenker kennenlernen und fünf Personen freuten sich vor allem auf kooperatives Arbeiten. Unter den sonstigen Aussagen fanden sich Wünsche der Teilnahme am Innovationskongress, die Präsentation vor Publikum, das Finden eines Arbeitgebers, die Entwicklung einer Zukunftsvision und Kennenlernen von User Verhalten.

Von den **KollegInnen** wünschten sich die TeilnehmerInnen mehrheitlich eine effektive und innovative Zusammenarbeit sowie Motivation, aktive Mitarbeit und Offenheit. Ein Sechstel der Personen nannte die Erwartungen von Spaß und Freude am Innovieren als Anliegen an die KollegInnen.

Von der **Moderation** erhofften sich die TeilnehmerInnen in erster Linie, dass diese eine Begleitfunktion wahrnehmen, den Prozess und die Teilnehmer/innen kompetent unterstützen und durch den Prozess führen. Gleich danach folgt der Wunsch nach Wissen/Input und der rechtzeitigen Kommunikation von nötigen Informationen. An dritter Stelle steht der Wunsch nach klaren Strukturen und Rahmenbedingungen sowie Überblick und Zeitmanagement. Nur vier Personen wünschen sich Motivation, eine gute Atmosphäre und die Auflockerung der Situation von Seiten der Moderation, mehrheitlich ist dies ein Anliegen an die KollegInnen in den Arbeitsteams. **Abbildung 16.7** zeigt die Wünsche der TeilnehmerInnen, sich aktiv in das Innovation Camp einzubringen.

Abbildung 16.7   **Potenziale der TeilnehmerInnen, sich aktiv einzubringen**

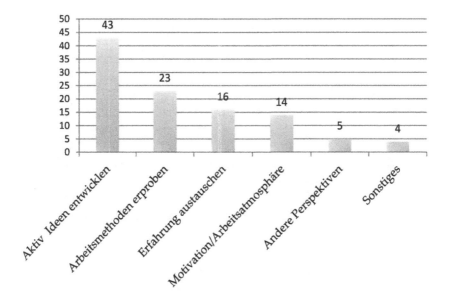

Bei der Frage „Was möchten Sie vor allem in das InnovationCamp einbringen bzw. was wollen Sie beitragen?" antworteten die die TeilnehmerInnen mehrheitlich, dass sie aktiv eigene Ideen einbringen und entwickeln wollen. Dies war ein wichtiges Auswahlkriterium für die Jury, bewusst kreative Köpfe in die Innovationsteams zu holen. 23 Nennungen fielen auf den Wunsch, neue Arbeitsmethoden in die Teams einzubringen, genannt wurden z. B. Kreativitätsmethoden, Visualisierungsmethoden, Erstellung der Präsentationen und Konzeptentwicklung. 16 Personen sahen ihr großes Potenzial in der Bereitschaft Erfahrung auszutauschen, 14 Personen wollten zur Motivation und zu guter Arbeitsatmosphäre im Team beitragen. Fünf Personen sahen ihre große Stärke in der Möglichkeit, alternative Perspektiven einzubringen. Sonstiges: Zwei Personen wollten bewusst neue Arbeitsmethoden erlernen, eine Person nannte den Wunsch, mehr als nur Ideengeber zu sein und eine Person wollte situationsabhängig entscheiden, welche Beteiligungsmöglichkeiten angebracht erscheinen.

16.8 Endphase des InnovationCamps 2013: Inhaltliche Ergebnisse der Innovationsteams

Zehn Firmen, zwölf Fragen, 262 Ideen, 2152 Bewertungen, zwölf Konzepte, drei Siegerteams – das ist das fachliche/inhaltliche Resümee des ersten InnovationCamps. Nach Abschluss der Online-Phase wählten die Firmen aus den Ideengebern ihre Kernteams für die weitere Detailarbeit aus. Beim Innovationskongress in Villach kamen diese Teams dann in der realen Welt zusammen. Zusätzlich erhielten sie Unterstützung von Designern, die ebenso Ideen beisteuerten und die entstandenen Produkte visualisierten. Knapp 80 Kreative arbeiteten vom 13. bis 15. November 2013, während des Innovationskongresses an den unterschiedlichen Problemstellungen.

Auf Platz 1 schaffte es das aus acht Mitgliedern bestehende **Team AVL List**, das sich mit intelligenten Messgeräten für die Entwicklung von Antriebssystemen auseinandersetzte. Dabei ging es unter anderem um die Frage, wie der Kunde vom Einsatz von neuen Technologien wie Mikromechanik oder NFC (Near Field Communication) profitieren kann. Die Prämie betrug 3000 Euro.

Platz 2: Die Firma Petschacher, die sich mit Brücken-Monitoring-Systemen beschäftigt, fragte die Community „Was kann eine Brücke den Benutzern „erzählen"?" Ergebnis war etwa eine Handy-App, die einen LKW-Fahrer per Smartphone über Gewichts- oder Geschwindigkeitsüberschreitungen informiert. . Die Prämie betrug 2000 Euro.

Platz 3: Das Team um VAMED-KMB/Club Lebenszeit hat sich dem Thema „Wie kann man Mitarbeiter gewinnen und halten" gewidmet und ein Tool zum Entdecken und Fördern von Talenten in Unternehmen entwickelt, das auf die Talente jedes einzelnen eingeht und sie mit anderen Talenten verknüpft. Daraus könnte ein „Dreamteam" zusammengestellt werden. . Die Prämie betrug 1000 Euro.

Weitere Teams und bearbeitete Produkt- und Dienstleistungs-Prototypen:

- Bona Austria: Marketing-/Vertriebsstrategien und neue Verpackung für Spraymop. Ergebnis: Ein Werbekonzept das Männer als Zielgruppe ansprechen soll.

■ Kunststoffbehälterhersteller Europlast: Aus verschiedenen Modulen zusammensetzbares Elektrofahrzeug – z. B. Einkaufs-, Schi- oder Kindersitzmodul.

■ AVL List: Ideen für den Einsatz neuer Technologien und Methoden in der Service- und Anwenderdokumentation.

■ Riedergarten Immobilien: Modulare Kauf- und Mietwohnungen die sich einfach erweitern oder verkleinern lassen.

■ ISN: Crowdfung kann attraktiver gemacht werden durch eine Kombination von Online und Offline-Partys.

■ VAMED-KMB/Club Lebenszeit: Steigerung der psychosozialen Kompetenz in Unternehmen etwa durch einen Willkommenskoffer für neue Lehrlinge.

■ Romer Labs: Handy-App, die durch das Scannen des Barcodes von Lebensmitteln zusätzliche individualisierte Informationen liefert.

■ Infineon Technologies Austria: Eine kleine Röhre im Smartphone misst die Luftgüte. Anwendungsbereiche: z. B. Rauchmelder oder Alkomat.

■ Die Kleine Zeitung: Weiterentwicklung des Online-Auktionsportals. Der User kann z. B. mit einer Filterkategorie selbst bestimmen, welche Produkte er ersteigern möchte.

Abbildung 16.8 zeigt, wie die TeilnehmerInnen (42 retournierte Fragebögen mit jeweils einer Einschätzung) die Weiterentwicklung der Ideen in ihrer Qualität beurteilen.

Abbildung 16.8   Weiterentwicklung der Ideen aus der Sicht der TeilnehmerInnen

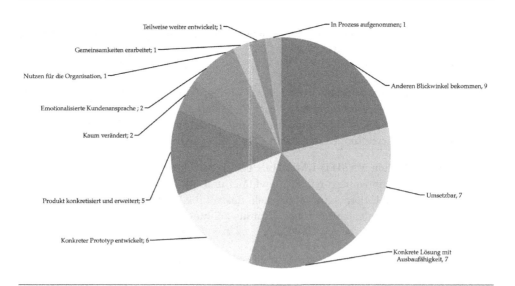

16.9   Gesamtbeurteilung InnovationCamp 2013: Meinungen der TeilnehmerInnen

Das Fazit aus dem ersten InnovationCamp 2013 ist eine hohe Zufriedenheit der Teilnehme-rInnen, ersichtlich aus der Gesamtbeurteilung des InnovationCamps sowie eine überwiegend rückgemeldete sehr gute bis gute Eignung des InnovationCamps zur Vertiefung und Weiterentwicklung innovativer Ideen. Details zeigt **Abbildung 16.9.**

Abbildung 16.9   Beurteilung des InnovationCamps durch die TeilnehmerInnen

Gesamtbeurteilung   *Eignung zur Vertiefung innovativer Ideen*

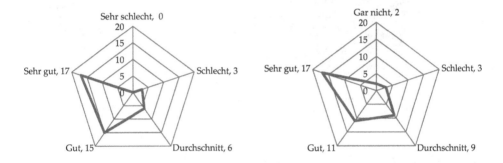

Verbesserungswünsche der TeilnehmerInnen gab es vor allem hinsichtlich der Zeitplanung, der Zeitdruck wurde von zwölf Personen als zu hoch empfunden, neun Personen wünschten sich mehr zu essen und zu trinken auch während des Arbeitsprozesses, acht Personen bemängelten die fehlende Zeit für den Besuch der Vorträge am Kongress, fünf Personen hätten sich eine noch klarere Organisation und Einhaltung von Arbeitsplänen gewünscht und sechs Personen wollten mehr Platz bzw. ein ruhigeres Arbeitsumfeld, drei Personen bemängelten die Teamzusammenstellung. Die Verbesserungsvorschläge der TeilnehmerInnen beinhalteten damit den Wunsch nach mehr Zeit am parallel stattfinden-den Innovationskongress oder am Kongress im nächsten Jahr, eine noch strukturiertere Organisation und Einhaltung des Zeitplans, noch mehr fachlichen Input sowie die teilweise Optimierung des Materials und der Räumlichkeiten.

Überwiegend gab es positive Rückmeldungen zum InnovationCamp. Vor allem die interdisziplinäre Zusammenarbeit in den Arbeitsteams sowie die Möglichkeit Ideen, Konzepte und Lösungen gemeinsam zu finden, hat die TeilnehmerInnen besonders begeistert.

Abbildung 16.10 zeigt, was den TeilnehmerInnen beim InnovationCamp besonders gut gefallen hat.

Abbildung 16.10 Was den TeilnehmerInnen besonders gefallen hat

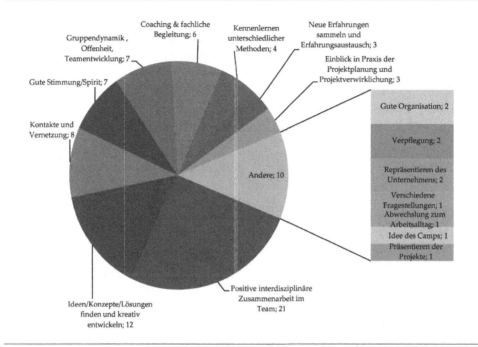

Um Impressionen zum Camp festzuhalten und die Motivation zur Teilnahme individueller zu verdeutlichen, werden außerdem zwei Statements von Ideengebern vorgestellt, die man als "Heavy User" (Personen, die sich sehr aktiv auf der Plattform bewegen und zu jedem Ideenwettbewerb Ideen beisteuern) von Ideenplattformen bezeichnen könnte.

Für Peter Pölzleitner, Industriewirtschaftsstudent an der FH Joanneum und Bachelor Innovations- und Produktmanagement/FH Wels, ist klar, "Open Innovation und Ideenplattformen werden in Zukunft einen sehr großen Stellenwert haben." Für ihn sind sie die ideale Spielwiese, um seine Kreativität auszuleben. Außerdem nutzt er sie um Kontakte zu knüpfen und Menschen kennenzulernen, die ähnlich ticken wie er. "Man kann so durchaus auf Leute stoßen, die für einen künftigen Job relevant sind", sagt Pölzleitner. Beim Innovation-Camp, das über Neurovation.net abgewickelt wurde, war er im Siegerteam AVL List und auch von dieser Veranstaltung hat er einige interessante Kontakte mitgenommen.

Der Softwareentwickler Stephan Meier (Team Petschacher) reiste für das InnovationCamp sogar aus der Schweiz an. Für ihn ist die Teilnahme an Ideenwettbewerben zum Hobby geworden. Bereits seit 2009 ist er auf verschiedenen Plattformen aktiv und 90 seiner eingereichten Ideen wurden schon in irgendeiner Form prämiert. "Es ist spannend und inspirierend, auch wenn man sieht, was andere einstellen", berichtet er. Für den Selbständigen könnte seine Teilnahme am InnovationCamp durchaus noch weitere Früchte tragen. "Vielleicht werde ich mit Markus Petschacher im Bereich Software zusammenarbeiten." Meier ist überzeugt davon, dass künftig noch viel öfter auf diese Weise nach Innovationen gesucht wird, auch innerhalb der Firmen. Dem stimmt auch Pölzleitner zu. Vor allem in großen Unternehmen sei die interne Kommunikation oft schlecht: "Wenn etwa 800 Mitarbeiter auf der ganzen Welt verteilt sind, kann so eine Plattform helfen."

16.10   Zusammenführung und Fazit

Terwiesch und Ulrich bezeichnen Innovationswettbewerbe als Möglichkeit des „creating and selecting exceptional opportunities" und der Realisierung von Innovationen aus der Sicht von KonsumentInnen. Dazu sind mehrere Wettbewerbs- und Innovationsrunden von Nöten, um die Spreu vom Weizen zu trennen (vgl. Terwisch und Ulrich 2009, S. 15). Das Konzept des InnovationCamps zeichnet sich durch die Stärke aus, schon einige Wettbewerbsrunden online auszutragen und offline in die Prototypisierungs-, Detaillierungs- und Konzeptarbeit gehen zu können. Der Methodenmix und die theoretische Fundierung der Service Design Workshops wirken unterstützend für die Innovationsteams, ohne die Kreativität der Personen und die Gruppendynamik zu sehr zu beeinflussen. Dennoch haben die Teams die Chance, auf die Moderatorinnen und Moderatoren zuzugehen und bei Bedarf intensivere individuelle Anleitung und Hilfestellung zu bekommen.

Die fachlichen Ergebnisse und die Zufriedenheit der TeilnehmerInnen zeigen, dass dieses Konzept des InnovationCamps sehr ergebnisorientiert und motivierend wirkt, wobei die Auswahl interessanter Fragestellungen und die sorgfältige Kombination der Innovationsteams wichtige Erfolgsfaktoren darstellen. Die Innovationsteams zeigen außerordentliche Leistungen, indem sie neue Methoden anwenden, sich in zentrale Fragestellungen künftiger Produkte und Dienstleistungen eindenken und diese weiter in Richtung „Prototyp" oder „Marktreife" entwickeln. Dabei eröffnen die firmenexternen Personen neue Sichtweisen und Facetten des Produktes oder der Dienstleistungen. Sie zeigen beispielsweise auf, dass KundInnen nicht nur Technologie sondern auch Emotionalität wünschen, oder dass Produkte/Services ihre Zeit für den Markt noch nicht/schon erreicht haben, oder dass das beste Produkt auch eine gute Verpackung und Vermarktung nötig hat. Die firmeninternen Personen sind gefordert, mit Offenheit und Weitblick auf kreative Ideen zu reagieren und den Prozess durch Insider-Informationen zu steuern, ohne das Team zu stark zu beeinflussen. Dieser Spannungsbogen zwischen „Bewährtem" und „Neuem" macht den Reiz von InnovationCamps aus und eröffnet Raum für Dialog, Diskussion und die Entwicklung neuer Ideen.

Das InnovationCamp endet, der Innovationsprozess in der Organisation startet erst richtig, wird reflektiert oder bekommt neue Impulse. Damit ist das InnovationCamp ein erster oder weiterer Baustein zu Innovationen in der frühen Phase. Nun liegt es an den innovativen Unternehmen das Beste aus den Ideen der kreativen Köpfe mitzunehmen und daraus zukunftsfähige Produkte, Dienstleistungen oder firmeninterne Prozesse weiter zu gestalten: Viel Erfolg dabei.

Literatur

Chesbrough, H. W. (2003): Open Innovation. The New Imperative for Creating and Profiting from Technology, Harvard Business School Press, Boston.

Cooper, A. (1999): The Inmates are Running the Asylum, Sams Publishing. Indianapolis.

Dockenfuß, R. (2003): Praxisanwendungen von Toolkits und Konfigurationen zur Erschließung taziten Userwissens, In: Herstatt, C./Verworn, B. (Hrsg.): S. 215 – 232.

Gassmann, O./Granig, P. (2013): Innovationsmanagement. 12 Erfolgsstrategien für KMU, Carl Hanser Verlag, München.

Goodwin, K (2009): Designing for the Digital Age: How to Create Human-Centered Products and Services, Kohn Wiley & Sons Inc., Indianapolis.

Granig, Peter (2007): Innovationsbewertung. Potentialprognose und –steuerung durch Ertrags- und Risikosimulation, Gabler Edition Wissenschaft, Dt. Univ.-Verlag, Wiesbaden.

Herstatt, C./Verworn, B. (Hrsg.) (2003): Management der frühen Innovationsphasen. Grundlagen – Methoden – Neue Ansätze, Gabler Verlag, Wiesbaden.

Howe, J. (2006): The Rise of Crowdsourcing, In: Wired Magazine. http://www.wired.com/wired/archive/14.06/crowds.html (01.08.2014)

IBM CEO-Study (2012): „Management by networking", abgerufen unter http://www-935.ibm.com/services/de/ceo/ceostudy/ am 01.08.2014

Innovationskongress (2014): InnovationCamp, abgerufen unter http://www.innovationskongress.at/_lccms_/_00408/Innovation-Camp.htm?VER=130805142426&MID=400&LANG=ger am 14.07.2014.

Neurovation.net (2013): InnovationCamp 2013 – die kreative Ideensession, abgerufen unter https://www.neurovation.net/files/competition_images/neurovation_innovationcamp_id eensession.pdf am 14.07.2014.

Stickdorn, M./Schneider, J (2011): This is Service Design Thinking, BIS Publ., Amsterdam.

Terwiesch, Ch./Ulrich K. T. (2009): Innovation Tournaments. Creating and Selecting Exceptional Opportunities, Harvard Business Press, Boston.

Willfort, R., Hoch, W., Hirschfeld, P., Weber, C. (2013): Crowdselling – mit innovativen Strategien zum Markterfolg. Fallbeispiel KMU – Interaktionen mit der Masse ermöglichen eine neue Dimension der Entwicklung und des Vertriebs von Innovationen, Know Tech, Frankfurt.

Willfort, R., Tochtermann, K., Neubauer, A. (Hrsg.) (2007): Creativity@Work für Wissensarbeit. Kreative Höchstleistungen am Wissensarbeitsplatz auf Basis neuester Erkenntnisse der Gehirnforschung, Aachen: Shaker Verlag.

Willfort, R., Volleritsch, J., Weber, C. (2012): Vom Crowdsourcing zum Crowdforcing, Know-Tech, Frankfurt.

FH-Prof. Ing. Mag. Dr. Peter Granig

Vizerektor der FH Kärnten, Professur für Innovationsmanagement und Betriebswirtschaft

Peter Granig ist seit 2005 Professor für Innovationsmanagement an der FH Kärnten und Leiter des Instituts für Innovation. Er ist Initiator und wissenschaftlicher Leiter von Europas bedeutendsten Innovationskongress. Vor seiner akademischen Karriere hat Peter Granig eine Betriebselektrikerlehre absolviert und sich berufsbegleitend als Ingenieur für Elektrotechnik qualifiziert. Danach war er viele Jahre in internationalen Unternehmen in den Bereichen Businessdevelopment und Innovationsmanagement tätig. Infolge seiner Innovationsforschung hat er zahlreiche Artikel und Fachbücher publiziert. Innovation und Strategie sind die Kernthemen seiner Forschungs- und Industrieprojekte. Seit 2014 ist er Vizerektor der Fachhochschule Kärnten.

FH-Prof. MMag. Dr. Waltraud Grillitsch

Fachhochschulprofessorin für Sozialwirtschaft und Sozialmanagement an der Fachhochschule Kärnten, Mitglied des erweiterten Vorstandes der INAS

Waltraud Grillitsch (geb. 20.05.1978) ist Fachhochschulprofessorin für Sozialwirtschaft und Sozialmanagement an der Fachhochschule Kärnten im Bereich Gesundheit und Soziales. Sie ist Mitglied des erweiterten Vorstandes der Internationalen Arbeitsgemeinschaft Sozialmanagement und Sozialwirtschaft (INAS). 09/2009 – 01/2013 Projektmanagement und Öffentlichkeitsarbeit im Landesschulrat für Kärnten zuständig, davor wiss. Forschungs- und Projektassistentin in einem Industriestiftungsinstitut der Alpen-Adria Universität Klagenfurt und tätig als nebenberufliche Lektorin. Sie absolvierte die Studien der „Angewandten Betriebswirtschaftslehre", der „Publizistik und Kommunikationswissenschaften" und das Doktoratsstudium der „Sozial- und Wirtschaftswissenschaften", Praktika in Bilbao/Spanien, AIK Austria, SEZ AG Villach. Während des Studiums engagierte sie sich ehrenamtlich in AIESEC, einer weltweiten Studierendenorganisation zur Förderung von kulturellem Verständnis. Interessensgebiete: Organisations-, Personal- und Managemententwicklung, Führung und Motivation, Innovations- und Projektmanagement, Zukunftsfitness von Organisationen, Wirtschaft und Management in der Sozialen Arbeit, Gestaltung von Bildungs- und Ausbildungsprozessen, Kooperations- und Wissensmanagement.

DI Dr. Reinhard Willfort

Geschäftsführer ISN – Innovation Service Network GmbH; Geschäftsführer der Neurovation GmbH, Gründer der 1000x1000 Crowdinvesting Plattform; Gründungsmitglied und Executive Board Memberdes European Crowdfunding Network, Austria

Reinhard Willfort begann seine Karriere als Lehrling. Als Entwickler studierte er nebenbei Telematik und Wirtschaft. 2000 promovierte er als Innovationsforscher an der TU-Graz im Innovations- und Wissensmanagement. Er ist Fachbuchautor und Verfasser von mehr als 50 Publikationen und koordiniert den Masterlehrgang Innovationsmanagement an der Donau-Universität Krems. 2001 gründete er auf Basis der Ergebnisse seiner Dissertation federführend die Innovationsschmiede ISN und leitet diese bis heute. Willfort begründete vier weitere Unternehmen und betreut selbst viele Top-Unternehmen im Innovationsmanagement. Er ist auch Geschäftsführer der Neurovation GmbH, die Tools für Crowdsourcing und Open Innovation entwickelt. 2012 initiierte er die erste Österreichische Crowdinvesting Plattform www.1000x1000.at

Dr. Conny Weber

Research Director, ISN – Innovation Service Network GmbH

Dr. Conny Weber ist seit 2007 bei der ISN – Innovation Service Network GmbH in Österreich und Slowenien tätig und leitet seit 2013 den Standort in München, Deutschland. Sie begleitet Innovationsprozesse von der Entwicklung bis zur Umsetzung von Ideen und ist mit der Konzeption, Akquise und Leitung sowohl von kleinen Innovationsprojekten als auch von EU-weiten Forschungsprojekten bestens vertraut. Nach ihrem Studium in München und Saarbrücken hat sie 2012 ihre Promotion am Lehrstuhl für Wirtschaftsinformatik an der Karl Franzens Universität in Graz, Österreich abgeschlossen. Dabei hat sie sich mit dem Thema Kompetenzmanagement beschäftigt, insbesondere wie unter Einsatz neuer Technologien der Wissenstransfer am Arbeitsplatz effizienter gestaltet werden kann.

Printed in the United States
By Bookmasters